Reihenherausgeber:
Prof. Dr. Holger Dette · Prof. Dr. Wolfgang Härdle

Statistik und ihre Anwendungen

Weitere Bände dieser Reihe finden Sie unter http://www.springer.com/series/5100

Christine Müller · Liesa Denecke

Stochastik in den Ingenieurwissenschaften

Eine Einführung mit R

Christine Müller
Technische Universität Dortmund
Dortmund, Deutschland

Liesa Denecke
Technische Universität Dortmund
Dortmund, Deutschland

ISBN 978-3-642-38959-7   ISBN 978-3-642-38960-3 (eBook)
DOI 10.1007/978-3-642-38960-3

Die Deutsche Nationalbibliothek verzeichnet diese Publikation in der Deutschen Nationalbibliografie; detaillierte bibliografische Daten sind im Internet über http://dnb.d-nb.de abrufbar.

Springer Vieweg
© Springer-Verlag Berlin Heidelberg 2013

Springer Vieweg ist eine Marke von Springer DE. Springer DE ist Teil der Fachverlagsgruppe Springer Science+Business Media
www.springer-vieweg.de

Für Christian und Stephan

Vorwort

Die Ingenieurwissenschaften galten lange als Wissenschaften, in denen der Zufall keine Rolle spielt. Sie beschränkten sich auf mechanische Modelle, die deterministischer Natur sind. Heutzutage wird aber der Ingenieur mit vielfältigen zufälligen Phänomenen konfrontiert. So muss dadurch, dass immer genauer gemessen werden kann und immer kleinere Objekte untersucht werden – man denke an die Nanotechnologie –, der Ingenieur zufällige atomare Prozesse berücksichtigen. Daneben zeigen Unglücksfälle, wie der Radbruch beim ICE oder das Einstürzen eines Hallendaches bei Schnee, dass das Versagen des Materials sehr schwer mit deterministischen Modellen beschrieben werden kann. Es gibt dazu zu viele Einflussfaktoren, die zum einen nicht genau erfasst und zum anderen wie die Schneehöhe nicht genau vorhergesagt werden können. Weiterhin müssen immer mehr Ingenieure – und nicht nur die Wirtschaftsingenieure und Logistiker – Kundenwünsche berücksichtigen, die naturbedingt auch zufällig sind.

Dieses Buch bietet daher eine ausführliche Einführung in die Stochastik, d. h. in die Lehre, wie zufällige Phänomene beschrieben und analysiert werden können. Es behandelt die wesentlichen grundlegenden Methoden, die insbesondere im ingenieurwissenschaftlichen Bereich ihre Anwendung finden. Anhand von vielen Beispielen und realen Datensätzen aus den Ingenieurwissenschaften werden die Anwendungen der Methoden verdeutlicht. Damit die Beispiele nachvollzogen werden können, wird gleichzeitig eine Einführung in die frei verfügbare Statistik-Software R gegeben. So wird der Leser in die Lage versetzt, die erlernten Methoden auf eigene Datensätze anzuwenden.

Das Buch beginnt mit einer Darstellung von einigen konkreten Fragestellungen der Stochastik in den Ingenieurwissenschaften. Hier werden auch die wichtigsten, im Folgenden immer wieder benutzten Datensätze vorgestellt. Danach folgt im ersten Teil die beschreibende Statistik, in der es darum geht, Daten, die von Zufallsprozessen stammen, gut zu beschreiben. Nach einer kurzen Einführung in das Statistikprogrammpaket R werden verschiedene Datentypen erläutert und für diese jeweils grafische Darstellungsformen sowie die geläufigsten Kennzahlen für Lage und Streuung eingeführt. Der erste Teil schließt mit zweidimensionalen Daten, den bivariaten Daten, für die ebenfalls grafische Darstellungen und Zusammenhangsmaße eingeführt werden. Außerdem wird in den Abschnitten zur linearen und nichtlinearen Regression gezeigt, wie Geraden und andere Funktionen durch die bivariaten Daten gelegt werden können. Bei allen Methoden wird vorgeführt, wie sie mit der Statistik-Software R durchgeführt werden können.

Der zweite Teil liefert die Grundlagen zur Beschreibung von zufälligen Phänomenen und behandelt somit die Wahrscheinlichkeitstheorie. Als erstes wird gezeigt, wie zufällige Phänomene mittels Zufallszahlen in R simuliert werden können. Nachfolgend wird das Verständnis von Zufallsgesetzmäßigkeiten mittels solcher Simulationen gewonnen. Um Zufallsgesetzmäßigkeiten adäquat beschreiben zu können, werden nach einer Einführung in die Mengentheorie Wahrscheinlichkeitsmaße und –räume sowie Zufallsvariablen definiert. Somit können verschiedenste Zufallsgesetzmäßigkeiten mittels Wahrscheinlichkeitsverteilungen beschrieben und simuliert werden. Nach der Vorstellung mehrdimensionaler Wahrscheinlichkeitsverteilungen werden bedingte Wahrscheinlichkeiten und stochastische Unabhängigkeit definiert, wodurch der Zusammenhang zwischen verschiedenen zufälligen Prozessen erfasst wird. Analog zu den Kennzahlen von Daten werden anschließend Kennzahlen für Wahrscheinlichkeitsverteilungen wie Erwartungswert, Varianz, p-Quantil und Abhängigkeitsmaße vorgestellt. Ein Kapitel zur Zuverlässigkeitstheorie liefert einen Einblick in dieses für Ingenieure wichtige Themengebiet. Der zweite Teil schließt mit den Markovketten, die eine bedeutende Rolle in der Qualitätssicherung und der Simulation von Warteschlangen spielen.

Während bei der Wahrscheinlichkeitstheorie von einer gegebenen bekannten Zufallsgesetzmäßigkeit ausgegangen wird, ist in Anwendungen die Zufallsgesetzmäßigkeit in der Regel nicht bekannt. Daher muss mittels Beobachtungen (Daten) die Zufallsgesetzmäßigkeit bestimmt werden. Das ist die Aufgabe der Schließenden Statistik, die in Teil III behandelt wird. Dabei können zum einen Aspekte (Parameter) der unbekannten Zufallsverteilung geschätzt werden und zum anderen können Hypothesen darüber überprüft (getestet) werden. Nach einem Kapitel zu Punktschätzungen folgen verschiedene statistische Hypothesentests, wobei hier sowohl auf die Situation normalverteilter Daten als auch nichtnormalverteilter Daten eingegangen wird. Die Teststatistiken und Entscheidungen werden hergeleitet und es werden einfache Prinzipien zur Wahl des Stichprobenumfangs vorgestellt. Weiterhin werden Äquivalenz- und Relevanztests behandelt und deren Anwendung zur Sicherung der Six Sigma Qualität aufgezeigt. Es folgt ein Kapitel zur Bestimmung von Konfidenzintervallen. Das Buch schließt mit Anwendungen der statistischen Methoden in der Qualitätssicherung. Hier werden insbesondere die Lebenszeitanalyse, die Fertigungsüberwachung und die Annahmeprüfung kurz beschrieben.

Am Ende jedes Kapitels finden sich Übungsaufgaben, mit deren Hilfe die Verfahren geübt werden können. Die Lösungen zu den Aufgaben, alle in den Aufgaben und im Buch benutzten Datensätze und spezielle R-Programme werden auf https://www.statistik.tu-dortmund.de/stochingbuch.html bereitgestellt.

Das Buch ist die Erweiterung eines Skripts zu einer zweistündigen Vorlesung „Wahrscheinlichkeitsrechnung und Statistik für Ingenieurwissenschaftler", die jährlich an der Technischen Universität Dortmund gehalten wird. Die mit * versehenen Kapitel wurden in dieser Vorlesung nicht behandelt, sind aber von besonderer Bedeutung für die Ingenieurwissenschaftler. Das Buch eignet sich damit als vorlesungsbegleitendes Material aber auch zum Selbststudium oder als Nachschlagewerk. Auf mathematische Beweise wird weitestgehend verzichtet und auf weiterführende Literatur verwiesen. Auch wenn nicht alle Themen bis in die Tiefe behandelt werden können, so bietet der Text eine gute Grundlage mit Hinweisen auf weitere Literaturquellen.

Das Skript zu der zweistündigen Vorlesung „Wahrscheinlichkeitsrechnung und Statistik für Ingenieurwissenschaftler" basierte ursprünglich auf einem Skript „Statistik für Psychologen", das die Erstautorin im Jahr 2000 von ihrem ehemaligen Oldenburger Kollegen Erhard Cramer übernommen und weiterentwickelt hatte. Sie war und ist Erhard Cramer für die Zurverfügungstellung seines Skriptes äußerst dankbar und möchte hiermit ihren besonderen Dank an ihn ausdrücken. Weiterhin sind wir unseren ehemaligen Kasseler Kollegen Michael Schmidt und Susanne Fröhlich sehr dankbar, dass sie uns ihren Datensatz zu dem Ringversuch zur Druckfestigkeit eines in Kassel hergestellten Betons gaben. Außerdem bedanken wir uns bei Tanja Rausch, Rabea Aschenbruck, Annette Keusch, Gerrit Toenges, Ole-Kristian Wirtz für das Korrekturlesen des Textes. Schließlich wollen wir unseren Ehemännern Christian Müller und Stephan Schreiber danken, dass sie uns bei all unseren wissenschaftlichen Aktivitäten so unterstützt haben.

Dortmund, April 2013   Christine Müller und Liesa Denecke

Inhaltsverzeichnis

Abkürzungsverzeichnis

$\mathbb{N}$	die natürlichen Zahlen $\{1, 2, 3, \ldots\}$
$\mathbb{N}_0$	die natürlichen Zahlen mit Null $\{0, 1, 2, \ldots\}$
$\mathbb{R}$	die reellen Zahlen
x	$= (x_1, \ldots, x_N)^\top$ Datenvektor
y	$= (y_1, \ldots, y_N)^\top$ Datenvektor
$\sum$	Summe, $\sum_{n=1}^{N} x_n = x_1 + x_2 + \ldots + x_N$
$\prod$	Produkt $\prod_{n=1}^{N} x_n = x_1 \cdot x_2 \cdot \ldots \cdot x_N$
$\overline{x}$	arithmetisches Mittel von x
$s = s_x = s(x)$	Standardabweichung von x
$s(x)^2$	empirische Varianz von x
$s_{xy} = s(x, y)$	empirische Kovarianz von x und y
$r_{xy} = r(x, y)$	empirische Korrelation von x und y
Ω	Ergebnismenge
ω	Ergebnis
A, B, C etc.	Mengen, interessierende Ereignisse
$\#A$	Anzahl der Elemente von A
$\mathfrak{A}$	Menge aller Ereignisse
P	Wahrscheinlichkeit (Probability)
$X, Y, Z, X_1, \ldots, X_n$ etc.	Zufallsvariable
$x, y, z, x_1, \ldots, x_n$ etc.	Realisierungen der Zufallsvariablen
$\mathsf{P}^X(B)$	$= \mathsf{P}(X \in B) = \mathsf{P}(\{\omega \in \Omega; X(\omega) \in B\})$
f	Dichtefunktion
$F_X(x) = F(x)$	$= \mathsf{P}^X((-\infty, x]) = \mathsf{P}(X \le x)$ Verteilungsfunktion an der Stelle x
Φ	Verteilungsfunktion der Standard-Normalverteilung
$\lim_{x \searrow z}$	einseitiger Grenzwert, „x läuft von oben gegen z", d. h. $0 < x - z$
LSL	lower specification limit
USL	upper specification limit
$\mathsf{P}(A \mid B)$	bedingte Wahrscheinlichkeit von A gegeben B
$\mathsf{E}(X)$	Erwartungswert der Zufallsvariablen X
$\mathrm{var}(X)$	Varianz der Zufallsvariablen X
$\mathrm{kov}(X, Y)$	Kovarianz der Zufallsvariablen X und Y

$\mathrm{korr}(X, Y)$	Korrelation der Zufallsvariablen X und Y
iid	stochastisch unabhängig und identisch verteilt
ϑ	unbekannter Parameter einer Verteilung
$\widehat{\vartheta}(x)$	Schätzung für ϑ
$\mathrm{Bin}(n, p)$	Binomialverteilung
$\mathrm{Bin}(1, p)$	Bernoulliverteilung
$\mathrm{Hyp}(R, S, N)$	Hypergeometrische Verteilung
$\mathrm{Poi}(\lambda)$	Poissonverteilung
$\mathrm{Exp}(\lambda)$	Exponentialverteilung
$\mathrm{W}(\alpha, \beta)$	Weibull-Verteilung
$\mathrm{N}(\mu, \sigma^2)$	Normalverteilung
t_N	zentrale t-Verteilung mit N Freiheitsgraden
$t_N(\delta)$	nichtzentrale t-Verteilung mit Nichtzentralitätsparameter δ
$F_{t_N(\delta)}$	Verteilungsfunktion der nichtzentralen t-Verteilung
$t_{N;\alpha}$	α-Quantil der t-Verteilung
χ^2_N	χ^2-Verteilung mit N Freiheitsgraden
$\chi^2_{N;\alpha}$	α-Quantil der χ^2-Verteilung
$F_{N,M}$	F-Verteilung mit Freiheitsgraden N und M
$F_{N,M;\alpha}$	α-Quantil der F-Verteilung
$\mathrm{OC}(p), \mathrm{OC}(p; M, N, c)$	OC-Funktion

Fragestellungen

Die Stochastik ist die Lehre des Zufalls. Lange ist man davon ausgegangen, dass diese Lehre für die Ingenieurwissenschaft nicht von Bedeutung ist, da alles auf Mechanik und anderen deterministischen Prozessen basiert. Aber das ist nicht der Fall. Maschinen produzieren nur mit einer bestimmten Genauigkeit und Teile der Maschinen fallen zufällig aus. Baumaterialien sind nicht immer gleich, sondern schwanken in ihrer Beschaffenheit. Es stellt sich auch die Frage, wie Maschinen und Bauwerke konstruiert werden sollen, um bestimmte Anforderungen möglichst gut zu erfüllen. Im Zeitalter der Globalisierung mit ihrem harten Konkurrenzdruck ist es besonders wichtig, dass die Anforderungen so gut wie möglich erfüllt werden. Im Folgenden stellen wir einige Beispiele vor, in denen deutlich wird, wo Statistik ihre Anwendung findet. Diese Beispiele werden uns durch das ganze Buch begleiten. Wir werden an ihnen die Benutzung der neu erlernten Methoden üben. Wenn vorhanden, werden die Namen der Dateien genannt, in denen die Datensätze zu den Beispielen auf der Homepage http://www.statistik.tu-dortmund.de/stochingbuch.html zu finden sind. Dabei sind ein Großteil der Daten auch in dem Buch von Hand et al. (1994) unter dem gleichen Namen enthalten.

1.0.1 Beispiel (Kugeldurchmesser)

In einer großen industriellen Kooperation war das Ziel, Stahlkugeln für Kugellager mit einem Durchmesser von 1 mm zu produzieren (in dem Buch von Romano steht 0.001 mm, aber so kleine Kugeln gibt es nicht, sodass wir von einer Fehlangabe ausgehen). Am Ende eines Tages wurden 10 Kugeln zufällig von einer Produktionslinie ausgewählt und die Durchmesser ermittelt. In einem anderen Experiment wurden 10 Kugeln von einer anderen Produktionslinie ausgewählt. Es ergaben sich folgende Durchmesser:

Erste Linie	1.18	1.42	0.69	0.88	1.62	1.09	1.53	1.02	1.19	1.32
Zweite Linie	1.72	1.62	1.69	0.79	1.79	0.77	1.44	1.29	1.96	0.99

Siehe Romano (1977), entnommen aus Hand et al. (1994), S. 131.

C. Müller, L. Denecke, *Stochastik in den Ingenieurwissenschaften*,
Statistik und ihre Anwendungen, DOI 10.1007/978-3-642-38960-3_1,
© Springer-Verlag Berlin Heidelberg 2013

Verschiedene Fragen können hier gestellt werden:

1. Wird die Zielgröße von 1 mm im Mittel von allen Kugeln der beiden Produktionslinien eingehalten?
2. Wird eine Abweichung von 0.3 mm von der Zielgröße toleriert, so stellt sich die Frage, ob diese Toleranzbreite von allen Kugeln eingehalten wird bzw. welcher Anteil aller Kugeln diese Toleranzbreite einhält.
3. Hält eine Produktionslinie die Zielvorgabe besser ein? Unterscheiden sich die Ergebnisse der beiden Produktionslinien im mittleren Wert bzw. in der Streuung?

1.0.2 Beispiel (Lebenszeiten von Glühbirnen)
Die folgende Tabelle, die in der Datei `LAMPS.DAT` enthalten ist, stellt die Lebenszeit-Häufigkeiten von 300 Glühbirnen dar.

Lebenszeit (in Stunden)	Absolute Häufigkeit
950–1000	2
1000–1050	2
1050–1100	3
1100–1150	6
1150–1200	7
1200–1250	12
1250–1300	16
1300–1350	20
1350–1400	24
1400–1450	27
1450–1500	29
1500–1550	29
1550–1600	28
1600–1650	25
1650–1700	21
1700–1750	16
1750–1800	12
1800–1850	8
1850–1900	6
1900–1950	3
1950–2000	2
2000–2050	1
2050–2100	1

Siehe Gupta (1952), entnommen aus Hand et al. (1994), S. 108.

Die sogenannte Normalverteilung beschreibt diese Lebenszeiten sehr gut, weshalb die Frage aufkam, ob es sich um echte Daten handelt. Normalerweise werden Lebenszeiten mit anderen Verteilungen beschrieben. Es stellt sich die Frage, ob eine typische Lebenszeitverteilung die Daten genauso gut beschreibt. Eine andere Fragestellung, die insbesondere Gupta interessierte, ist, wie man die mittlere Lebenszeit schätzen würde, wenn man die Glühbirnen nur maximal z. B. 1700 Stunden beobachtet hätte, d. h. wenn man nicht gewartet hätte, bis alle Glühbirnen kaputt gegangen sind. Solche Daten nennt man auch zensierte Daten.

1.0.3 Beispiel (Wirksamkeit von Rostschutzmitteln)

Zur Überprüfung der Wirksamkeit zweier Rostschutzmittel R_1 und R_2 wurden Proben genommen und die Ergebnisse den Kategorien *geringe*, *mittlere* und *starke* Wirksamkeit zugeordnet. Insgesamt ergab sich folgende Kontingenztabelle:

	Gering	Mittel	Stark
R_1	65	103	106
R_2	74	85	47

Die interessierende Frage ist hier: Gibt es einen Zusammenhang zwischen Rostschutzmittel und Rostanfälligkeit?

1.0.4 Beispiel (Penicillin-Herstellung)

Vier Methoden A, B, C und D zur Herstellung von Penicillin wurden in einem sogenannten randomisierten Block-Experiment miteinander verglichen. Die Blöcke waren Mischungen, die genügend Material für vier Durchläufe enthielten. Die folgende Tabelle enthält vier Doppelspalten. Von den Doppelspalten enthält die erste Spalte jeweils den Ertrag und die zweite Spalte jeweils die Position im Block. Dabei gibt hier die Position im Block an, in welchem Durchlauf die Methode verwendet wurde. So bedeutet zum Beispiel die Position 3 bei Block 4 und Methode B, dass die Methode B im 3. Durchlauf beim Verwenden der 4. Mischung angewendet wurde. Die Datei `PENICILL.DAT` enthält die folgenden Ergebnisse.

	Methode							
Block	A		B		C		D	
1	89	1	88	3	97	2	94	4
2	84	4	77	2	92	3	79	1
3	81	2	87	1	87	4	85	3
4	87	1	92	3	89	2	84	4
5	79	3	81	4	80	1	88	2

Siehe Box et al. (1978), entnommen aus Hand et al. (1994), S. 347.

Von Interesse ist hier, ob sich die vier Methoden unterscheiden, und wenn ja, welche die beste ist. Auch hier bezieht sich die Frage nicht auf den konkreten Datensatz, sondern generell auf die Herstellung.

1.0.5 Beispiel (Hitzeentwicklung beim Zementansetzen)

In einem Experiment sollte untersucht werden, wie die Zusammensetzung des Zements die Hitzeentwicklung beeinflusst. Neben der Hitzeentwicklung in Kalorien pro Gramm des Zements wurden die prozentualen Anteile von

a = tricalcium aluminate
b = tricalcium silicate
c = tetracalcoum alumino ferrite
d = dicalcium silicate

im Zement ermittelt und in der Datei SETTING.DAT aufgeführt.

a	b	c	d	Hitze
7	26	6	60	78.5
1	29	15	52	74.3
11	56	8	20	104.3
11	31	8	47	87.6
7	52	6	33	95.9
11	55	9	22	109.2
3	71	17	6	102.7
1	31	22	44	72.5
2	54	18	22	93.1
21	47	4	26	115.9
1	40	23	34	83.8
11	66	9	12	113.3
10	68	8	12	109.4

Siehe Woods et al. (1932), entnommen aus Hand et al. (1994), S. 366.

Es stellt sich hier insbesondere die Frage, ob anhand einer beliebig vorgegebenen Zusammensetzung des Zements die Hitzeentwicklung vorausgesagt werden kann.

1.0.6 Beispiel (Aufwickeln von Kammgarn)

Die folgenden Daten zeigen die Anzahl der Zyklen, bis Kammgarn falsch aufgewickelt wurde. Diese Anzahlen wurden unter folgenden experimentellen Bedingungen eines $3 \times 3 \times 3$-faktoriellen Versuchsplanes ermittelt:

x_1: Länge des Kammgarns (250, 300, 350 mm)
x_2: Amplitude der Zyklen (8, 9, 10 mm)
x_3: Gewicht (40, 45, 50 g)

Dabei werden in der Datei WOOL.DAT die 3 Stufen der Faktoren Länge, Amplitude und Gewicht jeweils mit −1, 0 und +1 bezeichnet. Von Interesse ist hier, bei welchen Einstellungen es am längsten dauert, bis das Garn schief aufgewickelt wird, und zwar nicht für den konkreten Datensatz, sondern für zukünftiges Aufwickeln. Es stellt sich auch die Frage, ob überhaupt jeder der Faktoren Länge, Amplitude und Gewicht einen Einfluss auf die Anzahl der Zyklen hat, d. h. ob es bei einem der Faktoren egal ist, auf welcher Stufe er eingestellt ist.

Faktorstufen			Anzahl der Zyklen
x_1	x_2	x_3	
−1	−1	−1	674
−1	−1	0	370
−1	−1	+1	292
−1	0	−1	338
−1	0	0	266
−1	0	+1	210
−1	+1	−1	170
−1	+1	0	118
−1	+1	+1	90
0	−1	−1	1414
0	−1	0	1198
0	−1	+1	634
0	0	−1	1022
0	0	0	620
0	0	+1	438
0	+1	−1	442
0	+1	0	332
0	+1	+1	220
+1	−1	−1	3636
+1	−1	0	3184
+1	−1	+1	2000
+1	0	−1	1568
+1	0	0	1070
+1	0	+1	566
+1	+1	−1	1140
+1	+1	0	884
+1	+1	+1	360

Siehe Box und Cox (1964), entnommen aus Hand et al. (1994), S. 329.

1.0.7 Beispiel (Druckfestigkeit von Beton)

An der Universität Kassel wurde eine neue Herstellungsweise von besonders hartem Beton entwickelt, siehe Schmidt und Fröhlich (2010). Um festzustellen, ob andere Institutionen auch in der Lage sind, diesen Beton herzustellen, wurde ein sogenannter Ringversuch gestartet, an dem sich mehrere Universitäten beteiligten. Da man annahm, dass die Druckfestigkeit auch von der Schleifmethode der beteiligten Institutionen und der Methode zum Prüfen der Druckfestigkeit abhängen könnte, wurden das Schleifen und das Prüfen auch auf die beteiligten Universitäten verteilt. Ein Ausschnitt aus den Prüfergebnissen befindet sich in der Datei `Druckfestigkeit.csv`, die folgende Spalten enthält:

	Druck [N/mm^2]	Festbetonrohdichte [kg/dm^3]	H	S	P
1	168.500	2.495	Aachen	Aachen	Kassel
2	167.100	2.516	Aachen	Aachen	Kassel
3	158.700	2.485	Aachen	Aachen	Kassel
4	150.500	2.485	Aachen	Kassel	Kassel
$\vdots$	$\vdots$	$\vdots$	$\vdots$	$\vdots$	$\vdots$
122	147.700	2.525	Kassel	Kassel	Kassel
123	145.300	2.495	Kassel	Kassel	Kassel
124	144.700	2.525	Kassel	Kassel	Kassel
125	142.100	2.502	Kassel	Kassel	Kassel

Siehe Schmidt und Fröhlich (2010).

Dabei steht `Druck` für die Druckfestigkeit, `H` für den Herstellungsort, `S` für den Schleifort und `P` für den Prüfort. Die Datei enthält 125 Untersuchungen. Hier interessiert man sich vor allem für die Abhängigkeit der Druckfestigkeit vom Herstellungs-, Schleif- und Prüfort.

1.0.8 Beispiel (**Fahrzeuge**)

Ein Fahrzeugpark enthält 6 Fahrzeuge. Jedes Fahrzeug hat die Wahrscheinlichkeit $\frac{1}{5}$, dass es an einem Tag kaputt geht. Pro Tag kann aber nur ein Fahrzeug repariert werden. Wie groß ist die Wahrscheinlichkeit, dass alle Fahrzeuge kaputt sind? Oder mit wie vielen Tagen muss im Jahr gerechnet werden, an denen alle Fahrzeuge nicht benutzbar sind?

Wir werden hier nur einen sehr kleinen Teil dieser Fragestellungen behandeln. Dieser Text dient in erster Linie dazu, die stochastischen Grundlagen zur Behandlung dieser Fragestellungen zu legen.

Das Buch gliedert sich in drei Teile: Beschreibende Statistik, Wahrscheinlichkeitstheorie und Schließende Statistik. Bei der Beschreibenden Statistik werden (wie der Name schon vermuten lässt) Daten nur beschrieben, wobei man in der Schließenden Statistik Schlüsse auf die zugrunde liegenden Zufallsgesetzmäßigkeiten ziehen möchte. Dazu wird ein vertieftes Verständnis von Zufallsgesetzmäßigkeiten gebraucht, welches der Teil zur Wahrscheinlichkeitstheorie liefern soll.

Es gibt dabei prinzipiell drei Möglichkeiten, das erforderliche Verständnis für Zufallsgesetzmäßigkeiten zu erlangen:

1. Man führt entsprechend viele Zufallsexperimente durch, um das entsprechende Verständnis über das Verhalten des Zufalls zu erhalten. So wurden in vorangegangen Jahrhunderten unzählige Experimente mit dem Würfel durchgeführt. Auch jeder, der viele

Würfelspiele gespielt hat, hat eine gute Kenntnis davon, wie sich der Zufall beim Würfeln auswirkt. Aber neben den Würfelexperimenten gibt es noch viele Zufallsexperimente ganz anderer Natur. Da müsste jemand sehr, sehr viele Experimente durchführen, um ein halbwegs gutes Verständnis zu bekommen. Das ist unmöglich.

2. Man beschäftigt sich mit der mathematischen Modellierung, in die die jahrhundertelange Erfahrung aus der Beschäftigung mit dem Zufall eingegangen ist. Aber das ist nur ein Zugang, der vor allem für Mathematiker geeignet ist.

3. Man simuliert die Zufallsexperimente am Computer und sammelt dadurch in recht kurzer Zeit die Erfahrungen, die ansonsten nur durch langwierige reale Experimente möglich sind.

In diesem Buch wird vor allem der letzte Weg gegangen, auch wenn die mathematischen Hintergründe aufgezeigt werden. Das hat auch den Vorteil, dass damit neue Entwicklungen erfasst werden können, bei denen die heutige Mathematik an ihre Grenzen stößt. Bei komplizierten Fragestellungen kommt die Mathematik heute nicht mehr ohne Simulationen aus. Das heißt noch lange nicht, dass die Mathematik überflüssig geworden ist. Denn um Simulationen sinnvoll anwenden zu können, muss dann doch vorher Mathematik betrieben werden.

Literatur

Box, G.E.P. und Cox, D.R. (1964). An analysis of transforms (with discussion). Journal of the Royal Statistical Society, Series A, 143, 383–430.

Box, G.E.P., Hunter, W.G. und Hunter, J.S. (1978). Statistics for experiments. Wiley, New York.

Gupta, A.K. (1952). Estimation of the mean and standard deviation of a normal population from a censored sample. Biometrika 39, 260–273.

Hand, D.J., Daly, F., Lunn, A.D., McConway, K.J. und Ostrowski, E. (1994). A handbook of small data sets. Chapman & Hall, London.

Romano, A. (1977). Applied statistics for science and industry. Allyn and Bacon, Boston.

Schmidt, M. und Fröhlich, S. (2010). DFG-Schwerpunktprogramm 1192 Nachhaltiges Bauen mit Ultra-Hochfestem Beton. Zentralprojekt Prüfen von UHPC, Universität Kassel.

Woods, H., Steinour, H.H. und Starke, H.R. (1932). Effects of composition of Portland cement on heat evolved during hardening. Industrial and Engineering Chemistry 24, 1207–1214.

Teil I
Beschreibende Statistik

Der erste Teil dieses Buchs beschäftigt sich mit der beschreibenden Statistik. Das heißt, wir lernen wie wir einen Datensatz beschreiben können. Dazu wird in Kap. 2 zunächst eine Software vorgestellt, mit deren Hilfe die erlernten Verfahren direkt auf Beispieldatensätze oder eigene Datensätze angewendet werden können. Nach einer kurzen Einführung in die Benutzung der Software folgt dann in Kap. 3 zunächst die Definition der Merkmale und Merkmalstypen. Wir werden feststellen, dass es verschiedene Merkmalstypen gibt und dass es wichtig ist zwischen diesen zu unterscheiden, um die jeweils passenden Methoden für die Auswertung zu finden. Das folgende Kap. 4 beschäftigt sich dann mit der Beschreibung univariater, also eindimensionaler, Daten mithilfe von Tabellen und Grafiken. In den einzelnen Unterabschnitten wird dabei zwischen den verschiedenen Merkmalstypen unterschieden. In Kap. 5 lernen wir die Lageparameter kennen. Auch hier werden wieder verschiedene Methoden für die Merkmalstypen vorgestellt. In Kap. 6 werden verschiedene Maße für die Streuung eines Datensatzes präsentiert. Der erste Teil des Buchs schließt mit dem Kap. 7 zu den bivariaten Daten. Zunächst werden grafische Darstellungsmöglichkeiten vorgestellt, dann lernen wir verschiedene Maße für den Zusammenhang zwischen zwei Merkmalen kennen. In den letzten beiden Abschnitten beschäftigen wir uns dann mit der Beschreibung des Zusammenhangs durch sogenannte Regressionsfunktionen.

Sehr ausführlich behandeln Burkschat et al. (2012), DIAKLEKT-Projekt (2002), Heiler und Michels (1994), Mosler und Schmid (2006) sowie Toutenburg und Heumann (2008) die Beschreibende Statistik. Dabei stellen Toutenburg und Heumann (2008) auch die Behandlung der Verfahren mit der Software vor, die in diesem Buch benutzt wird. Die Bücher von Bamberg et al. (2011), Cramer und Kamps (2007), Fahrmeir et al. (2007), Hartung et al. (1998), Schlittgen (2003) und Stoyan (1993) bieten eine Einführung in die Statistik und dabei auch in die Beschreibende Statistik, wobei Cramer und Kamps (2007) und Stoyan (1993) sich auch an die Studierenden der Ingenieurwissenschaften wenden. Weiterführende Fragestellungen der Beschreibenden Statistik finden sich in Bortz (1999) und in Sachs und Hedderich (2012). Fahrmeir et al. (2009) und Ritz und Streibig (2008) beschäftigen sich insbesondere mit der Bestimmung von Regressionsfunktionen.

Erste Schritte mit R

2

Bevor wir uns mit den in Kap. 1 eingeführten Fragestellungen beschäftigen, brauchen wir noch ein Werkzeug, um die Datensätze später wirklich auswerten zu können. Sicher lässt sich das in den meisten Fällen auch per Hand durchführen. Aber insbesondere für große Datensätze und spätestens, wenn Zufallsexperimente simuliert werden sollen, stoßen wir hier an unsere Grenzen. Daher soll im Folgenden eine Statistiksoftware eingeführt werden, die wir zur Auswertung und Simulation nutzen werden. Für alle hier im Buch vorgestellten Methoden werden auch immer die jeweils auszuführenden Schritte in der Software aufgeführt. Wir haben uns für die freie Software R, siehe R Core Team (2013), entschieden. Neben der freien Verfügbarkeit hat die Software R den Vorteil, dass sie immer häufiger verwendet wird und dadurch immer mehr Routinen im Internet dazu zu finden sind. Hier wird daher nur diese Software benutzt. Damit haben Sie die Möglichkeit, nach der Installation von R alle Verfahren direkt an den zur Verfügung gestellten Datensätzen selbst auszuprobieren. Natürlich kann aber für die vorgestellten Verfahren auch jede andere Statistiksoftware benutzt werden. In diesem Kapitel wird nun eine kurze Einführung in die grundlegende Bedienung der Software R gegeben. Eine ausführliche Einführung geben zum Beispiel Groß (2010), Wollschläger (2012), Verzani (2004) oder Venables und Ripley (2003), tiefere Einblicke bieten Ligges (2009) und Faraway (2006). Die Bücher DIALEKT-Projekt (2002) und Schlittgen (2005) stellen eine Oberfläche der hier behandelten Software vor, die noch einfacher zu bedienen ist. Allerdings hat diese Oberfläche einige Nachteile, weshalb hier die direkte Anwendung der Software erlernt werden soll.

2.1 Herunterladen der freien Software R

Unter http://cran.r-project.org/ finden Sie die neuesten R-Versionen für Windows, Mac und Linux. Windows-Nutzer klicken nach der Auswahl des Betriebssystems auf base. Hier finden Sie auch Installationsanleitungen. Nun kann R gestartet werden. Dazu ist es sinnvoll R mit einem eigenen Arbeitsverzeichnis zu verknüpfen, da ansonsten von R erstell-

C. Müller, L. Denecke, *Stochastik in den Ingenieurwissenschaften,*
Statistik und ihre Anwendungen, DOI 10.1007/978-3-642-38960-3_2,

te Dateien im Programm-Ordner abgelegt werden. Unter dem Menü-Punkt Hilfe, findet sich unter anderem eine ausführliche Einführung in R auf Englisch. Kennen Sie den Namen der R-Funktion, können Sie eine Hilfe zu der entsprechenden Funktion direkt über die Eingabe ? *Name der Funktion* aufrufen. Hier finden Sie auch die Liste der zu übergebenden Argumente und die Ausgaben sowie Beispiele für die Anwendung der Funktion.

2.2   Grafische Darstellungen mit R

Eindimensionale Grafiken können einfach mit der Funktion `plot` erzeugt werden. Dies wird hier anhand der Gaußschen Normalverteilung, die auf dem 10 DM-Schein abgebildet war, demonstriert. Die Dichte dieser Normalverteilung mit Parameter `mean` = μ und `sd` = σ ist eine Funktion von $\mathbb{R}$ nach $\mathbb{R}$ und ist gegeben durch

$$f(x) = \frac{1}{\sqrt{2\pi}\sigma} \exp\left\{-\frac{(x-\mu)^2}{2\sigma^2}\right\},$$

mehr dazu finden Sie auch im Abschn. 12.2. Möchte man zum Beispiel die Dichte der sogenannten Standardnormalverteilung ($\mu = 0$, $\sigma = 1$) im Intervall $[-4, 4]$ darstellen, so erzeugt man zuerst einen Vektor, der z. B. x genannt werden kann, der in aufsteigender Reihenfolge Werte aus dem Intervall $[-4, 4]$ enthält und damit das Intervall $[-4, 4]$ rastert. Je feiner die Rasterung, desto glatter wird die Funktion. Anschließend wendet man die Funktion, die die Dichte der Standardnormalverteilung liefert, `dnorm(x,mean=0,sd=1)`, auf x an.

```
> x<-seq(-4,4,0.1)
> plot(x,dnorm(x,mean=0,sd=1),type="l",ylab="f(x)",
+ main="Dichte der Standardnormalverteilung f(x)")
```

Statt `dnorm(x,mean=0,sd=1)` kann auch `dnorm(x)` geschrieben werden, da `mean=0` und `sd=1` die Voreinstellungen sind. Lässt man `type="l"` weg, so werden nur Punkte $(x, f(x))$ gezeichnet. Das Argument `ylab="f(x)"` ergibt eine Beschriftung für die y-Achse und mit `main="..."` wird die Überschrift bestimmt.

Will man mehrere Dichten von Normalverteilungen in einer Grafik darstellen, können die weiteren Dichten mit `lines` hinzugefügt werden:

```
> x<-seq(-4,4,0.1)
> plot(x,dnorm(x,mean=0,sd=1),type="l",ylab="f(x)",
+ main="Dichten der Normalverteilung f(x)")
> lines(x,dnorm(x,mean=0,sd=2),lty=2)
> legend(-3.5,0.35,legend=c("sd=1","sd=2"),lty=c(1,2))
```

Damit erhalten wir Abb. 2.1. Mit dem Argument `lty` wird der Linientyp bestimmt, z. B. `lty=1` für eine durchgezogene Linie, `lty=2` für eine gestrichelte Linie. Eine Legende kann mit der R-Funktion `legend` hinzugefügt werden. Grundsätzlich können, wie

Abb. 2.1 Zwei Dichten der Normalverteilung

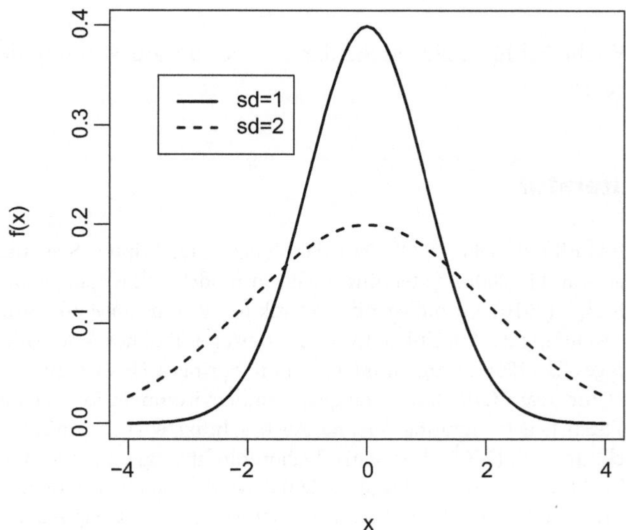

schon oben erwähnt, die Argumente und die Ausgaben einer R-Funktion mit dem Befehl *?Funktionsname* abgefragt werden. Mit

```
> ?legend
```

werden zum Beispiel die Argumente der R-Funktion `legend` angezeigt.

2.3 Übungsaufgaben

Übung 2.1 In R können die Logarithmen zu verschiedenen Basen mit der Funktion `log` berechnet werden, wobei im Argument `base` die Basis festgelegt wird. Plotten Sie die Logarithmusfunktion zu den Basen 2, 3, e (in R `exp(1)`) und 10. Stellen Sie alle vier Logarithmusfunktionen in einer Grafik dar. Wählen Sie dazu einen geeigneten Bereich für die x-Achse.

Übung 2.2 Stellen Sie die folgenden Dichten der Normalverteilung jeweils in einer Grafik dar. Wählen Sie dabei geeignete Bereiche für die x-Achse:

1. Die Dichte der Normalverteilung mit μ = mean = 1, σ = sd = 1 und die Dichte der Normalverteilung mit μ = mean = 0, σ = sd = 1 in einer Grafik.
2. Die Dichte der Normalverteilung mit μ = mean = 1, σ = sd = 1 und die Dichte der Normalverteilung mit μ = mean = 2, σ = sd = 1 in einer Grafik.

3. Die Dichte der Normalverteilung mit μ = mean = 1, σ = sd = 1 und die Dichte der
   Normalverteilung mit μ = mean = 1, σ = sd = 2 in einer Grafik.

Welche Schlüsse ziehen Sie daraus über die Auswirkung der Änderung der beiden Parameter?

Literatur

DIALEKT-Projekt (2002). Statistik interaktiv. Deskriptive Statistik. Springer, Berlin.

Faraway, J.J. (2006). Extending the linear model with R. Chapman & Hall/ CRC, Boca Raton.

Groß, J. (2010). Grundlegende Statistik mit R. Eine anwendungsorientierte Einführung in die Verwendung der Statistik Software R. Vieweg + Teubner, Wiesbaden.

Ligges, U. (2009). Programmieren mit R. Springer, Heidelberg.

R Core Team (2013). R: A language and environment for statistical computing. R Foundation for Statistical Computing, Vienna, Austria. http://www.R-project.org/.

Schlittgen, R. (2005). Das Statistiklabor. Einführung und Benutzerhandbuch. Springer, Berlin.

Venables, W.N. und Ripley, B.D. (2003). Modern applied statistics with S. Springer, New York.

Verzani, J. (2004). Using R for introductory statistics. Chapman & Hall /CRC, London.

Wollschläger, D. (2012). Grundlagen der Datenanalyse mit R. Eine anwendungsorientierte Einführung. Springer, Heidelberg.

In den folgenden Kapiteln werden wir einige statistische Methoden zur Beschreibung von Daten kennenlernen. Dabei werden wir zwischen verschiedenen Merkmals- und Datentypen unterscheiden müssen. Es ist klar, dass wir für einen Datensatz, der z. B. die Abnehmer eines Produkts enthält, andere Methoden zur Beschreibung brauchen als für den Datensatz, der die Laufzeit von Maschinen enthält.

3.1 Merkmale und Merkmalstypen

Bevor wir jedoch zu den verschiedenen Merkmalstypen kommen, müssen wir zunächst noch klären, wofür wir diese bestimmen. Darum folgt nun zunächst die Definition des statistischen Merkmals.

3.1.1 Definition (Grundgesamtheit, Stichprobe, Merkmal, Wertebereich, Daten)
*Eine **statistische Grundgesamtheit (Kollektiv, Population, Los, Charge, Partie)** ist die Menge der Einzelobjekte (Einheiten), die in bestimmten, vom Untersuchungsziel vorgegebenen, Identifikationskriterien übereinstimmen. Aus dieser Grundgesamtheit wird eine **Stichprobe** bestehend aus den Einzelobjekten $e_1, \ldots, e_N$ gezogen. Der Stichprobenumfang ist durch N gegeben. Eine untersuchungsrelevante Eigenschaft der Einzelobjekte der Stichprobe heißt (statistisches) **Merkmal** und wird mit einem großen lateinischen Buchstaben wie X bezeichnet. Die Werte, die ein Merkmal haben kann, heißen **Merkmalsausprägungen**. Die Menge der Merkmalsausprägungen heißt **Wertebereich** und wird mit W_X bezeichnet, wenn X das Merkmal ist. Das Merkmal angewendet auf die Einzelobjekte der Stichprobe liefert die **Daten** $x_1 = X(e_1)$, $x_2 = X(e_2), \ldots, x_N = X(e_N)$.*

Tabelle 3.1.2 zeigt einige Beispiele für Merkmale und ihre Ausprägungen.

C. Müller, L. Denecke, *Stochastik in den Ingenieurwissenschaften*,
Statistik und ihre Anwendungen, DOI 10.1007/978-3-642-38960-3_3,
© Springer-Verlag Berlin Heidelberg 2013

3.1.2 Tabelle   (Merkmale und Ausprägungen)

Merkmal	Mögliche Ausprägungen
Produktionsort	Kassel, Aachen, Karlsruhe, Leipzig
Alter	$t \geq 0,\ t \in \mathbb{R}$
Alter	0–10, 11–20, 21–30, …, 71–80, 81+
Alter	Kind, Jugendlicher, Erwachsener
Farbe	Violett, grün
Farbe	λ, $0.39 < \lambda < 0.69$ (μm, Wellenlänge)
Unfallhäufigkeit	$n \in \mathbb{N}_0$

3.1.3 Definition (Merkmalstypen)

Quantitative Merkmale*: Die Merkmalsausprägungen sind Zahlen, wobei die Rangordnung der Zahlendifferenzen zwischen je zwei Einheiten der Rangordnung der Merkmalsunterschiede zwischen je zwei Einheiten entspricht. Insbesondere lassen sich die Differenzen zwischen zwei Merkmalsausprägungen exakt bestimmen.*

Qualitative Merkmale:

> ***Ordinale Merkmale****: Hier besteht eine Ordnung zwischen den Merkmalsausprägungen. Allerdings sind Merkmalsunterschiede nicht vergleichbar und können daher auch nicht geordnet werden.*

> ***Nominale Merkmale****: Hier besteht auch zwischen den Merkmalsausprägungen keine Ordnung. Es kann für zwei Einheiten lediglich entschieden werden, ob sie in der Merkmalsausprägung übereinstimmen oder nicht.*

3.1.4 Tabelle   (Beispiele für Merkmalstypen)

Merkmalstyp	Mögliche Aussagen	Beispiele
Quantitativ	Gleichheit von Differenzen	Temperatur (in ° Celsius), Längen- und Gewichtsmessung
Ordinal	Größer-kleiner Relationen	Ränge, Schulnoten, Windstärken, Jahreszeiten
Nominal	Gleichheit, Verschiedenheit	Telefonnummern, Geschlecht, Hersteller, Produktionsort, defekt/nicht defekt

3.1.5 Bezeichnung

Im folgenden werden die quantitativen Merkmalstypen **diskret** und **stetig** unterschieden.

Merkmalstyp	Anzahl der Ausprägungen	Beispiele
Diskret	Endlich oder abzählbar unendlich viele	Anzahl von Abnehmern, Anzahl von Blasen auf einem Lack, Anzahl von Unfällen an einer Kreuzung, Anzahl von Ausfällen einer Maschine
Stetig	Überabzählbar viele	Reaktionszeit, Größe, Gewicht

3.1.6 Bemerkung (Merkmalstypen)

Das folgende Schema verdeutlicht noch einmal die Aufteilung der Merkmalstypen.

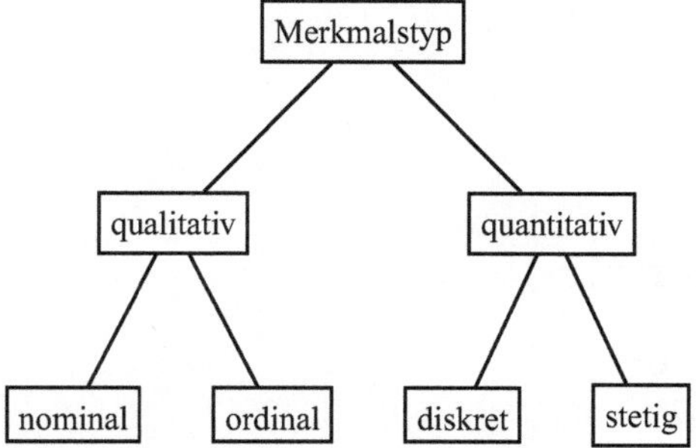

3.2 Daten in R

Es wird außerdem zwischen **univariaten, bivariaten** und **multivariaten Daten** unterschieden. Bei univariaten Daten wird nur ein Merkmal beobachtet, bei bivariaten Daten werden zwei Merkmale beobachtet und bei multivariaten Daten werden mehr als zwei Merkmale erfasst. Der Datentyp hängt somit von der Anzahl der erfassten Merkmale und deren Merkmalstypen ab. Für verschiedene Datentypen gibt es in R verschiedene Darstellungsformen.

Univariate Daten werden in R mittels eines Vektors dargestellt. Dabei können z. B. die Daten $x_1 = 2$, $x_2 = 1$, $x_3 = 1$, $x_4 = 3$, $x_5 = 2$ per Hand mit dem Aufruf c (c für combine) zu einem Datenvektor x zusammen gefasst werden:

```
> x<-c(2,1,1,3,2)
> x
[1] 2 1 1 3 2
> x[4]
[1] 3
> x[c(1,2,4)]
[1] 2 1 3
```

Mit x [ ] werden einzelne Komponenten des Vektors ausgegeben, wobei man mittels eines Vektors (hier c(1,2,4)) auch auf mehrere Komponenten (hier 1., 2. und 4. Komponente) zugreifen kann.

Im obigen Fall werden die Daten $x_1 = 2$, $x_2 = 1$, $x_3 = 1$, $x_4 = 3$, $x_5 = 2$ als Beobachtungen eines quantitativen Merkmals aufgefasst. Mit Zahlen können aber auch nominale oder ordinale Merkmalsausprägungen (in R levels) bezeichnet werden. Damit R die Merkmalsausprägungen als nominale bzw. ordinale Merkmalsausprägungen interpretiert, muss zusätzlich der Aufruf factor bzw. ordered benutzt werden:

```
> x<-c(2,1,1,3,2)
> class(x)
[1] "numeric"
> x<-factor(c(2,1,1,3,2))
> class(x)
[1] "factor"
> x
[1] 2 1 1 3 2
Levels: 1 2 3
> x<-ordered(c(2,1,1,3,2))
> class(x)
[1] "ordered" "factor"
> x
[1] 2 1 1 3 2
Levels: 1 < 2 < 3
```

Bei ordinalen Merkmalen wird automatisch die Ordnung der Zahlen bzw. des Alphabets benutzt, wenn die Merkmalsausprägungen mit Buchstaben bezeichnet werden. Soll eine andere Ordnung der Merkmalsausprägungen benutzt werden, muss diese explizit angegeben werden. Stellen z. B. die Merkmalsausprägungen die Wirksamkeit eines Rostschutzmittels in Form von *gering, mittel, hoch* dar und sind die Daten durch $x_1 = mittel$, $x_2 = gering$, $x_3 = gering$, $x_4 = hoch$, $x_5 = mittel$ gegeben, so werden die Daten wie folgt eingelesen:

```
> x<-ordered(c("mittel","gering","gering","hoch","mittel"),
+ levels=c("gering","mittel","hoch"))
> x
[1] mittel gering gering hoch mittel
Levels: gering < mittel < hoch
```

Bivariate und multivariate Daten werden in Form einer Matrix oder Datentabelle dargestellt. Dabei gibt es in der Regel so viele Spalten, wie es Merkmale gibt, und die Anzahl der Zeilen ist durch den Stichprobenumfang N gegeben, da jede Zeile die Merkmalsausprägungen eines Einzelobjektes angibt. Eine Matrix kann allerdings nur benutzt werden, wenn die Merkmale entweder alle quantitativ oder alle nominal oder alle ordinal sind. In diesem Fall kann die 5×2-Matrix

$$\begin{pmatrix} 2 & 1.2 \\ 1 & 0.9 \\ 1 & 0.7 \\ 3 & 1.1 \\ 2 & 0.8 \end{pmatrix}$$

folgendermaßen per Hand erzeugt werden (das Argument `byrow=TRUE` bewirkt dabei, dass der angegebene Vektor zeilenweise in die Matrix geschrieben wird):

```
> mat<-matrix(c(2,1.2,1,0.9,1,0.7,3,1.1,2,0.8),ncol=2,
+ byrow=TRUE)
> mat
      [,1] [,2]
[1,]    2  1.2
[2,]    1  0.9
[3,]    1  0.7
[4,]    3  1.1
[5,]    2  0.8
> mat[4,2]
[1] 1.1
> mat[,2]
[1] 1.2 0.9 0.7 1.1 0.8
> mat[3,]
[1] 1.0 0.7
```

Sind die Merkmale aber von verschiedenem Merkmalstyp, so kann nur die Datentabelle (data frame) benutzt werden:

```
> x<-ordered(c("mittel","gering","gering","hoch","mittel"),
+ levels=c("gering","mittel","hoch"))
> y<-c(1.2,0.9,0.7,1.1,0.8)
> dat.mat<-data.frame(x,y)
> dat.mat
       x   y
1 mittel 1.2
2 gering 0.9
3 gering 0.7
4   hoch 1.1
5 mittel 0.8
> class(dat.mat)
[1] "data.frame"
> class(dat.mat[,1])
[1] "ordered" "factor"
> class(dat.mat[,2])
[1] "numeric"
> dat.mat[,1]
[1] mittel gering gering hoch   mittel
Levels: gering < mittel < hoch
> dat.mat[,2]
[1] 1.2 0.9 0.7 1.1 0.8
```

Beim Zugriff auf die Einträge einer Matrix oder Datentabelle wird die sogenannte ZVS-Regel (Zeile-vor-Spalte-Regel) benutzt, d. h. als erstes wird die Zeile genannt und dann die Spalte. Wird die Zeile bzw. die Spalte nicht spezifiziert, so wird die ganze Spalte bzw. Zeile ausgegeben. Haben die Spalten Namen, was immer bei einer Datentabelle der Fall ist, so kann auf die Spalten auch mittels $*Spaltenname* zugegriffen werden:

```
> dat.mat$x
[1] mittel gering gering hoch    mittel
Levels: gering < mittel < hoch
> dat.mat$y
[1] 1.2 0.9 0.7 1.1 0.8
```

3.3 Übungsaufgaben

Übung 3.1 Für die statistische Auswertung von Datensätzen ist es wichtig zunächst einmal Merkmalsträger, die Merkmale und den Typ der Merkmale zu bestimmen, da die anzuwendende statistische Methode abhängig vom Datentyp ist. Geben Sie daher bei den Beispielen aus Kap. 1 die Merkmalsträger, die Merkmale und den Typ der Merkmale an.

Tabellarische und grafische Darstellungen von univariaten Daten

4

In Zeitungsartikeln, in den Nachrichten im Fernsehen, überall begegnen uns grafische Veranschaulichungen von Daten, sei es um einen ersten Eindruck von den Daten zu bekommen oder die Ergebnisse zu unterstreichen. Grafiken sind ein sehr nützliches Werkzeug zur Beschreibung von Daten.

4.0.1 Bezeichnung

Merkmale werden mit großen lateinischen Buchstaben (z. B. X, Y, Z) bezeichnet, die zugehörigen Ausprägungen mit dem entsprechenden kleinen lateinischen Buchstaben (z. B. x, y, z).

4.1 Qualitative Daten

Wir beginnen mit der Vorstellung der Methoden für qualitative Daten.

Voraussetzungen und Bezeichnungen

$M_N = \{e_1, \dots, e_N\}$	Stichprobe bestehend aus Objekten $e_1, \dots, e_N$,
X	nominales bzw. ordinales Merkmal,
$x(j),\ j = 1, \dots, J$	Merkmalsausprägungen von X,
$W_X = \{x(j);\ j = 1, \dots, J\}$ $= \{x(1), \dots, x(J)\}$	Wertebereich von X mit den Merkmalsausprägungen $x(j)$, $j = 1, \dots, J$,
$D_N = \{x_n;\ n = 1, \dots, N\}$ $= \{x_1, \dots, x_N\}$	Datensatz aus der Messung von X in der Stichprobe M_N, d. h. $x_n = X(e_n),\ n = 1, \dots, N$.

Als zusätzliche Voraussetzung bei ordinalen Daten gelte: $x(1) < x(2) < \cdots < x(J)$. J bezeichnet dabei die Anzahl der Ausprägungen von X.

C. Müller, L. Denecke, *Stochastik in den Ingenieurwissenschaften*,
Statistik und ihre Anwendungen, DOI 10.1007/978-3-642-38960-3_4,
© Springer-Verlag Berlin Heidelberg 2013

Die (deskriptive) Auswertung eines Datensatzes $x_1, \ldots, x_N$ erfolgt in den folgenden Schritten:

1. Die Auszählung der Ausprägungen liefert die **absolute Häufigkeit** von Ausprägung $x(j)$: $N_j = N(x(j))$, $j = 1, \ldots, J$. Das heißt, N_j ist die Anzahl der Daten x_n mit $x_n = x(j)$. Dies lässt sich z. B. durch eine **Strichliste** leicht umsetzen.

2. Die Bildung der **relativen Häufigkeit** von Ausprägung $x(j)$, $j = 1, \ldots, J$: $f_j = \frac{N_j}{N}$, wobei $N = \sum_{j=1}^{J} N_j$ der Stichprobenumfang (Anzahl Beobachtungen) ist. $f_1, \ldots, f_J$ heißt **Häufigkeitsverteilung (HV)** von X.

3. Darstellung der Häufigkeiten in einer Tabelle (**Häufigkeitstabelle**)

Ausprägung $x(j)$	Absolute Häufigkeit N_j	Relative Häufigkeit $f_j = N_j/N$
$x(1)$	N_1	$f_1 = N_1/N$
$\vdots$	$\vdots$	$\vdots$
$x(J)$	N_J	$f_J = N_J/N$
	$\sum_{j=1}^{J} N_j = N$	$\sum_{j=1}^{J} f_j = 1$

Dabei ist $\sum$ das Summenzeichen, d. h. $\sum_{j=1}^{J} N_j = N_1 + N_2 + \ldots + N_J$ und $\sum_{j=1}^{J} f_j = f_1 + f_2 + \ldots + f_J$.

4.1.1 Beispiel (Druckfestigkeit von Beton, Fortsetzung von Beispiel 1.0.7)

Liegt die Datei `Druckfestigkeit.csv` im Arbeitsordner von R, so können die Daten aus dieser Datei mit folgendem Befehl in R eingelesen werden (ansonsten muss entweder der Dateipfad mit angegeben werden oder das Verzeichnis gewechselt werden. Für letzteres kann der Befehl `setwd("C:/Users/...")` benutzt werden, wobei `C:/Users/...` für den Dateipfad steht, hier muss \ durch / oder durch \\ ersetzt werden):

```
>beton<-read.csv("Druckfestigkeit.csv",header=T,dec=",",sep=";")
```

Mit der R-Funktion `table` können die absoluten Häufigkeiten der Herstellungsorte ermittelt werden:

```
>table(beton$H)

    Aachen Darmstadt    Dresden Karlsruhe     Kassel   Leipzig
        12        12         12        11         66        12
```

Die relativen Häufigkeiten erhält man, indem durch die Länge des Vektors `beton$H` (die Länge der Spalte `H`) geteilt wird:

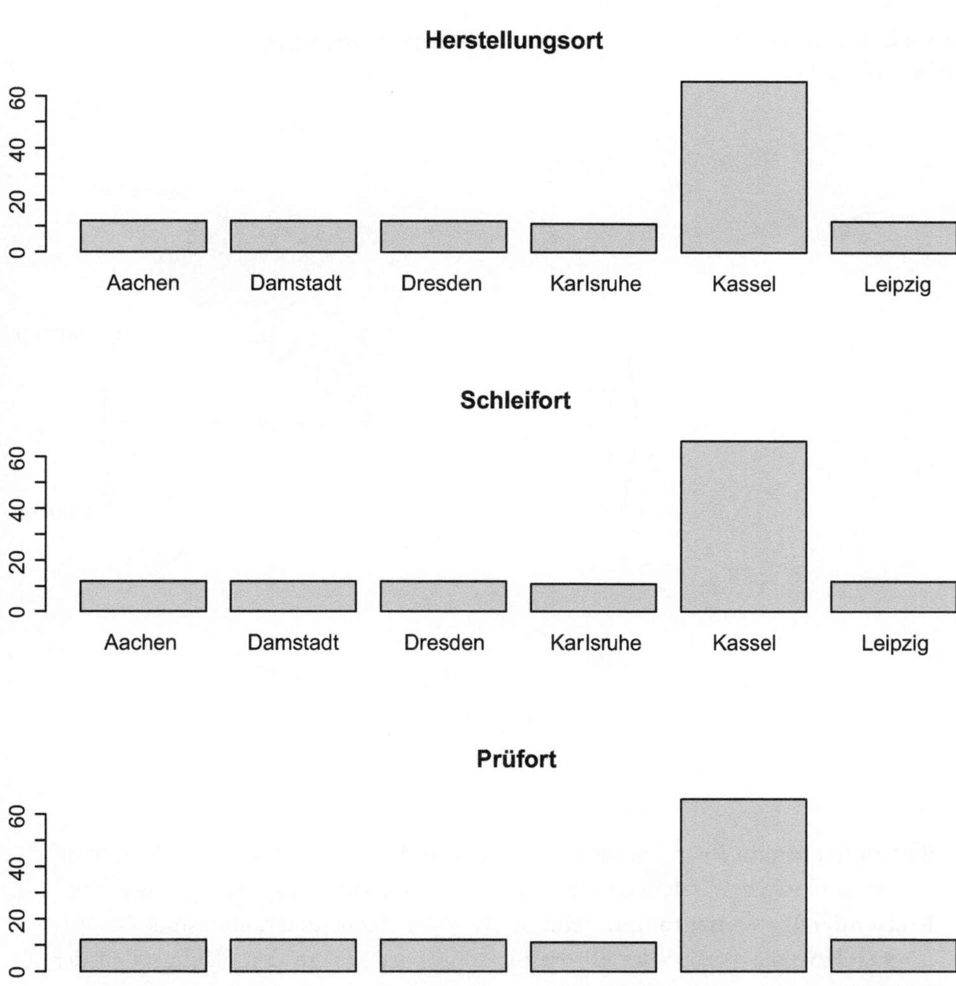

Abb. 4.1 Balkendiagramme für die Herstellungs-, Scheif- und Prüforte

```
>table(beton$H)/length(beton$H)

   Aachen Darmstadt    Dresden Karlsruhe     Kassel    Leipzig
    0.096     0.096      0.096     0.088      0.528      0.096
```

Zur besseren Veranschaulichung des Datensatzes werden grafische Methoden verwendet. Im Folgenden werden zwei Methoden am obigen Beispiel vorgeführt.

Abb. 4.2 Kreisdiagramm für
die Herstellungsorte

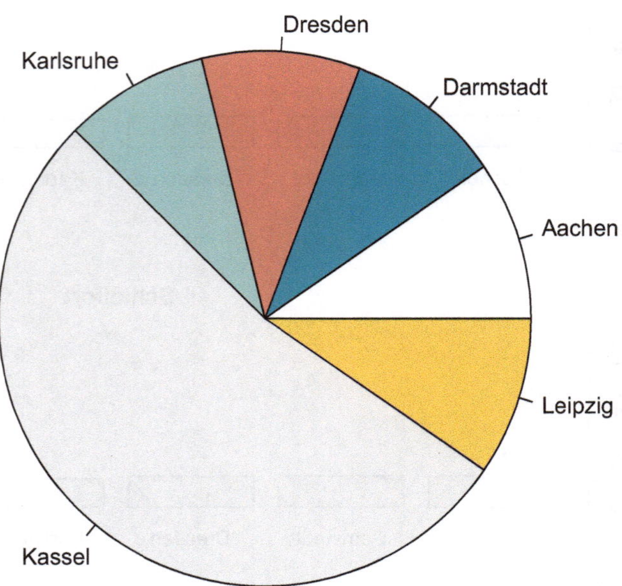

> **Balkendiagramm:** Beim Balkendiagramm ist die Höhe der einzelnen Balken durch
> die absoluten bzw. relativen Häufigkeiten der Merkmalsausprägungen gegeben.
>
> **Kreis- oder Tortendiagramm:** Beim Kreis- oder Tortendiagramm sind die Flä-
> chen bzw. die Winkel der Tortenstücke proportional zu den Häufigkeiten der
> Merkmalsausprägungen.

4.1.2 Beispiel (Druckfestigkeit von Beton, Fortsetzung von Beispiel 4.1.1)
Die Balkendiagramme in Abb. 4.1 wurden mit folgenden Befehlen erzeugt:

```
> par(mfrow=c(3,1))
> barplot(table(beton$H),main="Herstellungsort")
> barplot(table(beton$S),main="Schleifort")
> barplot(table(beton$P),main="Prüfort")
```

Der Befehl `par(mfrow=c(3,1))` bewirkt, dass die drei Grafiken in einem Fenster un-
tereinander ausgegeben werden, 3 = Anzahl Zeilen, 1 = Anzahl Spalten. Mit `par` lassen
sich die verschiedensten Grafikparameter einstellen.

Das Kreisdiagramm in Abb. 4.2 wurde mit folgenden Befehlen erzeugt:

```
> par(mfrow=c(1,1))
> pie(table(beton$H),main="Herstellungsort")
```

An den Grafiken lässt sich sofort erkennen, dass der häufigste Herstellungs-, Schleif- und Prüfort Kassel war und dass alle anderen Universitäten jeweils etwa gleich häufig auftreten.

4.2 Quantitative diskrete Daten

Für die quantitativen Daten führen wir ähnliche Bezeichnungen ein wie im letzten Abschnitt für die qualitativen Daten.

Voraussetzungen und Bezeichnungen

$M_N = \{e_1, \ldots, e_N\}$ Stichprobe bestehend aus Objekten $e_1, \ldots, e_N$,

X quantitatives diskretes Merkmal,

$x,\ x \in W_X$ Merkmalsausprägungen von X,

$W_X = \{x(j);\ j = 1, \ldots, J\}$ Wertebereich von X
$ = \{x(1), \ldots, x(J)\}$

$D_N = \{x_n;\ n = 1, \ldots, N\}$ Datensatz (Urliste) aus der Messung von X in M_N,
$ = \{x_1, \ldots, x_N\}$ d. h. $x_n = X(e_n)$, $n = 1, \ldots, N$.

Auch hier gilt $x(1) < x(2) < \ldots < x(J)$.

In Analogie zu qualitativen Merkmalen wird die Häufigkeitsverteilung $f_1, \ldots, f_J$ gebildet. Zudem berechnet man die **relativen Summenhäufigkeiten** $s_1, \ldots, s_J$, aus denen die **empirische Verteilungsfunktion** gebildet wird.

Die relative Summenhäufigkeit s_j ist als

$$s_j = \sum_{k=1}^{j} f_k = \frac{\text{Anzahl der } x_n \text{ mit } x_n \leq x(j)}{N}$$

definiert, für $j = 1, \ldots, J$.

Darstellung der Tabelle mit Häufigkeiten und Summenhäufigkeiten

Ausprägung $x(j)$	Absolute Häufigkeit N_j	Relative Häufigkeit f_j	Relative Summenhäufigkeit s_j
$x(1)$	N_1	$f_1 = \frac{N_1}{N}$	$s_1 = f_1$
$x(2)$	N_2	$f_2 = \frac{N_2}{N}$	$s_2 = f_1 + f_2$
$x(3)$	N_3	$f_3 = \frac{N_3}{N}$	$s_3 = f_1 + f_2 + f_3$
$\vdots$	$\vdots$	$\vdots$	$\vdots$
$x(J-1)$	N_{J-1}	$f_{J-1} = \frac{N_{J-1}}{N}$	$s_{J-1} = \sum_{k=1}^{J-1} f_k$
$x(J)$	N_J	$f_J = \frac{N_J}{N}$	$s_J = \sum_{k=1}^{J} f_k = 1$
	$\sum_{j=1}^{J} N_j = N$	$\sum_{j=1}^{J} f_j = 1$	

4.2.1 Beispiel (Anzahl von Unfällen an einer Kreuzung)
Die Datei `Unfall.txt` enthält die Unfallanzahlen an einer Kreuzung pro Jahr für 20
Jahre. Diese Anzahlen sind:

```
2 2 6 1 1 1 2 1 0 1 2 0 7 3 1 0 3 2 0 1
```

Die absoluten, die relativen Häufigkeiten und die Summenhäufigkeiten werden in R wie
folgt ermittelt:

```
> unfall<-scan("Unfall.txt")
Read 20 items
> table(unfall)
unfall
0 1 2 3 6 7
4 7 5 2 1 1
> table(unfall)/length(unfall)
unfall
   0    1    2    3    6    7
0.20 0.35 0.25 0.10 0.05 0.05
> cumsum(table(unfall))/length(unfall)
   0    1    2    3    6    7
0.20 0.55 0.80 0.90 0.95 1.00
```

Geeignete grafische Darstellungen für quantitativ diskrete Daten sind das Stabdiagramm und die empirische Verteilungsfunktion.

Stabdiagramm: Die Höhe der Stäbe ist durch die absoluten oder relativen Häufigkeiten gegeben, wobei die Stäbe genau auf den Punkten der reellen Achse
aufgetragen werden, wo sich die Merkmalsausprägungen befinden.

Empirische Verteilungsfunktion: Bei der empirischen Verteilungsfunktion werden die Summenhäufigkeiten genau oberhalb der Punkte der reellen Achse als Punkte aufgetragen, wo sich die Merkmalsausprägungen befinden. Damit eine Funktion entsteht, werden diese Punkte in horizontaler Richtung so lange fortgesetzt, bis die nächste Merkmalsausprägung kommt. Mathematisch ist die Verteilungsfunktion wie folgt definiert:

4.2.2 Definition

Sei X ein quantitatives diskretes Merkmal mit Merkmalsausprägungen $x(1) < x(2) < \cdots < x(J)$ und zugehörigen relativen Häufigkeiten $f_1, f_2, \ldots, f_J$. Dann heißt die Funktion $F_N : \mathbb{R} \to [0,1]$ definiert durch

$$F_N(x) = \begin{cases} 0 & \text{für } x < x(1), \\ s_j = \sum_{k=1}^{j} f_k & \text{für } x(j) \le x < x(j+1), \ j = 1, \ldots, J-1, \\ 1 & \text{für } x \ge x(J) \end{cases}$$

empirische Verteilungsfunktion des Merkmals X.

Die empirische Verteilungsfunktion ist eine sogenannte **Treppenfunktion**. Die Sprunghöhe an der Stelle $x(j)$ ist die relative Häufigkeit f_j. Der Graph einer empirischen Verteilungsfunktion sieht etwa folgendermaßen aus:

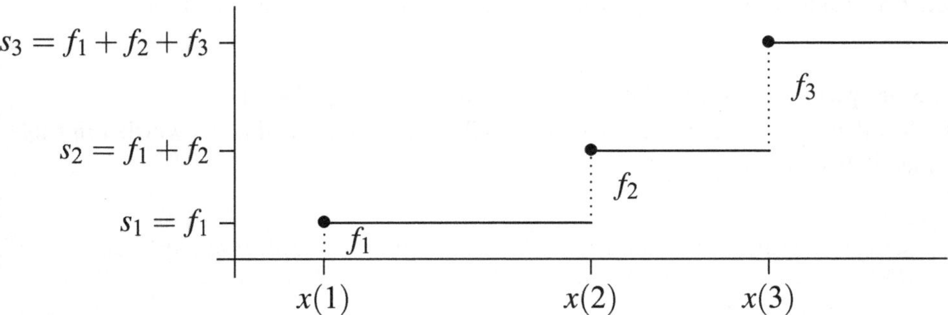

Jeder Punkt • markiert den Funktionswert der empirischen Verteilungsfunktion an der Stelle $x(j)$ und ist durch die Summenhäufigkeit gegeben.

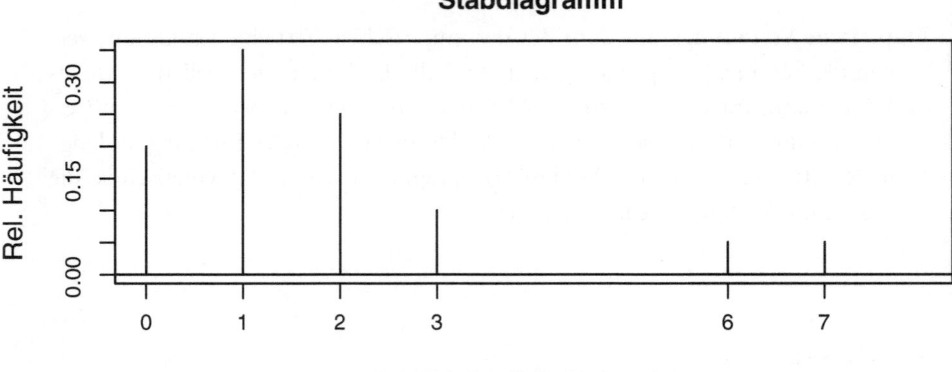

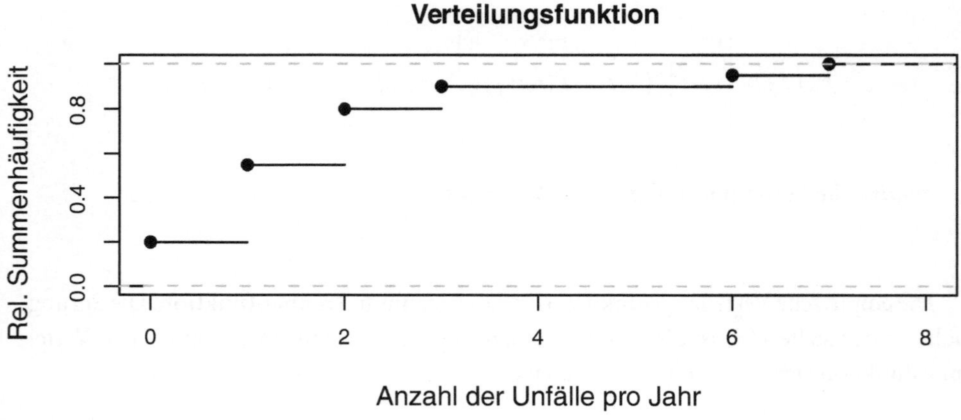

Abb. 4.3 Stabdiagramm und empirische Verteilungsfunktion für die Unfallanzahlen

4.2.3 Beispiel (Anzahl von Unfällen, Fortsetzung von Beispiel 4.2.1)
Das Stabdiagramm und die empirische Verteilungsfunktion in Abb. 4.3 wurden mit folgenden Befehlen erzeugt:

```
> par(mfrow=c(2,1))
> plot(table(unfall)/length(unfall),type="h",xlab="Anzahl der
+ Unfälle pro Jahr",ylab="Rel. Häufigkeit",xlim=c(0,8),
+ main="Stabdiagramm")
> abline(0,0)
> plot(ecdf(unfall),xlab="Anzahl der Unfälle pro Jahr",
+ ylab="Rel. Summenhäufigkeit",xlim=c(0,8),
+ main="Verteilungsfunktion")
```

Dabei berechnet `ecdf` die empirische Verteilungsfunktion.

4.3   Quantitative stetige Daten

Voraussetzungen und Bezeichnungen

$M_N = \{e_1, \dots, e_N\}$ Stichprobe bestehend aus Objekten $e_1, \dots, e_N$,

X quantitatives stetiges Merkmal,

$x,\; x \in W_X$ Merkmalsausprägungen von X,

$W_X = \bigcup\limits_{j=1}^{J} K_j$ Klassierter (kategorisierter) Wertebereich,

$K_j = (v_{j-1}, v_j]$ Merkmalsklasse mit Klassengrenzen $v_0 < v_1 < \cdots < v_J$,

$D_N = \{x_n;\; n = 1, \dots, N\}$ Datensatz (Urliste) aus der Messung von X in M_N,

$\quad = \{x_1, \dots, x_N\}$ d. h. $x_n = X(e_n),\; n = 1, \dots, N$.

Quantitative stetige Daten zeichnen sich insbesondere dadurch aus, dass gleiche Merkmalsausprägungen nur sehr selten auftreten. Somit ist eine reine Häufigkeitstabelle nicht sinnvoll und nicht übersichtlich. Um eine übersichtlichere Darstellung zu erhalten, geht man in diesen Fällen oft zur **Kategorisierung oder Klassierung der Messwerte** über. Der Wertebereich W_X wird in J Klassen $K_1, \dots, K_J$ eingeteilt, wobei $K_j = (v_{j-1}, v_j]$ ein Intervall mit den Klassengrenzen v_{j-1} und v_j ist. Die Beobachtungen werden nun den Klassen zugeordnet. Für die Klassen erhält man dadurch eine Häufigkeitsverteilung, analog zum Fall diskreter Daten:

Klasse K_j	Absolute Häufigkeit $N(K_j)$	Relative Häufigkeit $f(K_j)$	Relative Summenhäufigkeit $s(K_j)$
$K_1 = (v_0, v_1]$	$N(K_1)$	$f(K_1) = \frac{N(K_1)}{N}$	$s(K_1) = f(K_1)$
$K_2 = (v_1, v_2]$	$N(K_2)$	$f(K_2) = \frac{N(K_2)}{N}$	$s(K_2) = f(K_1) + f(K_2)$
$\vdots$	$\vdots$	$\vdots$	$\vdots$
$K_{J-1} = (v_{J-2}, v_{J-1}]$	$N(K_{J-1})$	$f(K_{J-1}) = \frac{N(K_{J-1})}{N}$	$s(K_{J-1}) = \sum_{k=1}^{J-1} f(K_k)$
$K_J = (v_{J-1}, v_J]$	$N(K_J)$	$f(K_J) = \frac{N(K_J)}{N}$	$s(K_J) = \sum_{k=1}^{J} f(K_k) = 1$
	$\sum_{j=1}^{J} N(K_j) = N$	$\sum_{j=1}^{J} f(K_j) = 1$	

Die absoluten Häufigkeiten $N(K_j)$, relativen Häufigkeiten $f(K_j)$ und relativen Summenhäufigkeiten $s(K_j)$ berechnen sich daher gemäß

$$N(K_j) = \text{Anzahl der } x_n \text{ mit } x_n \in K_j,\; f(K_j) = \frac{N(K_j)}{N},\; s(K_j) = \sum_{k=1}^{j} f(K_k).$$

$f(K_1), \ldots, f(K_J)$ heißt **Häufigkeitsverteilung** des Merkmals X zur Klasseneinteilung $K_1, \ldots, K_J$ oder **klassierte Häufigkeitsverteilung**. Die Werte $b_j = v_j - v_{j-1}$ heißen **Klassenbreiten**, $j = 1, \ldots, J$.

Die grafische Darstellung dieser Häufigkeitsverteilung erfolgt über ein sogenanntes **Histogramm**. Dies ist ein Flächendiagramm, in dem Rechtecke das Häufigkeitsverhältnis der einzelnen Klassen wiedergeben. Es gilt der Grundsatz:

Die **Fläche des Rechtecks über dem Intervall** K_j ist **proportional zur relativen Häufigkeit** $f(K_j)$, d. h.

$$f(K_j) = b_j \cdot h_j = (v_j - v_{j-1})h_j, \quad j = 1, \ldots, J,$$

wobei h_j die Höhe des Rechtecks bezeichne. h_j berechnet sich daher gemäß:

$$h_j = \frac{f(K_j)}{b_j}, \quad j = 1, \ldots, J.$$

Neben dem Histogramm kann auch die **empirische Verteilungsfunktion**, so wie sie in Abschn. 4.2 eingeführt wurde, benutzt werden.

4.3.1 Beispiel (Druckfestigkeit von Beton, Fortsetzung von Beispiel 4.1.1)
Die Druckfestigkeit in Beispiel 1.0.7 ist ein quantitativ stetiges Merkmal. Um die absoluten und relativen Häufigkeiten der Druckfestigkeit des in Kassel hergestellten Betons zu bestimmen, gibt man folgendes ein:

```
> hist(beton[beton$H=="Kassel","Druck"],plot=F)
$breaks
[1] 110 120 130 140 150 160 170 180
$counts
[1]  4  2  9 19 23  5  4
$intensities
[1] 0.006060605 0.003030303 0.013636364 0.028787879 0.034848485
[6] 0.007575758 0.006060606
$density
[1] 0.006060605 0.003030303 0.013636364 0.028787879 0.034848485
[6] 0.007575758 0.006060606
$mids
[1] 115 125 135 145 155 165 175
$xname
[1] "beton[beton$H == \"Kassel\", \"Druck\"]"
$equidist
[1] TRUE
attr(,"class")
[1] "histogram"
```

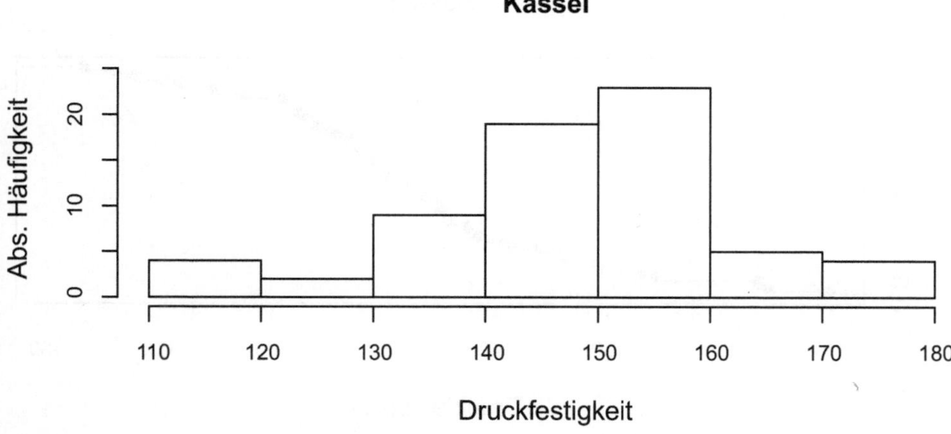

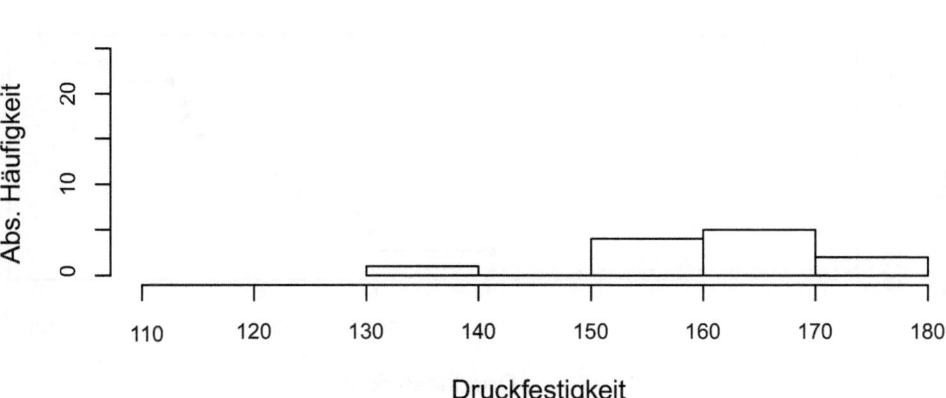

Abb. 4.4 Histogramme der Druckfestigkeitswerte bei Herstellung in Kassel und Aachen

Dabei wird mit `hist` das Histogramm erstellt, `plot=F` unterdrückt den Plot. Während `counts` die absoluten Häufigkeiten angibt, liefern `intensities` sowie `density` die relativen Häufigkeiten geteilt durch die Klassenbreite. Die benutzten Klassengrenzen werden mittels `breaks` angegeben. Diese können beim Aufruf von `hist` auch selber festlegt werden, indem z. B. `breaks=c(110,140,150,180)` oder auch `breaks=3` angegeben wird, wenn nur drei Klassen gewünscht werden. Im zweiten Fall wählt R geeignete Klassengrenzen, während im ersten Fall die Klassengrenzen durch die Eingabe festlegt sind. Die Histogramme in Abb. 4.4 wurden mit folgenden Befehlen erzeugt:

```
> par(mfrow=c(2,1))
> hist(beton[beton$H=="Kassel","Druck"],xlab="Druckfestigkeit",
```

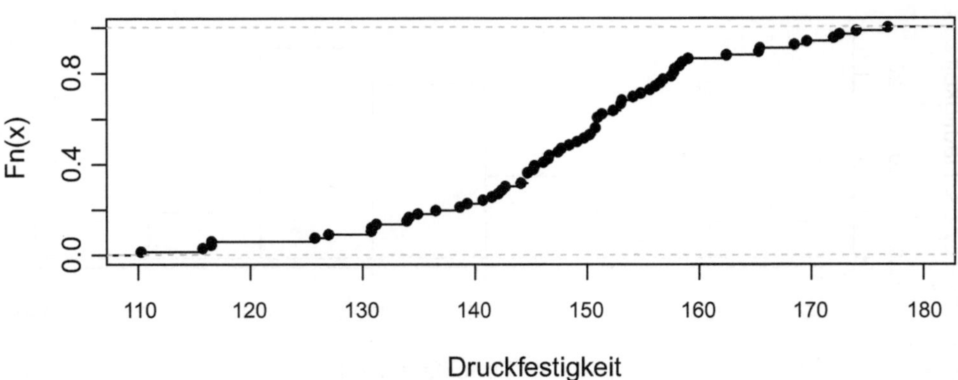

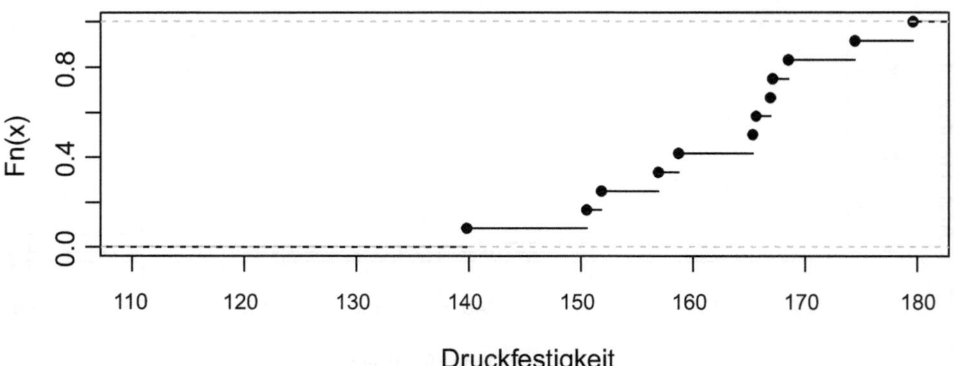

Abb. 4.5 Empirische Verteilungsfunktionen der Druckfestigkeitswerte bei Herstellung in Kassel und Aachen

```
+ ylab="Abs. Häufigkeit",main="Kassel",xlim=c(110,180),
+ ylim=c(0,25))
> hist(beton[beton$H=="Aachen","Druck"],xlab="Druckfestigkeit",
+ ylab="Abs. Häufigkeit",main="Aachen",xlim=c(110,180),
+ ylim=c(0,25))
```

Die empirischen Verteilungsfunktionen in Abb. 4.5 erhält man wie folgt:

```
> par(mfrow=c(2,1))
> par(cex=0.7,cex.lab=1.5)
> plot(ecdf(beton[beton$H=="Kassel","Druck"]),xlim=c(110,180),
```

```
+  xlab="Druckfestigkeit",main="Kassel",pch=16)
>  plot(ecdf(beton[beton$H=="Aachen","Druck"]),xlim=c(110,180),
+  xlab="Druckfestigkeit",main="Aachen",pch=16)
```

Mit `cex` und `cex.lab` werden die Größe der Symbole und der Beschriftungen beeinflusst. Das Argument `pch=16` bewirkt, dass statt Kreisen ausgefüllte Punkte gezeichnet werden. Mehr zu `pch` finden Sie in der Hilfe zur Funktion `points`.

4.4 Übungsaufgaben

Übung 4.1 Erstellen Sie für die Schleiforte aus dem Datensatz `Druckfestigkeit.csv` die Häufigkeitstabelle und die Kreisdiagramme. Was lässt sich an den Grafiken ablesen?

Übung 4.2 Für einen Fahrzeugpark, siehe Beispiel 1.0.8, sei die Anzahl der defekten Fahrzeuge pro Tag für 15 aufeinanderfolgende Tage in folgender Liste gegeben: 2, 2, 3, 3, 2, 1, 5, 6, 6, 5, 4, 3, 2, 1, 2. Stellen Sie den Datensatz grafisch dar.

Übung 4.3 Die Durchmesser der Kugeln aus den beiden Produktionslinien von Beispiel 1.0.1 sollen verglichen werden. Stellen Sie dazu die Daten mittels Histogrammen und Verteilungsfunktionen gegenüber. Geben Sie auch die Tabelle mit den absoluten und relativen Häufigkeiten sowie den Summenhäufigkeiten an. Geben Sie die Daten wie folgt ein:

```
>  k1<-c(1.18,1.42,0.69,0.88,1.62,1.09,1.53,1.02,1.19,1.32)
>  k2<-c(1.72,1.62,1.69,0.79,1.79,0.77,1.44,1.29,1.96,0.99)
```

Welche Unterschiede gibt es?

Statistische Kennzahlen für die Lage 5

In den vorherigen Abschnitten wurden Methoden zur Darstellung von Daten verwendet, die nur ein geringes Maß an Reduktion vornahmen (z. B. Häufigkeitsverteilung, Histogramm, empirische Verteilungsfunktion, Bildung von Klassen etc.). Oft ist man aber daran interessiert, Datensätze mit wenigen Kenngrößen zu beschreiben (etwa um zwei oder mehr Datensätze miteinander zu vergleichen). Mit solchen Kennzahlen wollen wir uns in den folgenden drei Kapiteln beschäftigen.

Wir beginnen mit den Lageparametern. Diese dienen zur Beschreibung des „Zentrums/Schwerpunkts" eines Datensatzes. Sie geben Anhaltspunkte für die Lage eines untersuchten Merkmals („Durchschnittswert"). Im Folgenden werden für die unterschiedlichen Merkmalstypen diverse Lageparameter vorgestellt.

5.1 Nominale Daten

Wie in den vorhergehenden Abschnitten werden folgende Bezeichnungen verwendet: $x(j)$, $j = 1, \ldots, J$: Merkmalsausprägungen von X; W_X: Wertebereich von X; $x_1, \ldots, x_N$: Datensatz aus einer Messung von X.

5.1.1 Definition (Modus, Modalwert)

*Der **Modus** x_{mod} des Datensatzes $x_1, \ldots, x_N$ ist definiert als die Ausprägung $x(j^*) \in W_X$ mit*

$$N(x(j^*)) = \max\{N(x(1)), \ldots, N(x(J))\}, \quad x_{\mathrm{mod}} = x(j^*).$$

*x_{mod} bezeichnet also die Ausprägung des Merkmals X, die im Datensatz $x_1, \ldots, x_N$ die größte absolute (bzw. relative) Häufigkeit besitzt. Wird der Modus für einen speziellen Datensatz ausgewertet, so heißt der resultierende Wert **Modalwert** des Datensatzes.*

C. Müller, L. Denecke, *Stochastik in den Ingenieurwissenschaften*,
Statistik und ihre Anwendungen, DOI 10.1007/978-3-642-38960-3_5,
© Springer-Verlag Berlin Heidelberg 2013 35

Weitere (sinnvolle) Lageparameter lassen sich für nominale Daten nicht bestimmen.

5.1.2 Beispiel (Druckfestigkeit von Beton, Fortsetzung von Beispiel 4.1.1)
Aus Beispiel 4.1.1 ist ersichtlich, dass Kassel als Herstellungsort am häufigsten vorkommt.
Also ist $x_{\mathrm{mod}} = $ `Kassel` bzw. `Kassel` ist der Modalwert.

5.2   Ordinale Daten

Wie im Fall eines nominalen Merkmals kann der Modus auch für ordinale Daten zur
Beschreibung der Lage verwendet werden. Ein weiterer sinnvoller Lageparameter ist der
Median. Dazu wird der **Rangwert** einer Beobachtung im vorliegenden Datensatz benötigt.

5.2.1 Definition (Rangwert, Rang, Maximum, Minimum)

Seien $x_1, \ldots, x_N$ Beobachtungen eines ordinalen Merkmals. Im (aufsteigend) geordne
ten Datensatz

$$x_{(1)} \le x_{(2)} \le \cdots \le x_{(N)}$$

*bezeichnet $x_{(n)}$, $n = 1, \ldots, N$, den n-**ten Rangwert**. Der 1-te Rangwert $x_{(1)}$ heißt auch*
***Minimum**, der N-te Rangwert $x_{(N)}$ heißt auch Maximum des Datensatzes $x_1, \ldots, x_N$.*
*   Mit dem **Rang** $R(x_n)$ **der Beobachtung** x_n wird die Position der n-ten Beobachtung*
x_n in der geordneten Folge $x_{(1)} \le x_{(2)} \le \cdots \le x_{(N)}$ bezeichnet. Tritt ein Wert x_n s-mal
im Datensatz auf, d. h.,

$$x_{(r-1)} < \underbrace{x_{(r)} = \cdots = x_{(r+s-1)}}_{\text{alle } s \text{ Werte sind gleich } x_n} < x_{(r+s)},$$

so wird der Rang von x_n definiert als

$$\frac{1}{s} \sum_{l=r}^{r+s-1} l = \frac{1}{s}\left(r + (r+1) + \ldots + (r+s-1)\right),$$

d. h. dem Durchschnitt der Positionen, an denen x_n im geordneten Datensatz auftritt.

5.2.2 Bemerkung

Die Bildung einer Anordnung der Beobachtungen setzt zwingend ein ordinal skaliertes
Merkmal voraus. Für rein nominale Datensätze machen Rangwerte und Ränge daher keinen Sinn.

5.2.3 Beispiel (Elastizität von Kunststoff)

Die Elastizität eines Kunststoffs wurde in 0, 1, 2, 3, 4 klassifiziert, wobei 4 für die höchste und 0 für die niedrigste Elastizität steht. Bei 10 Kunststoffteilen wurden folgende Elastizitätswerte ermittelt:

```
2 3 3 1 3 2 0 1 4 1
```

Diese werden wie folgt in R eingegeben:

```
> plastik<-c(2,3,3,1,3,2,0,1,4,1)
```

Und die sortierten Daten und die Ränge (des unsortierten Datensatzes) werden wie folgt berechnet:

```
> sort(plastik)
 [1]  0  1  1  1  2  2  3  3  3  4
> rank(plastik)
 [1]   5.5   8.0   8.0   3.0   8.0   5.5   1.0   3.0 10.0   3.0
```

Mittels der Rangwerte wird nun der Median definiert.

5.2.4 Definition (Median für ordinale Merkmale)

*Sei $x_{(1)} \leq x_{(2)} \leq \cdots \leq x_{(N)}$ der geordnete Datensatz. Dann wird der **Median** $\widetilde{x}_{0.5}$ definiert durch*

$$\widetilde{x}_{0.5} = \begin{cases} x_{(k)}, & k = \frac{N+1}{2},\ N \text{ ungerade}, \\ \{x_{(k)}, x_{(k+1)}\}, & k = \frac{N}{2},\ N \text{ gerade}. \end{cases}$$

Eine alternative Definition des Medians ist die folgende: $\widetilde{x}_{0.5}$ ist ein Wert, für den gilt:
a) Die Anzahl der x_n mit $x_n \leq \widetilde{x}_{0.5}$ ist $\geq \frac{N}{2}$ bzw. mindestens 50 % der x_n erfüllen
  $x_n \leq \widetilde{x}_{0.5}$.
b) Die Anzahl der x_n mit $x_n \geq \widetilde{x}_{0.5}$ ist $\geq \frac{N}{2}$ bzw. mindestens 50 % der x_n erfüllen
  $x_n \geq \widetilde{x}_{0.5}$.

5.2.5 Bemerkung

- Zur Berechnung des Medians wird der geordnete Datensatz verwendet. Es wird lediglich die Reihenfolge der Beobachtungen vernachlässigt.
- Ist der Stichprobenumfang N ungerade, so ergibt sich die in der Mitte des geordneten Datensatzes liegende Beobachtung als Median. Ist N gerade, so existiert ein in der Mitte liegender Wert nicht. In diesem Fall ist der Median eine Menge aus i. Allg. zwei Werten!

Eine Verallgemeinerung des Medians sind die p-**Quantile**. Der Datensatz wird in zwei Anteile aufgeteilt, wobei der erste Teil ca. $100 \cdot p\,\%$ der gesamten Beobachtungen umfasst und der zweite Teil die restlichen $100 \cdot (1-p)\,\%$ der Beobachtungen enthält ($p \in (0,1)$):

$$\underbrace{x_{(1)} \le \cdots \le x_{(k)}}_{\approx 100p\,\%} \le \underbrace{x_{(k+1)} \le \cdots \le x_{(N)}}_{\approx 100(1-p)\,\%}.$$

5.2.6 Definition (p-Quantil für ordinale Merkmale)

*Für $p \in (0,1)$ wird das p-**Quantil** $\widetilde{x}_p$ des Datensatzes $x_1,\dots,x_N$ definiert durch*

$$\widetilde{x}_p = \begin{cases} x_{(k)}, & Np < k < Np+1,\ Np \notin \mathbb{N}, \\ \{x_{(k)}, x_{(k+1)}\}, & k = Np \in \mathbb{N}. \end{cases}$$

5.2.7 Bemerkung

- Für $p = 0.5$ ergibt sich der Median, d. h. das 0.5-Quantil entspricht dem Median.
- Ist $Np \in \mathbb{N}$, so ist das p-Quantil i. Allg. eine aus zwei Werten bestehende Menge (vgl. Median: $N \cdot \frac{1}{2} \in \mathbb{N}$ ist gleichbedeutend damit, dass N gerade ist!).
- Für gewisse Werte von p werden für das zugehörige p-Quantil eigene Bezeichnungen verwendet:

p	Bezeichnung
0.5	Median
0.25	unteres Quartil
0.75	oberes Quartil
$\frac{k}{10}$	k-tes Dezentil ($k = 1,\dots,9$)
$\frac{k}{100}$	k-tes Perzentil ($k = 1,\dots,99$)

- Das p-Quantil $\widetilde{x}_p$ ist ein Wert im geordneten Datensatz $x_{(1)} \le \cdots \le x_{(N)}$, so dass mindestens $100 \cdot p\,\%$ der beobachteten Werte nicht größer sind und mindestens $100 \cdot (1-p)\,\%$ der beobachteten Werte nicht kleiner sind. Für $p = 0.05$ gibt das 0.05-Quantil also einen Beobachtungswert an, für den mindestens $5\,\%$ der Beobachtungen nicht größer und mindestens $95\,\%$ der Beobachtungen nicht kleiner sind.

5.2.8 Beispiel (Elastizität von Kunststoff, Fortsetzung von Beispiel 5.2.3)

Den Median, das Minimum, das 0.25-Quantil, das 0.75-Quantil, das Maximum und das 0.1-Quantil der Elastizitätsklassen aus Beispiel 5.2.3 erhält man mit folgenden Befehlen:

```
> median(plastik)
[1] 2
> quantile(plastik,type=1)
  0%  25%  50%  75% 100%
   0    1    2    3    4
> quantile(plastik,0.10,type=1)
10%
  0
```

Damit die Quantile nach der obigen Definition berechnet werden, muss hier `type=1` gesetzt werden, siehe auch `?quantile`. Wobei in R für den Fall von geradem N keine 2 Werte ausgegeben werden, sondern mit `type=1` nur der untere Wert ausgegeben wird. Die Funktion `median` mittelt dagegen immer bei geradem N. In unserem Beispiel hat dies keine Auswirkungen, da die beiden Beobachtungen, die in der Mitte liegen, gleich sind (beide 2).

5.3   Quantitative Daten

In Analogie zu qualitativen Daten können die vorgestellten Lageparameter auch zur Beschreibung des Datensatzes $x_1, \ldots, x_N$ bei vorliegendem quantitativem Merkmal verwendet werden. Der Modus ist wie bei qualitativen Merkmalen definiert als die Ausprägung mit der größten absoluten/relativen Häufigkeit. Es ist zu beachten, dass der Modus bei stetigen quantitativen Merkmalen meist keinen Sinn ergibt, da in der Regel jeder Beobachtungswert nur einmal auftreten wird. Bei diskreten Merkmalen ist er aber ein adäquates Beschreibungselement. Der Median bzw. die p-Quantile werden abweichend definiert, da mit den Ausprägungen quantitativer Merkmale „gerechnet" werden kann.

5.3.1 Definition (Median, p-Quantil für quantitative Merkmale)
Für $p \in (0,1)$ *wird das* **p-Quantil** $\widetilde{x}_p$ *des Datensatzes* $x_1, \ldots, x_N$ *definiert durch*

$$\widetilde{x}_p = \begin{cases} x_{(k)}, & Np < k < Np+1, \ Np \notin \mathbb{N}, \\ \frac{1}{2}\left(x_{(k)} + x_{(k+1)}\right), & k = Np \in \mathbb{N}. \end{cases}$$

Das 0.5-Quantil wird auch als **Median** *bezeichnet.*

Hier wird bei Nichteindeutigkeit des p-Quantils gemittelt. Das ist bei den qualitativen Daten nicht möglich, da der mittlere Wert meistens nicht existiert. Darum werden in dem Fall von qualitativen Daten zwei Werte für das p-Quantil angegeben.

5.3.2 Bemerkung

Im Fall $k = Np \in \mathbb{N}$ gibt es alternative Definitionen des Quantils, denn jeder Wert $\widetilde{\widetilde{x}}_p$ im Intervall $[x_{(k)}, x_{(k+1)}]$ erfüllt dann, dass $100 \cdot p\,\%$ der x_n nicht größer sind als $\widetilde{\widetilde{x}}_p$ und $100 \cdot (1-p)\,\%$ nicht kleiner sind als $\widetilde{\widetilde{x}}_p$. Die Mitte des Intervalls $[x_{(k)}, x_{(k+1)}]$ zu nehmen, macht eigentlich nur Sinn für $p = 0.5$.

5.3.3 Bemerkung (Berechnung der p-Quantile mittels empirischer Verteilungsfunktion)

Sei $p \in (0,1)$. Bei **diskretem** Merkmal X mit Ausprägungen $x(1) < \cdots < x(J)$ lässt sich das p-Quantil $\widetilde{x}_p$ eines Datensatzes $x_1, \ldots, x_N$ auch aus der empirischen Verteilungsfunktion F_N berechnen. Für die als p-Quantil in Frage kommende Ausprägung $x(j)$ muss nämlich entweder

$$(F_N(x(j-1)) < p \text{ und } F_N(x(j)) > p)$$

oder

$$F_N(x(j)) = p$$

erfüllt sein. Im ersten Fall gilt $\widetilde{x}_p = x(j)$. Im zweiten Fall gilt $\widetilde{x}_p = \frac{1}{2}(x(j) + x(j+l))$, falls $F_N(x(j+k)) = p$ für $k = 1, \ldots, l-1$ und $F_N(x(j+l)) > p$ erfüllt sind. In den meisten Fällen wird im zweiten Fall $l = 1$, d. h. $F_N(x(j+1)) > p$, gelten. Die grafische Darstellung der beiden Situationen ist in den folgenden Abbildungen illustriert.

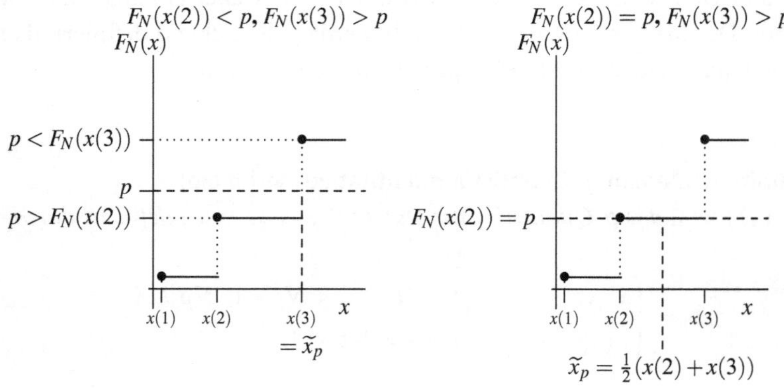

Bei quantitativen Daten $x_1, \ldots, x_N$ wird oft das arithmetische Mittel $\bar{x}$ als Lageparameter verwendet. Umgangssprachlich wird es mit „Mittelwert, Durchschnittswert" o.ä. bezeichnet.

5.3.4 Definition (arithmetisches Mittel)

Seien $x_1, \ldots, x_N$ Beobachtungen eines quantitativen Merkmals X. Dann heißt

$$\overline{x}_N = \frac{1}{N} \sum_{n=1}^{N} x_n = \frac{1}{N}(x_1 + x_2 + \ldots + x_N)$$

arithmetisches Mittel *von $x_1, \ldots, x_N$. Sind Missverständnisse ausgeschlossen, so wird der Index N weggelassen, und man schreibt einfach $\overline{x}$.*

Ist der Datensatz durch eine Häufigkeitsverteilung $f_1, \ldots, f_J$ beschrieben, d. h. f_j ist die relative Häufigkeit von Ausprägung $x(j)$, so wird $\overline{x}$ definiert durch:

$$\overline{x} = \sum_{j=1}^{J} f_j \cdot x(j) = f_1 \cdot x(1) + f_2 \cdot x(2) + \ldots + f_J \cdot x(J).$$

In diesem Fall heißt $\overline{x}$ auch **gewogenes arithmetisches Mittel.**

5.3.5 Bemerkung

Das arithmetische Mittel kann durch Ausreißer sehr verfälscht werden. Dies ist beim Median nicht der Fall. Unterscheiden sich Mittelwert und Median stark, so muss man davon ausgehen, dass Ausreißer vorhanden sind. Ein Ausreißer ist hierbei eine extreme Beobachtung, siehe auch die Definition des Box-Plots in Kap. 6.

5.3.6 Beispiel (Druckfestigkeit von Beton, Fortsetzung von Beispiel 4.3.1)

Die Mediane und die arithmetischen Mittel der Druckfestigkeiten bei Herstellung in Kassel und Aachen erhält man wie folgt:

```
> median(beton[beton$H=="Kassel","Druck"])
[1] 149.415
> median(beton[beton$H=="Aachen","Druck"])
[1] 165.45
> mean(beton[beton$H=="Kassel","Druck"])
[1] 147.8405
> mean(beton[beton$H=="Aachen","Druck"])
[1] 162.0917
> quantile(beton[beton$H=="Kassel","Druck"])
       0%       25%       50%       75%      100%
110.2300  141.6500  149.4150  156.4075  176.8000
> quantile(beton[beton$H=="Aachen","Druck"])
      0%       25%       50%       75%      100%
139.800  155.625  165.450  167.450  179.600
```

Hier haben wir bei `quantile` die Standardeinstellung `type=2` benutzt. Dies entspricht unserer Definition der Quantile. Alle Lagemaßzahlen sind für Aachen höher als für Kassel. Die Mediane und die arithmetischen Mittel unterscheiden sich innerhalb eines Herstellungsorts wenig, so dass man davon ausgehen kann, dass es keine Ausreißer gibt, die die Lage stark verfälschen.

5.4   Übungsaufgaben

Übung 5.1   Berechnen Sie für die Schleiforte aus dem Datensatz zur Festigkeit von Beton aus Beispiel 1.0.7 alle sinnvollen statistischen Lagekennzahlen.

Übung 5.2 (Fortsetzung von Übung 4.2)   Die Anzahl der defekten Fahrzeuge pro Tag für 15 aufeinanderfolgende Tage sei in folgender Liste gegeben:

$$2, 2, 3, 3, 2, 1, 5, 6, 6, 5, 4, 3, 2, 1, 2.$$

Berechnen Sie den Median sowie unteres und oberes Quartil für diesen Datensatz.

Übung 5.3 (Fortsetzung von Übung 4.3)   Berechnen Sie zum Vergleich der Produktionslinien alle sinnvollen Lagekennzahlen für die Durchmesser der Kugeln.

Übung 5.4   Kleine Stahlproben wurden Tausenden von Lastwechseln ausgesetzt. Nach 0, 1000, 2000, 3000, 4000, 5000, 6000, 7000, 8000, 9000, 10 000, 12 000, 14 000, 16 000, 18 000 Lastwechseln wurden jeweils mit einem Mikroskop Aufnahmen der Probenoberfläche gemacht. Dabei wurden pro Zeitpunkt 54 Bildausschnitte von der Probenoberfläche aufgenommen. Mit einem Risserkennungsprogramm wurden Mikrorisse identifiziert. Aus diesen identifizierten Rissen wurden dann zu jedem Bildausschnitt und Zeitpunkt die Anzahl der Risse bestimmt. Die Datei `CrackCounts.dat` enthält diese Rissanzahlen. Dabei bezeichnen die Spalte `No` die Nummer des Bildausschnittes, die Spalten `T0`, `T1`, `T2`, `T3`, `T4`, `T5`, `T6`, `T7`, `T8`, `T9`, `T10`, `T12`, `T14`, `T16`, `T18` die Zeitpunkte 1 bis 18 (in tausend Lastwechseln). Erstellen Sie Histogramme von den Rissanzahlen zu den Zeitpunkten 0, 5, 10 und 18 und berechnen Sie die Mediane und die arithmetischen Mittel. Lesen Sie den Datensatz `CrackCounts.dat` mit folgendem Befehl ein:

```
> CrackCounts<-read.table("CrackCounts.dat",header=T)
```

Statistische Kennzahlen für die Streuung

6

In diesem Kapitel gehen wir immer von **quantitativen** Daten aus, da die Messung von Streuung einen Abstandsbegriff voraussetzt. Dabei ist unwesentlich, ob das Merkmal diskret oder stetig ist. Während im vorhergehenden Kapitel ein Datensatz durch verschiedene Lageparameter beschrieben wurde, sollen im Folgenden Größen angegeben werden, die die Streuung eines Merkmals darstellen. Die Streuung in den Daten resultiert daraus, dass bei Messungen eines Merkmals i. Allg. verschiedene Werte beobachtet werden (z. B. Risslängen in Bauträgern oder Lebenszeiten von Glühbirnen). Zwar ermöglichen Lageparameter die Beschreibung eines Datensatzes durch Angabe eines mittleren Werts, jedoch können zwei Datensätze mit gleichem oder zumindest nahezu gleichem Lageparameter sehr unterschiedliche Streuung um diesen Lageparameter aufweisen. Der Lageparameter liefert somit eine nur unzureichende Information über die Struktur des Datensatzes. Dieses Verhalten lässt sich auch aus den Häufigkeitsverteilungen bzw. den zugehörigen Histogrammen ablesen. Die beiden oberen Datensätze in den in Abb. 6.1 dargestellten Histogrammen haben unterschiedliche Mittelwerte, aber die gleiche Streuung. Der unterste Datensatz hat den gleichen Mittelwert wie der oberste, die beiden Datensätze unterscheiden sich aber in der Streuung.

Streuungsparameter ergänzen die in den Lageparametern enthaltene Information und dienen dazu, das Abweichungsverhalten (des Merkmals) in einer Population zu quantifizieren. Sie werden unterschieden in diejenigen, die auf der

- Differenz zwischen zwei Lageparametern beruhen (etwa Differenz zwischen Maximum und Minimum = Spannweite) und solchen, die die
- Abweichung zwischen den beobachteten Werten und einem Lageparameter (etwa quadratische Abweichung zwischen Beobachtungen und arithmetischem Mittel = Varianz) zur Berechnung nutzen.

Zudem unterscheidet man Streuungsparameter, die die gleiche Dimension wie die Daten haben (z. B. Spannweite, Quartilsabstand, Standardabweichung), und solche, die dimensionslos sind (z. B. Quartilskoeffizient und Variationskoeffizient).

C. Müller, L. Denecke, *Stochastik in den Ingenieurwissenschaften,*
Statistik und ihre Anwendungen, DOI 10.1007/978-3-642-38960-3_6,
© Springer-Verlag Berlin Heidelberg 2013

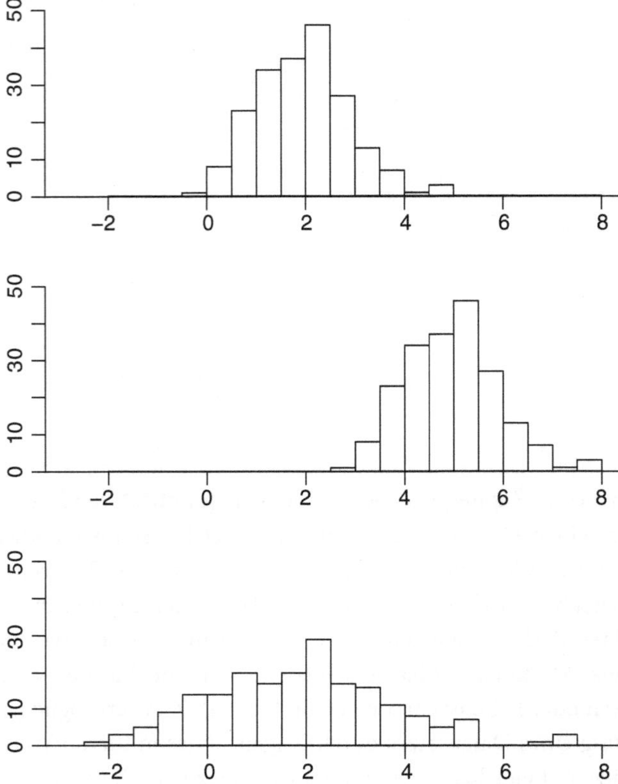

Abb. 6.1 Histogramme zur Verdeutlichung von Lage- und Streuungsänderung

Zur Interpretation von Streuungsparametern lässt sich festhalten: Je größer der Wert eines Streuungsparameters ist, desto stärker streuen die Beobachtungen. Ist der Wert klein, so sind die Beobachtungen um einen Wert konzentriert.

6.0.1 Definition (Streuungsparameter)

Seien $x_1, \ldots, x_N$ Beobachtungswerte eines Merkmals X. Dann heißen:

1. die Differenz zwischen Maximum und Minimum **Spannweite**: $R = x_{(N)} - x_{(1)}$.
2. die Differenz zwischen oberem und unterem Quartil **Quartilsabstand**: $Q = \tilde{x}_{0.75} - \tilde{x}_{0.25}$.
3. **Median der absoluten Abweichungen**: $d_{\mathrm{MAD}} = 1.4826 \cdot$ Median von $|x_1 - \tilde{x}_{0.5}|, \ldots,$ $|x_N - \tilde{x}_{0.5}|$.
4. **Standardabweichung**:

$$s = \sqrt{\frac{1}{N-1} \sum_{n=1}^{N} (x_n - \overline{x})^2}.$$

Der Faktor 1.4826 beim Median der absoluten Abweichung könnte weggelassen werden. Er wird hier aufgeführt, weil er die Voreinstellung im R-Befehl `mad` ist.

6.0.2 Definition (Von obigen Streuungsparametern abgeleitete Größen)

*1. **Varianz** (mittlere quadratische Abweichung):*

$$s^2 = \frac{1}{N-1} \sum_{n=1}^{N} (x_n - \overline{x})^2.$$

*2. **Quartilskoeffizient**:* $Q_{\text{koeff}} = \frac{2Q}{\widetilde{x}_{0.25} + \widetilde{x}_{0.75}} = \frac{2(\widetilde{x}_{0.75} - \widetilde{x}_{0.25})}{\widetilde{x}_{0.25} + \widetilde{x}_{0.75}}$, *wobei X nur nicht-negative Ausprägungen besitzt.*

*3. **Variationskoeffizient**:* $V = \frac{s}{\overline{x}}$, *wobei X nur nicht-negative Ausprägungen besitzt.*

6.0.3 Bemerkung

Die Varianz lässt sich auch berechnen als

$$s^2 = \frac{1}{N-1} \left(\sum_{n=1}^{N} x_n^2 - N \cdot \overline{x}^2 \right). \qquad (6.1)$$

Die Wurzel daraus ist die Standardabweichung.

6.0.4 Bemerkung

Werden die Daten durch eine Häufigkeitsverteilung $f_1, \dots, f_J$ mit zugehörige Ausprägungen $x(1) < \cdots < x(J)$ beschrieben, so können folgende alternative Formeln verwendet werden:

1. **Spannweite**: $R = \max\{x(j); f_j > 0\} - \min\{x(j); f_j > 0\}$. Gilt $f_1 > 0$ und $f_J > 0$, so folgt: $R = x(J) - x(1)$.
2. **Varianz**: $s^2 = \frac{N}{N-1} \sum_{j=1}^{J} f_j \left(x(j) - \overline{x} \right)^2$.
3. **Standardabweichung**: $s = \sqrt{\frac{N}{N-1} \sum_{j=1}^{J} f_j \left(x(j) - \overline{x} \right)^2}$.

6.0.5 Bemerkung

1. Werden mehrere Datensätze wie $x_1, \dots, x_N$ und $y_1, \dots, y_N$ betrachtet, so wird zur Identifikation der Varianz und der Standardabweichung ein x bzw. ein y angehängt, d. h. statt s^2 und s werden s_x^2, s_y^2 und s_x, s_y benutzt.

2. Wird zu einem Datensatz $x_1, \ldots, x_N$ der linear transformierte Datensatz $y_1, \ldots, y_N$ mit $y_n = ax_n + b$, $n = 1, \ldots, N$, betrachtet, so gilt für die Varianz und die Standardabweichung:

$$s_y^2 = a^2 s_x^2 \quad \text{bzw.} \quad s_y = |a| s_x.$$

Diese Eigenschaft für die Standardabweichung gilt auch für die Spannweite, den Quartilsabstand, die mittlere absolute Abweichung und den Median der absoluten Abweichungen.

3. Die Spannweite und die Standardabweichung (bzw. Varianz) sind sehr Ausreißerempfindlich, d. h. wenige extreme Werte können die Streuungsmaße stark verändern. Dagegen sind der Quartilsabstand und der Median der absoluten Abweichungen sehr unempfindlich (robust) gegenüber Ausreißern.

4. Die Streuungsparameter Quartilskoeffizient und Variationskoeffizient sind dimensionslose Parameter. Der Quartilskoeffizient setzt den Quartilsabstand ins Verhältnis zum Lageparameter *Quartilsmitte*

$$Q_{\text{mitte}} = \frac{1}{2}(\widetilde{x}_{0.25} + \widetilde{x}_{0.75}),$$

d. h. $Q_{\text{koeff}} = \frac{Q}{Q_{\text{mitte}}}$, während der Variationskoeffizient Standardabweichung und Mittelwert nutzt. Beide Streuungsparameter sind hilfreich beim Vergleich zweier Datensätze. Sind z. B. die Mittelwerte in zwei Datensätzen recht unterschiedlich, so hilft der Variationskoeffizient, die Streuung der Datensätze miteinander zu vergleichen.

6.0.6 Beispiel (Druckfestigkeit von Beton, Fortsetzung von Beispiel 5.3.6)
Für die beiden Herstellungsorte Kassel und Aachen erhält man für die Druckfestigkeit folgende Streuungsparameter.

```
> Druck_Kassel<-beton[beton$H=="Kassel","Druck"]
> Druck_Aachen<-beton[beton$H=="Aachen","Druck"]
```

Spannweite:

```
> max(Druck_Kassel)-min(Druck_Kassel)
[1] 66.57
> max(Druck_Aachen)-min(Druck_Aachen)
[1] 39.8
```

Quartilsabstand:

```
> quantile(druck_Kassel,0.75)-quantile(druck_Kassel,0.25)
   75%
14.7575
> quantile(druck_Aachen,0.75)-quantile(druck_Aachen,0.25)
   75%
11.825
```

Median der absoluten Abweichungen (MAD):

```
> mad(druck_Kassel)
[1] 10.89711
> mad(druck_Aachen)
[1] 11.34189
```

Standardabweichung:

```
> sd(druck_Kassel)
[1] 14.08459
> sd(druck_Aachen)
[1] 11.06004
```

Bis auf den MAD sind die Streuungsparameter bei Kassel höher als bei Aachen. Dass der MAD sich anders verhält, kann darauf hindeuten, dass Ausreißer die höhere Streuung in den Daten aus Kassel bewirken.

Mittels der p-Quantile lässt sich eine einfache grafische Methode angeben, die zur Darstellung von Lage und Streuung eines Datensatzes verwendet werden kann, der sogenannte **Box-Plot** (Kasten-Diagramm). Diese Diagramme sind besonders zum Vergleich von mehreren Datensätzen geeignet und visualisieren sowohl Lageparameter als auch Streuungsparameter. Die verwendeten Lage- und Streuungsparameter können unterschiedlich gewählt werden, in R ist die Mitte der Box gegeben durch den Median $\tilde{x}_{0.5}$ der Daten. Die linke Grenze $\tilde{x}_l$ („left hinge") wird berechnet als der Median aller Daten, die kleiner oder gleich dem Median $\tilde{x}_{0.5}$ des Gesamtdatensatzes sind. Analog wird die rechte Grenze $\tilde{x}_r$ („right hinge") als der Median aller Daten, die größer oder gleich dem Median des Gesamtdatensatzes sind, bestimmt. In den meisten Fällen stimmen die beiden Grenzen mit dem unteren bzw. oberen Quartil überein. Innerhalb der Grenzen der Box liegen dann ca. 50 % der Daten. Bei dem in R benutzten Box-Plot werden zusätzlich noch sogenannte Whisker eingetragen. Dabei ist

- der **obere Whisker** w_o die größte Beobachtung, die kleiner als $\tilde{x}_r + 1.5 \cdot$ Länge der Box ist,
- der **untere Whisker** w_u die kleinste Beobachtung, die größer als $\tilde{x}_l - 1.5 \cdot$ Länge der Box ist.

Alle Beobachtungen, die nicht im Intervall $[w_u, w_o]$ liegen, werden als Ausreißer aufgefasst.

Die Skizze eines Box-Plots findet sich in Abb. 6.2.

Abb. 6.2 Schema eines Box-
Plots

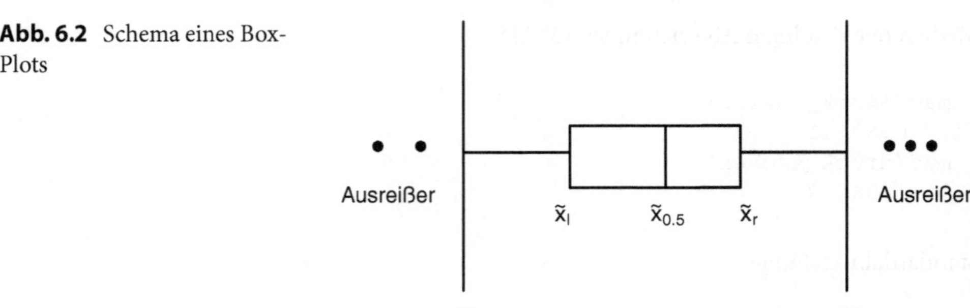

6.0.7 Beispiel (Druckfestigkeit von Beton, Fortsetzung von Beispiel 6.0.6)
Die in Abb. 6.3 gegebenen Box-Plots für die Verteilung der Größe `Druck` für die verschiedenen Herstellungsorte `H` wurden wie folgt gewonnen:

```
> boxplot(Druck~H,data=beton)
```

Anhand dieser sieht man deutlich, dass bei Kassel einige Ausreißer auftreten. Dies ist der
Grund dafür, dass sich der MAD beim Vergleich von Kassel und Aachen anders als die
anderen Streuungsparameter verhielt.

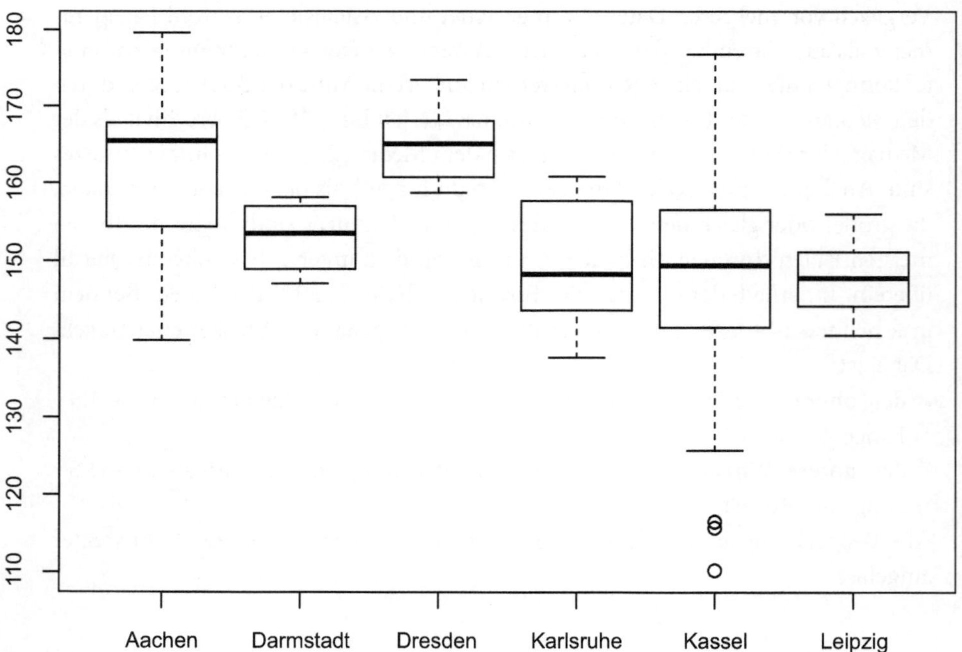

Abb. 6.3 Box-Plots für die Druckfestigkeit bei den verschiedenen Herstellungsorten

6.1 Übungsaufgaben

Übung 6.1 Bestimmen Sie für die prozentualen Anteile der vier Zementkomponenten a, b, c und d im Datensatz `SETTING.DAT` jeweils den Median und die 25 %- und 75 %-Quantile. Lesen Sie den Datensatz `SETTING.DAT` mit folgendem Befehl ein:

```
> read.table("SETTING.DAT",header=F,
+ col.names=c("a","b","c","d","Hitze"))
```

Welche statistischen Kennzahlen könnten noch berechnet werden?

Übung 6.2 (Fortsetzung von Übung 4.3) Stellen Sie die Daten der beiden Produktionslinien mittels Box-Plots gegenüber und berechnen Sie jeweils alle möglichen Streuungsparameter.

Übung 6.3 Betrachten Sie den Datensatz `CrackCounts.dat` von Übung 5.4. Erstellen Sie die Box-Plots der Rissanzahlen für alle 15 Zeitpunkte und interpretieren Sie die Ergebnisse.

In vielen Anwendungen wird nicht nur ein Merkmal eines Objekts gemessen, sondern mehrere (z. B. Laufzeit, Gewicht und Energieverbrauch von Maschinen oder Lieferant und Ausschussquote von Elektroniklieferungen). Im Folgenden werden ausschließlich Paare von Merkmalen X und Y eines Objekts betrachtet (Notation: (X, Y) oder (X_1, X_2) etc.). Die Ergebnisse lassen sich jedoch auch auf die Kombination von drei oder mehr Merkmalen übertragen. Das Paar (X, Y) heißt auch **bivariates Merkmal** mit Komponenten X und Y.

Bezeichnungen

$x(1), \ldots, x(J)$	Merkmalsausprägungen von Merkmal X, falls X diskret
$y(1), \ldots, y(K)$	Merkmalsausprägungen von Merkmal Y, falls Y diskret
$(x(j), y(k))$, $j = 1, \ldots, J$, $k = 1, \ldots, K$	Merkmalsausprägungen von Merkmal (X, Y), falls X und Y diskret
W_X, W_Y	Wertebereiche

Entsprechend zum Fall eines einzelnen Merkmals können klassierte Daten betrachtet werden. Zudem sind beliebige Kombination von Merkmalstypen möglich, z. B. X nominal und Y stetig quantitativ oder X ordinal und Y diskret quantitativ.

Grundlage der Untersuchungen ist der bivariate Datensatz

$$(x_1, y_1), (x_2, y_2), \ldots, (x_N, y_N).$$

Hierbei ist zu beachten, dass die Messwerte (x_n, y_n) immer als Paare betrachtet werden müssen. Ausnahmen sind dann gegeben, wenn das Ziel lediglich die Analyse einer Komponente des bivariaten Merkmals (X, Y) ist. Im Abschn. 7.1 werden die tabellarischen

C. Müller, L. Denecke, *Stochastik in den Ingenieurwissenschaften*,
Statistik und ihre Anwendungen, DOI 10.1007/978-3-642-38960-3_7,
© Springer-Verlag Berlin Heidelberg 2013

und grafischen Darststellungsarten vorgestellt. Hierbei wird zunächst nicht zwischen den Merkmalstypen unterschieden, da für die Darstellung nur die Häufigkeiten der Ausprägungen benutzt werden. Diese sind sinnvoll, wenn beide Merkmale nicht zu viele Ausprägungen besitzen. Bei zu vielen Ausprägungen kann auch zu Klassen übergegangen werden, so wie wir es bereits in Abschn. 4.3 gesehen haben. Sind beide Merkmale quantitativ, so gibt es noch eine weitere grafische Darstellung, die am Ende dieses Abschnitts vorgestellt wird.

In den Abschn. 7.2–7.4 werden dann Zusammenhangsmaße vorgestellt. Wurden in den vorhergehenden Kapiteln Lage- und Streuungsparameter für die Merkmalskomponenten X und Y vorgeschlagen, um die empirischen Eigenschaften dieser Merkmale mit wenigen Kennziffern zu beschreiben, so sollen nun Maße angegeben werden, die einen Zusammenhang zwischen den Komponenten X und Y quantifizieren. Dabei wird keinerlei Aussage getroffen, von welcher Art dieser Zusammenhang ist (z. B. kausal oder wechselseitig).

Die Anwendbarkeit eines Zusammenhangsmaßes ist – wie bei Lage- und Streuungsparametern – abhängig von den Merkmalstypen. Das Merkmal mit dem geringsten Merkmalstyp bestimmt dabei die zu verwendende Methode. So darf z. B. X quantitativ und Y nominal sein. Es kann aber lediglich eine Methode für nominale Daten verwendet werden und für X müssen Klassen wie in Abschn. 4.3 gebildet werden.

Folgende Fälle werden unterschieden:

- nominal,
- ordinal,
- quantitativ.

Die letzten beiden Abschnitte dieses Kapitels beschäftigen sich dann mit der Beschreibung des funktionalen Zusammenhangs zwischen den beiden Merkmalen. Hier wird dann vorausgesetzt, dass die Merkmale quantitativ sind.

7.1 Tabellarische und grafische Darstellungen

In Analogie zur Situation eines einzelnen Merkmals wird die Häufigkeitsverteilung des (nominalen, ordinalen oder diskreten) bivariaten Merkmals (X, Y) definiert, d. h. es werden die Merkmalskombinationen $(x(j), y(k))$ des Merkmals (X, Y) ausgezählt und absolute Häufigkeiten gebildet:

$$N_{jk} = N((x(j), y(k))) = \text{Anzahl der Paare mit Ausprägung } (x(j), y(k)),$$
$$j = 1, \ldots, J, \ k = 1, \ldots, K.$$

Die Werte $f_{jk} = \frac{N_{jk}}{N}$ heißen Häufigkeitsverteilung. Sie werden in einer Tabelle dargestellt, der sogenannten **Kontingenztafel**:

absolute Häufigkeiten

		Y				
		$y(1)$	$y(2)$	$\cdots$	$y(K)$	Summe
	$x(1)$	N_{11}	N_{12}	$\cdots$	N_{1K}	$N_{1\bullet}$
	$x(2)$	N_{21}	N_{22}	$\cdots$	N_{2K}	$N_{2\bullet}$
X	$\vdots$	$\vdots$		$\ddots$	$\vdots$	$\vdots$
	$x(J)$	N_{J1}	N_{J2}	$\cdots$	N_{JK}	$N_{J\bullet}$
	Summe	$N_{\bullet 1}$	$N_{\bullet 2}$	$\cdots$	$N_{\bullet K}$	N

relative Häufigkeiten

		Y				
		$y(1)$	$y(2)$	$\cdots$	$y(K)$	Summe
	$x(1)$	f_{11}	f_{12}	$\cdots$	f_{1K}	$f_{1\bullet}$
	$x(2)$	f_{21}	f_{22}	$\cdots$	f_{2K}	$f_{2\bullet}$
X	$\vdots$	$\vdots$		$\ddots$	$\vdots$	$\vdots$
	$x(J)$	f_{J1}	f_{J2}	$\cdots$	f_{JK}	$f_{J\bullet}$
	Summe	$f_{\bullet 1}$	$f_{\bullet 2}$	$\cdots$	$f_{\bullet K}$	1

Die Werte $N_{1\bullet}, \ldots, N_{J\bullet}$ und $N_{\bullet 1}, \ldots, N_{\bullet K}$ werden berechnet als Zeilensummen bzw. Spaltensummen der Kontingenztafel:

$$N_{j\bullet} = \sum_{k=1}^{K} N_{jk}, \quad j = 1, \ldots, J, \quad \text{bzw.} \quad N_{\bullet k} = \sum_{j=1}^{J} N_{jk}, \quad k = 1, \ldots, K.$$

Insbesondere gilt für die Doppelsumme

$$\sum_{j=1}^{J} \sum_{k=1}^{K} N_{jk} = \sum_{j=1}^{J} N_{j\bullet} = \sum_{k=1}^{K} N_{\bullet k} = \sum_{k=1}^{K} \sum_{j=1}^{J} N_{jk} = N.$$

Analoge Aussagen gelten für die relativen Häufigkeiten:

$$f_{j\bullet} = \sum_{k=1}^{K} f_{jk}, \quad j = 1, \ldots, J, \quad \text{bzw.} \quad f_{\bullet k} = \sum_{j=1}^{J} f_{jk}, \quad k = 1, \ldots, K.$$

Insbesondere gilt für die Doppelsumme

$$\sum_{j=1}^{J} \sum_{k=1}^{K} f_{jk} = \sum_{j=1}^{J} f_{j\bullet} = \sum_{k=1}^{K} f_{\bullet k} = \sum_{k=1}^{K} \sum_{j=1}^{J} f_{jk} = 1.$$

7.1.1 Definition

$f_{1\bullet}, \ldots, f_{J\bullet}$ heißt **Randhäufigkeitsverteilung** von X, $f_{\bullet 1}, \ldots, f_{\bullet K}$ heißt **Randhäufigkeitsverteilung** von Y.

7.1.2 Beispiel (Herstellungsort und Schleifort, Fortsetzung von Beispiel 4.1.1)
Da es jeweils sechs Orte für die Herstellung und das Schleifen des Betons gibt, gibt es 36
Merkmalskombinationen. Deren absolute und relative Häufigkeiten werden wie folgt er-
mittelt:

```
> table(beton$H,beton$S)

            Aachen Darmstadt Dresden Karlsruhe Kassel Leipzig
  Aachen         9         0       0         0      3       0
  Darmstadt      0         9       0         0      3       0
  Dresden        0         0       9         0      3       0
  Karlsruhe      0         0       0         8      3       0
  Kassel         3         3       3         3     51       3
  Leipzig        0         0       0         0      3       9

> table(beton$H,beton$S)/length(beton$H)

            Aachen Darmstadt Dresden Karlsruhe Kassel Leipzig
  Aachen     0.072     0.000   0.000     0.000  0.024   0.000
  Darmstadt  0.000     0.072   0.000     0.000  0.024   0.000
  Dresden    0.000     0.000   0.072     0.000  0.024   0.000
  Karlsruhe  0.000     0.000   0.000     0.064  0.024   0.000
  Kassel     0.024     0.024   0.024     0.024  0.408   0.024
  Leipzig    0.000     0.000   0.000     0.000  0.024   0.072
```

7.1.3 Bemerkung
Wird statt eines diskreten Merkmals ein klassiertes stetiges Merkmal betrachtet, so werden
die Ausprägungen in den Kontingenztafeln durch Klassen ersetzt. Die Häufigkeitsverteilungen werden völlig analog angegeben.

7.1.4 Beispiel (Druckfestigkeit von Beton, Fortsetzung von Beispiel 7.1.2)
Will man den Zusammenhang von Druckfestigkeit und dem Herstellungsort untersuchen,
so kann die Druckfestigkeit in Klassen eingeteilt werden. Zum Beispiel erhält man drei
annähernd gleich große Klassen, wenn man als Klassengrenzen das Minimum, das 1/3-
Quantil, das 2/3-Quantil und das Maximum benutzt. Diese erhält man mit dem folgenden
Befehl:

```
> quantile(beton$Druck,c(0,1/3,2/3,1))
       0% 33.33333% 66.66667%      100%
 110.2300  147.2667  156.8667  179.6000
```

Damit können nun Druckfestigkeitsklassen erzeugt werden.

```
> Druckklasse<-as.numeric(beton$Druck>=quantile(beton$Druck,
+ 1/3))+as.numeric(beton$Druck>=quantile(beton$Druck,2/3))
```

```
> Druckklasse
  [1] 2 2 2 1 1 2 2 0 2 2 2 2 0 1 0 0 0 0 1 1 1 2 2 2 2 2 2 1 1
 [30] 2 2 1 1 2 0 1 1 1 1 0 0 0 2 2 2 1 0 0 2 2 2 2 2 2 2 2 2 2
 [59] 2 2 0 0 0 1 1 2 1 1 1 2 2 2 0 1 1 1 0 2 0 0 0 2 2 1 0 1 0
 [88] 0 0 1 1 0 0 0 1 0 0 0 1 0 1 0 1 0 1 0 1 1 1 0 0 0 1 1 2 1 2 1
[117] 0 1 0 0 1 1 0 0 0
```

Dabei liefert der Befehl `beton$Druck>=quantile(beton$Druck,1/3)` einen logischen Wert, nämlich `TRUE`, falls die Druckfestigkeit größer oder gleich dem 1/3-Quantil ist, und `FALSE`, falls die Druckfestigkeit kleiner dem 1/3-Quantil ist.

Analoges liefert der Befehl `beton$Druck>=quantile(beton$Druck,2/3)` für das 2/3-Quantil. Mit der R-Funktion `as.numeric` wird der logische Wert `TRUE` in eine 1 und der logische Wert `FALSE` in eine 0 umgewandelt. Ist also die Druckfestigkeit kleiner dem 1/3-Quantil, dann liefern

```
as.numeric(beton$Druck>=quantile(beton$Druck,1/3))
```

und

```
as.numeric(beton$Druck>=quantile(beton$Druck,2/3))
```

beide den Wert 0, so dass die Druckfestigkeitsklasse als 0 + 0 = 0 bestimmt wird. Ist die Druckfestigkeit größer oder gleich dem 1/3-Quantil und kleiner dem 2/3-Quantil, dann wird die Druckfestigkeitsklasse als 1 + 0 = 1 berechnet. Ist die Druckfestigkeit größer oder gleich dem 2/3-Quantil, so ist die Druckfestigkeitsklasse 1 + 1 = 2.

Die Kontingenztafel für den Herstellungsort und die Druckfestigkeitsklasse hat dann folgende Gestalt:

```
> table(Druckklasse,beton$H)
```

Druckklasse	Aachen	Darmstadt	Dresden	Karlsruhe	Kassel	Leipzig
0	1	1	0	5	29	6
1	2	8	0	3	22	6
2	9	3	12	3	15	0

Eine grafische Darstellung für bivariate nominale Daten liefert das **Mosaikdiagramm**. In diesem Diagramm wird ein Rechteck zuerst in senkrechte Streifen geteilt, deren Breite den Randhäufigkeiten des ersten Merkmals entsprechen. Diese Streifen werden wiederum in Mosaike eingeteilt, deren Flächen den Zellenhäufigkeiten der entsprechenden Zeile in der Kontingenztafel entsprechen.

Abb. 7.1 Mosaikdiagramm für
die Druckfestigkeitsklasse und
den Herstellungsort

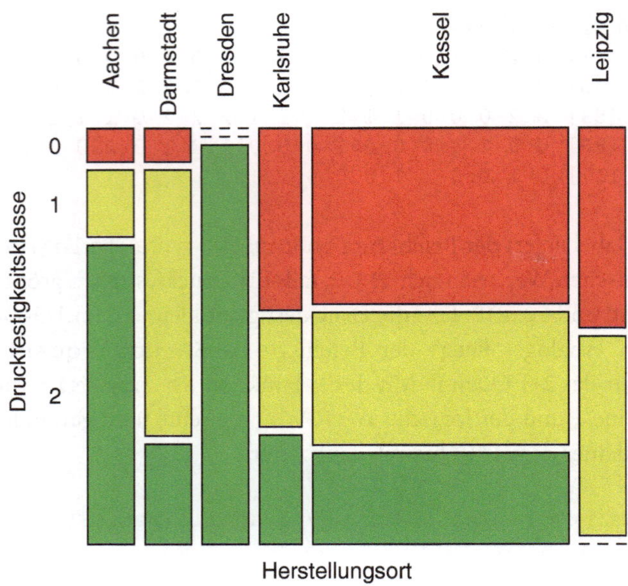

7.1.5 Beispiel (Druckfestigkeit von Beton, Fortsetzung von Beispiel 7.1.4)
Das Mosaikdiagramm in Abb. 7.1 für den Herstellungsort und die Druckfestigkeitsklasse
erhält man mit folgendem Aufruf:

```
> mosaicplot(table(beton$H,Druckklasse),color=c("red","yellow",
+ "green"),ylab="Druckfestigkeitsklasse",main="",
+ xlab="Herstellungsort",las=2)
```

Sind beide Merkmale X und Y **stetig quantitativ**, so werden die Daten oft in einem
Streudiagramm (Scatterplot) grafisch dargestellt. Die Beobachtungspaare (x_n, y_n)
werden in einem x-y-Koordinatensystem als Punkte markiert.

7.1.6 Beispiel (Druckfestigkeit und Festbetonrohdichte, Fortsetzung von Beispiel 7.1.5)
Das Steudiagramm in Abb. 7.2 wurde wie folgt erzeugt:

```
> plot(beton$Druck,beton$Festbetonrohdichte,
+ xlab="Druckfestigkeit",ylab="Festbetonrohdichte")
```

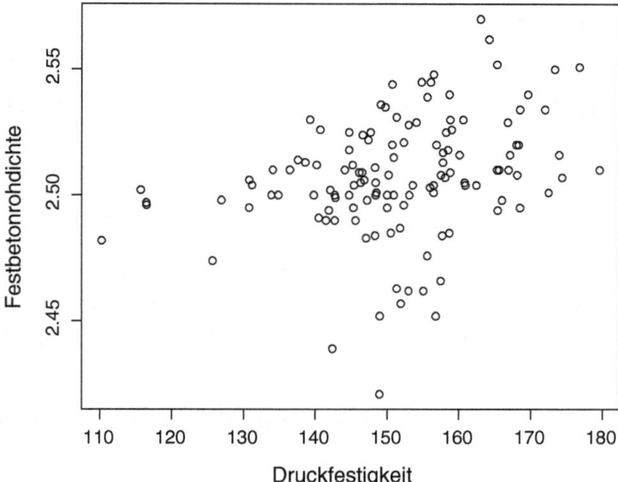

Abb. 7.2 Streudiagramm für die Druckfestigkeit und die Festbetonrohdichte

7.2   Zusammenhangsmaße für nominale Daten

Wir beginnen mit den Zusammenhangsmaßen für nominale Daten. In Analogie zu Lage- und Streuungsparametern können zur quantitativen Beschreibung nur die (absoluten/relativen) Häufigkeiten benutzt werden. Das folgende Maß beruht auf der Kontingenztabelle der absoluten Häufigkeiten. Es kann auch mit den zugehörigen relativen Häufigkeiten geschrieben werden. Die Methode kann ebenfalls zur Analyse von bivariaten Merkmalen mittels klassierter Daten verwendet werden.

7.2.1 Definition (χ^2-Größe, Kontingenzkoeffizient von Pearson)
Sei N_{jk} die absolute Häufigkeit der Ausprägung $(x(j), y(k))$ und $N_{j\bullet}$, $N_{\bullet k}$ die entsprechenden absoluten Randhäufigkeiten, $j = 1, \ldots, J$, $k = 1, \ldots, K$. Dann heißt

$$\chi^2 = \sum_{j=1}^{J} \sum_{k=1}^{K} \frac{(N_{jk} - v_{jk})^2}{v_{jk}}, \quad wobei \; v_{jk} = \frac{N_{j\bullet} N_{\bullet k}}{N},$$

*χ^2-Größe. Der (korrigierte) **Kontingenzkoeffizient von Pearson** C ist bestimmt durch*

$$C = \sqrt{\frac{\chi^2}{\chi^2 + N} \cdot \frac{\min\{J, K\}}{\min\{J, K\} - 1}}.$$

7.2.2 Bemerkung

1. Für die χ^2-Größe gilt: $\chi^2 = N\left(\sum_{j=1}^{J} \sum_{k=1}^{K} \frac{N_{jk}^2}{N_{j\bullet} N_{\bullet k}} - 1\right)$. Gilt ferner $J = K = 2$, d. h. haben beide Merkmale nur zwei Ausprägungen, so vereinfacht sich die Darstellung:

$$\chi^2 = N \frac{(N_{11}N_{22} - N_{12}N_{21})^2}{N_{1\bullet}N_{2\bullet}N_{\bullet 1}N_{\bullet 2}}. \tag{7.1}$$

2. Es gilt: $0 \le C \le 1$. Dabei wird der Wert 0 als geringste Abhängigkeit (oder **Unabhängigkeit**) der Merkmale X und Y interpretiert, während der Wert 1 als Kennziffer höchster Abhängigkeit gesehen wird. Der Fall $C = 0$ ist gleichbedeutend damit, dass gilt

$$N_{jk} = \frac{N_{j\bullet}N_{\bullet k}}{N} \quad \text{bzw.} \quad f_{jk} = f_{j\bullet}f_{\bullet k}, \qquad j = 1, \ldots, J, \; k = 1, \ldots, K.$$

Die absoluten/relativen Häufigkeiten N_{jk}, f_{jk} sind also in dieser Situation durch die Randhäufigkeiten vollständig bestimmt. Diese Eigenschaft wird auch als **(empirische) Unabhängigkeit** bezeichnet.

7.2.3 Beispiel (2 × 3-Kontingenztafeln)

Ein elektronisches Bauteil werde von drei Herstellern geliefert, Hersteller A, Hersteller B oder Hersteller C. Die Bauteile werden kontrolliert, ob sie defekt sind oder nicht (d, n). Es stellt sich die Frage, ob einer von den drei Herstellern schlechtere Bauteile liefert, d. h. ob es einen Zusammenhang zwischen dem Merkmal defekt/nicht defekt und dem Merkmal Hersteller gibt. Wir betrachten drei unterschiedliche 2 × 3-Kontingenztafeln:

(a)

	A	B	C
d	6	20	14
n	24	20	16

(b)

	A	B	C
d	12	16	12
n	18	24	18

(c)

	A	B	C
d	0	40	0
n	30	0	30

Alle drei Häufigkeitstabellen haben die gleichen Randhäufigkeiten. Abbildung 7.3 zeigt die Mosaikdiagramme für die drei Kontingenztabellen.

Mit R berechnen wir jetzt die Kontingenzkoeffizienten von Pearson.

```
> tab1<-matrix(c(6,20,14,24,20,16),byrow=TRUE,ncol=3)
> tab1
     [,1] [,2] [,3]
[1,]    6   20   14
[2,]   24   20   16
> chisq.test(tab1)$statistic
X-squared
 7.222222
> chi2<-chisq.test(tab1)$statistic
> sqrt(chi2*2/(chi2+100))
X-squared
```

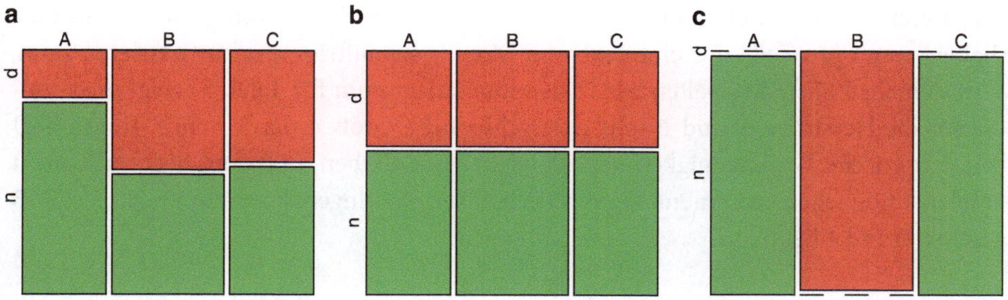

Abb. 7.3 Mosaikdiagramm für die Häufigkeitstabellen (a), (b) und (c)

```
0.3670355
> tab2<-matrix(c(12,16,12,18,24,18),byrow=TRUE,ncol=3)
> tab2
     [,1] [,2] [,3]
[1,]   12   16   12
[2,]   18   24   18
> chisq.test(tab2)$statistic
X-squared
        0
> tab3<-matrix(c(0,40,0,30,0,30),byrow=TRUE,ncol=3)
> tab3
     [,1] [,2] [,3]
[1,]    0   40    0
[2,]   30    0   30
> chisq.test(tab3)$statistic
X-squared
      100
> chi2<-chisq.test(tab3)$statistic
> sqrt(chi2*2/(chi2+100))
X-squared
        1
```

Weil für die Kontingenztafel (b) die χ^2-Größe gleich Null ist, ist dort auch der Kontingenzkoeffizient gleich Null. Für die anderen beiden Häufigkeitstabellen muss aber noch die χ^2-Größe normiert werden. Dabei wird ausgenutzt, dass $\min\{J, K\} = \min\{2, 3\} = 2$ gilt, da es $J = 2$ Zeilen und $K = 3$ Spalten gibt.

Wir sehen, dass der kleinste Kontingenzkoeffizient mit 0 bei Kontingenztafel (b) auftritt. Dort ist die Verteilung der Farben der Mosaike im Mosaikdiagramm auch am gleichmäßigsten. Das bedeutet, dass eine gleichmäßige Verteilung der Mosaikfarben mit der empirischen Unabhängigkeit einhergeht. Kontingenztafel (c) liefert einen Kontingenzkoeffizienten von 1 und damit den höchstmöglichen Zusammenhang. Dieser höchstmögliche Zusammenhang ist beim Mosaikdiagramm dadurch erkennbar, dass pro Spalte nur eine Farbe auftritt, weil Hersteller B nur defekte Teile und die Hersteller A und C nur Teile produzieren, die nicht defekt sind. Einen Kontingenzkoeffizienten von 1 würde man auch erhalten, wenn pro Zeile nur eine Farbe im Mosaikplot auftritt, was nur passieren kann, wenn es mehr Zeilen als Spalten gibt. Das Mosaikdiagramm für Tafel (a) zeigt insbesondere für die Hersteller A und B sehr unterschiedliche Größen der Mosaike. Damit liegt keine empirische Unabhängigkeit vor. Da aber beide Farben auftreten, liegt auch nicht der höchstmögliche Zusammenhang vor, weshalb der Kontingenzkoeffizient mit 0.3670355 zwischen 0 und 1 liegt.

7.2.4 Beispiel (Berechnung per Hand, Fortsetzung von Beispiel 7.2.3)
Will man die χ^2-Größe und den Kontingenzkoeffizienten für die Tafel (a) aus Beispiel 7.2.3 per Hand berechnen, so geht man wie folgt vor. Zuerst berechnet man die Randhäufigkeiten und daraus v_{jk} für $j = 1, \ldots, J$, $k = 1, \ldots, K$.

(a)

N_{jk}	A	B	C	$N_{j\bullet}$
d	6	20	14	40
n	24	20	16	60
$N_{\bullet k}$	30	40	30	100

(d)

v_{jk}	A	B	C
d	$\frac{40\cdot30}{100} = 12$	$\frac{40\cdot40}{100} = 16$	$\frac{40\cdot30}{100} = 12$
n	$\frac{60\cdot30}{100} = 18$	$\frac{60\cdot40}{100} = 24$	$\frac{60\cdot30}{100} = 18$

Tabelle (d) ist gerade Tabelle (b) mit der empirischen Unabhängigkeit. Als nächstes wird in jeder Zelle $\frac{(N_{jk}-v_{jk})^2}{v_{jk}}$ berechnet.

(e)

$\frac{(N_{jk}-v_{jk})^2}{v_{jk}}$	A	B	C
d	$\frac{(6-12)^2}{12} = \frac{36}{12} = 3$	$\frac{(20-16)^2}{16} = \frac{16}{16} = 1$	$\frac{(14-12)^2}{12} = \frac{4}{12} = \frac{1}{3}$
n	$\frac{(24-18)^2}{18} = \frac{36}{18} = 2$	$\frac{(20-24)^2}{24} = \frac{16}{24} = \frac{4}{6}$	$\frac{(16-18)^2}{18} = \frac{4}{18} = \frac{2}{9}$

Für die χ^2-Größe werden die Einträge der Tabelle (e) aufsummiert:

$$\chi^2 = 3 + 1 + \frac{1}{3} + 2 + \frac{4}{6} + \frac{2}{9} = \frac{1}{18}(54 + 18 + 6 + 36 + 12 + 4) = \frac{130}{18} = 7.222222.$$

Daraus berechnet sich der Kontingenzkoeffizient zu

$$C = \sqrt{\frac{\frac{130}{18}}{\frac{130}{18} + 100} \cdot \frac{2}{2-1}} = \sqrt{\frac{260}{130 + 1800}} = \sqrt{\frac{260}{1930}} = 0.3670355.$$

7.2.5 Beispiel (2×2-Kontingenztafeln, Fortsetzung von Beispiel 7.2.3)
Lässt man Hersteller C weg, bekommt man eine 2×2-Kontingenztafel der Form

(f)

N_{jk}	A	B	$N_{j\bullet}$
d	6	20	26
n	24	20	44
$N_{\bullet k}$	30	40	70

Zur Berechnung der χ^2-Größe und des Kontingenzkoeffizienten kann wie bei der Tafel (a) vorgegangen werden. Aber es kann auch (7.1) benutzt werden:

$$\chi^2 = 70\,\frac{(6\cdot 20 - 20\cdot 24)^2}{26\cdot 44\cdot 30\cdot 40} = 70\,\frac{20\cdot 20}{30\cdot 40}\,\frac{(6-24)^2}{26\cdot 44} = 70\,\frac{1}{3}\,\frac{18\cdot 18}{26\cdot 44} = \frac{70}{3}\,\frac{9\cdot 9}{13\cdot 22}$$

$$= \frac{35\cdot 27}{13\cdot 11} = \frac{945}{143} = 6.608392.$$

Dieses Ergebnis erhalten wir mit R nur, wenn zusätzlich `correct=FALSE` beim Aufruf von `chisq.test` eingegeben wird. Ansonsten wird eine Korrektur vorgenommen, die eine geänderte χ^2-Größe liefert.

```
> tab4<-matrix(c(6,20,24,20),byrow=TRUE,ncol=2)
> tab4
      [,1] [,2]
[1,]    6   20
[2,]   24   20
> chisq.test(tab4,correct=FALSE)$statistic
X-squared
 6.608392
```

Die Voreinstellung ist `correct=TRUE` und liefert einen geänderten Wert:

```
> chisq.test(tab4)$statistic
X-squared
 5.38589
```

7.2.6 Bemerkung

Wie aus Beispiel 7.2.5 zu ersehen ist, muss bei der Berechnung mittels `chisq.test` das zusätzliche Argument `correct=FALSE` eingegeben werden, um die korrekte χ^2-Größe zu erhalten. Das ist aber nur bei 2×2-Kontingenztafeln nötig. Bei größeren Tafeln spielt die Korrektur keine Rolle. Zum Beispiel für die 2×3-Tafel (a) aus Beispiel 7.2.3 erhält man beide Male den gleichen Wert:

```
> chisq.test(tab1,correct=FALSE)$statistic
X-squared
 7.222222
> chisq.test(tab1,correct=TRUE)$statistic
X-squared
 7.222222
```

7.2.7 Beispiel (Druckfestigkeit von Beton, Fortsetzung von Beispiel 7.1.4)

Will man untersuchen, wie der Zusammenhang zwischen der Druckfestigkeit und dem Herstellungsort, bzw. dem Schleifort oder dem Prüfort ist, kann man wieder die Druckfestigkeitsklassen aus Beispiel 7.1.4 verwenden. Das Mosaikdiagramm für die Druckfestigkeitsklasse und den Herstellungsort wurde in Abb. 7.1 gegeben. Abbildung 7.4 zeigt die Mosaikdiagramme für die Druckfestigkeitsklasse und dem Schleifort bzw. dem Prüfort.

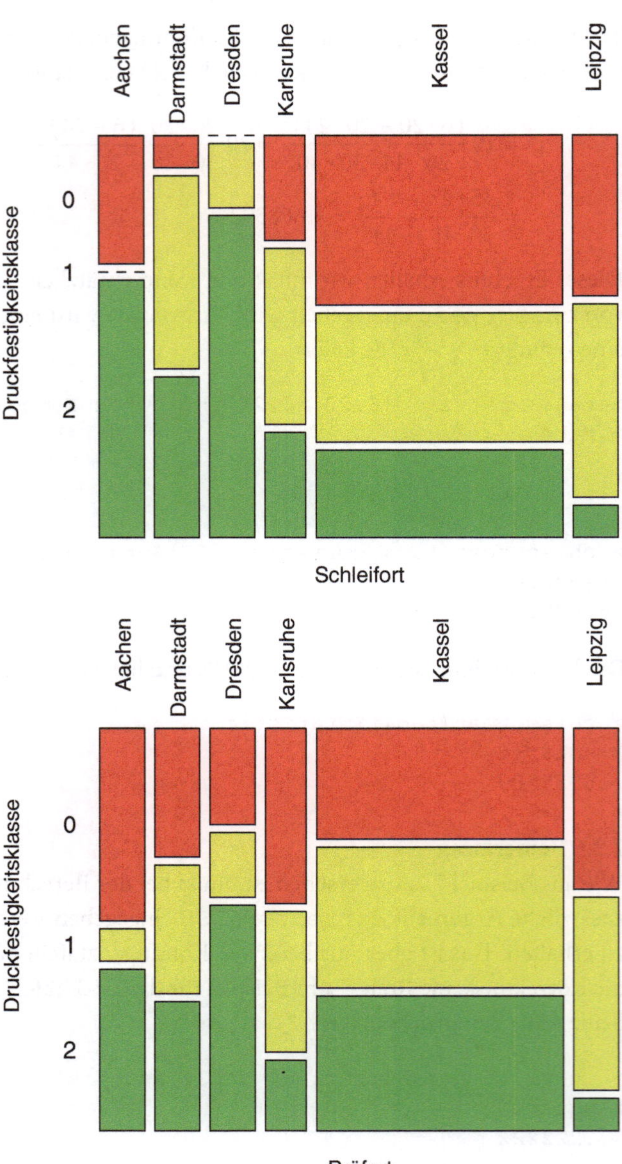

Abb. 7.4 Mosaikdiagramme für die Druckfestigkeitsklasse und den Schleif- bzw. Prüfort

Wir sehen, dass beim Mosaikdiagramm für den Prüfort die Farben von den Mosaiken am gleichmäßigsten verteilt sind, während die ungleichmäßigste Verteilung beim Mosaikdiagramm für den Herstellungsort in Abb. 7.1 auftritt. Daraus können wir schon schließen, dass der größte Zusammenhang zwischen Druckfestigkeitsklasse und Ort beim Herstellungsort vorliegt, während der geringste Zusammenhang zwischen Druckfestigkeitsklasse und Ort beim Prüfort besteht. Allerdings besteht auch beim Prüfort keine empirische Unabhängigkeit zwischen Druckfestigkeitsklasse und Ort, da die Verteilung der Mosaikfarben nicht ganz gleichmäßig ist. Der höchstmögliche Zusammenhang zwischen Druckfestigkeitsklasse und Ort liegt auch nicht beim Herstellungsort vor, da nicht pro Spalte nur eine Mosaikfarbe auftritt. Somit erwarten wir für die Kontingenzkoeffizienten C_H, C_S und C_P für den Herstellungsort, den Schleifort und dem Prüfort die Beziehung $1 > C_H > C_S > C_P > 0$. Die Berechnung mit R liefert genau das, nämlich $C_H = 0.6593069$, $C_S = 0.5668461$ und $C_P = 0.3679612$. Exemplarisch sei das hier nur für den Herstellungsort vorgeführt:

```
> chi2<-chisq.test(table(Druckklasse,beton$H))$statistic
Warning message:
Chi-squared approximation may be incorrect in:
  chisq.test(table(Druckklasse, beton$H))
> sqrt(chi2/(chi2+length(beton$H))*(3/2))
X-squared
0.6593069
```

Die Warnmeldung kann hier ignoriert werden, da wir uns nur für den Wert der sogenannten Teststatistik interessieren. Diese wird exakt berechnet.

7.3   Zusammenhangsmaße für ordinale Daten

Sind beide Komponenten des bivariaten Merkmals (X, Y) ordinal skaliert, so werden anstelle der Häufigkeiten die Ordnungen der Beobachtungswerte zur Berechnung eines Zusammenhangsmaßes genutzt. Bei der Definition dieser Kenngröße wird auf die **Ränge** $R(x_n)$ bzw. $R(y_n)$ der Beobachtungen zurückgegriffen. Diese werden getrennt nach Datenreihen berechnet, d. h. $R(x_n)$ ist der Rang der Beobachtung x_n im Datensatz $x_1, \ldots, x_N$, $R(y_n)$ ist der Rang der Beobachtung y_n im Datensatz $y_1, \ldots, y_N$ (vgl. Definition 5.2.1). Auf diese Weise erhält man die Rangpaare:

$$(R(x_1), R(y_1)), \ldots, (R(x_N), R(y_N)).$$

Diese werden zur Definition des **Spearmanschen Rangkorrelationskoeffizienten** benutzt:

7.3.1 Definition

Seien $(x_1, y_1), \ldots, (x_N, y_N)$ Beobachtungen eines bivariaten, ordinalen Merkmals (X, Y) mit zugehörigen Rangpaaren $(R(x_1), R(y_1)), \ldots, (R(x_N), R(y_N))$. Dann heißt

$$r_{xy}^{Sp} = \frac{\sum_{n=1}^{N}(R(x_n) - \overline{R}(x))(R(y_n) - \overline{R}(y))}{\sqrt{\sum_{n=1}^{N}(R(x_n) - \overline{R}(x))^2 \sum_{n=1}^{N}(R(y_n) - \overline{R}(y))^2}}$$

***Rangkorrelationskoeffizient von Spearman**, wobei $\overline{R}(x) = \frac{1}{N}\sum_{n=1}^{N} R(x_n)$ und $\overline{R}(y) = \frac{1}{N}\sum_{n=1}^{N} R(y_n)$ die arithmetischen Mittel der Ränge sind.*

7.3.2 Bemerkung

1. Der **Spearmansche Rangkorrelationskoeffizient** benutzt lediglich die Reihenfolge der Beobachtungswerte. Die Werte selbst sind für den Koeffizienten irrelevant.

2. Sind jeweils alle Beobachtungswerte der Datenreihe $x_1, \ldots, x_N$ und der Datenreihe $y_1, \ldots, y_N$ verschieden, so lässt sich r_{xy}^{Sp} einfacher gemäß der Formel

$$r_{xy}^{\mathrm{Sp}} = 1 - \frac{6}{N(N^2 - 1)} \sum_{n=1}^{N} (R(x_n) - R(y_n))^2$$

berechnen.

3. Es gilt $-1 \le r_{xy}^{\mathrm{Sp}} \le 1$, wobei $r_{xy}^{\mathrm{Sp}} = 1$ genau dann, wenn aus $x_n < x_m$ für die zugehörigen y-Werte folgt $y_n < y_m$. Dies bedeutet, dass das Ordnungsverhalten gleichsinnig in x und y ist: Wächst x, so wächst auch y. $r_{xy}^{\mathrm{Sp}} = -1$ gilt hingegen, wenn aus $x_n < x_m$ für die zugehörigen y-Werte folgt $y_n > y_m$. In diesem Fall ist das Ordnungsverhalten gegensinnig, d. h. steigt der Wert von x, so fällt der Wert von y.

4. Gibt es in senkrechter oder waagerechter Richtung eine Spiegelachse, an dem die Punkte gespiegelt sind, so gilt $r_{xy}^{\mathrm{Sp}} = 0$.

7.3.3 Beispiel (Preis und Lebensdauer eines Bauteils)

Bei einem elektronischen Bauteiltyp wurde der Preis in 10 Preisklassen erfasst, wobei 10 die höchste Preisklasse war. Ebenso wurde die Lebensdauer in 30 Klassen erfasst, wobei 30 die Klasse mit den höchsten Lebenszeiten war. Es wurden folgende Daten erhalten:

n	1	2	3	4	5	6	7	8	9	10	11	12	13	14	15	16	17	18	19	20
x_n	8	3	9	7	10	2	6	2	1	9	10	9	5	4	7	7	3	4	4	10
y_n	28	11	30	26	29	7	25	18	7	27	24	28	23	15	26	26	5	16	23	26

Daraus können folgende Ränge ermittelt werden:

n	1	2	3	4	5	6	7	8	9	10	11	12	13	14	15	16	17	18	19	20
$R(x_n)$	14.0	4.5	16.0	12.0	19.0	2.5	10.0	2.5	1.0	16.0	19.0	16.0	9.0	7.0	12.0	12.0	4.5	7.0	7.0	19.0
$R(y_n)$	17.5	4.0	20.0	13.5	19.0	2.5	11.0	7.0	2.5	16.0	10.0	17.5	8.5	5.0	13.5	13.5	1.0	6.0	8.5	13.5

Es gibt zwei Möglichkeiten den Spearmanschen Rangkorrelationskoeffizienten zu bestimmen:

```
> cor(rank(Bauteil$preis),rank(Bauteil$lebensdauer))
[1] 0.8539384
```

oder

```
> cor.test(Bauteil$preis,Bauteil$lebensdauer,
+   method="spearman")$estimate
      rho
0.8539384
Warning message:
Cannot compute exact p-values with ties in:
cor.test.default(Bauteil$preis,Bauteil$lebensdauer,
method = "spearman")
```

Auch hier kann die Warnmeldung ignoriert werden, da wir uns momentan nicht für die P-Werte (p-values) interessieren. Mit 0.8539384 ist der Spearmansche Rangkorrelationskoeffizient nahe bei 1, so dass es einen monoton wachsenden Zusammenhang zwischen Preis und Lebensdauer gibt, d. h. ein höherer Preis bedeutet auch eine längere Lebensdauer.

7.4 Zusammenhangsmaße für quantitative Daten

Um den Zusammenhang von quantitativen Daten zu quantifizieren, definiert man die (**empirische**) **Kovarianz der Merkmale** X **und** Y. Im Gegensatz zu den bisherigen Zusammenhangsmaßen wird nun direkt auf die gemessenen Werte zurückgegriffen.

7.4.1 Definition (Kovarianz)

Seien $(x_1, y_1), \ldots, (x_N, y_N)$ *Messwerte eines bivariaten, quantitativen Merkmals* (X, Y). *Dann heißt*

$$s_{xy} = \frac{1}{N-1} \sum_{n=1}^{N} (x_n - \overline{x})(y_n - \overline{y})$$

(empirische) Kovarianz der Merkmale X ***und*** Y***.***

7.4.2 Bemerkung

1. Die Kovarianz s_{xy} lässt sich auch berechnen gemäß

$$s_{xy} = \frac{1}{N-1} \left(\sum_{n=1}^{N} x_n y_n - N \cdot \overline{x} \cdot \overline{y} \right). \tag{7.2}$$

2. Es gilt: $s_{xx} = s_x^2$, $s_{yy} = s_y^2$. Zum Nachweis betrachtet man die bivariaten Datensätze $(x_1, x_1), \ldots, (x_N, x_N)$ bzw. $(y_1, y_1), \ldots, (y_N, y_N)$.

3. Der Wert der Kovarianz kann eine beliebige reelle Zahl sein.

Mittels der Kovarianz wird nun der **Korrelationskoeffizient von Bravais-Pearson** definiert:

7.4.3 Definition

Seien s_{xy} die (empirische) Kovarianz von X und Y, sowie s_x und s_y die Standardabweichungen von X bzw. Y. Dann heißt

$$r_{xy} = \frac{s_{xy}}{s_x s_y}$$

Korrelationskoeffizient von Bravais-Pearson.

7.4.4 Bemerkung

1. Es gilt: $-1 \le r_{xy} \le 1$, wobei $r_{xy} = -1$ bedeutet: es gibt eine **negative** Zahl $a < 0$ und eine reelle Zahl $b \in \mathbb{R}$ mit $y_n = ax_n + b, n = 1, \ldots, N$. Es gibt also einen linearen Zusammenhang zwischen dem Merkmal X und dem Merkmal Y: Wenn X um eine Einheit steigt, dann fällt Y um a Einheiten. Insbesondere ist das Ordnungsverhalten gegensinnig. Ist hingegen $r_{xy} = 1$, so gibt es eine **positive** Zahl $a > 0$ und eine reelle Zahl $b \in \mathbb{R}$ mit $y_n = ax_n + b, n = 1, \ldots, N$. Es gibt also einen linearen Zusammenhang zwischen den Merkmalen X und Y: Wenn X um eine Einheit steigt, dann steigt Y ebenfalls, und zwar um a Einheiten. Insbesondere ist das Ordnungsverhalten gleichsinnig.
2. r_{xy} ist symmetrisch in X und Y, d. h. $r_{xy} = r_{yx}$.
3. Gilt $r_{xy} = 0$, so spricht man von **(empirischer) Unkorreliertheit** der Merkmale X und Y.
4. Setzt man in der Definition von r_{xy} anstelle der Beobachtungswerte x_n bzw. y_n die entsprechenden Ränge ein, so erhält man den Spearmanschen Rangkorrelationskoeffizienten r_{xy}^{Sp}.
5. Gibt es in senkrechter oder waagerechter Richtung eine Spiegelachse, an der die Punkte gespiegelt sind, so gilt $r_{xy} = 0$.

7.4.5 Beispiel (Druckfestigkeit und Festbetonrohdichte, Fortsetzung von Beispiel 7.1.6)
Der Korrelationskoeffizient von Bravais-Pearson zwischen Druckfestigkeit und Festbetonrohdichte berechnet sich zu:

```
> cor(beton$Druck,beton$Festbetonrohdichte)
[1] 0.3071468
```

Wegen 0.3071468 besteht eine positive Korrelation, d. h. eine höhere Druckfestigkeit tritt oft auch mit einer höheren Festbetonrohdichte auf. Allerdings ist dieser Zusammenhang nicht besonders ausgeprägt, da 0.3071468 weit von 1 entfernt ist.

7.4.6 Beispiel (Preise von Lebensmitteln)

Für sechs verschiedene Lebensmittel wurden zwei Merkmale aufgenommen: Preis in Euro und Gewicht in kg. Die zugehörigen Wertetabellen für die verschiedenen Lebensmittel, hierbei entspricht x_n dem Preis in Euro und y_n dem Gewicht in kg, sind wie folgt gegeben:

(a) x_n	y_n	(b) x_n	y_n	(c) x_n	y_n	(d) x_n	y_n	(e) x_n	y_n	(f) x_n	y_n
4	7	4	28	4	24	4	13	4	28	2	20
9	28	9	7	9	5	9	28	9	3	4	10
2	5	2	5	2	28	2	7	2	24	5	8
8	24	8	24	8	7	8	25	8	6	6	10
7	16	7	16	7	16	7	22	7	9	8	20

Die zugehörigen Streudiagramme sind in Abb. 7.5 dargestellt.

Nun sollen für alle Beispiele der Korrelationskoeffizient von Bravais-Pearson und der Rangkorrelationskoeffizient von Spearman bestimmt werden.

Im ersten Beispiel (a) erhalten wir $r_{xy} = 0.966$ und $r_{xy}^{\mathrm{Sp}} = 1$. Betrachten wir das Streudiagramm, dann sehen wir, dass eventuell ein nichtlinearer Zusammenhang vorliegen könnte, aber nicht alle Punkte exakt auf einer Geraden liegen, was dazu führt, dass der Korrelationskoeffizient von Bravais-Pearson nicht Eins ist. Die Punkte liegen aber recht nah an einer Geraden, so dass er sehr nah bei Eins liegt. Auf jeden Fall ist der Zusammenhang aber monoton, d. h. mit wachsendem x wächst auch y, daher ist der Rangkorrelationskoeffizient Eins.

Im Fall (b) ergibt sich ein Korrelationskoeffizient von $r_{xy} = 0.076$ und ein Rangkorrelationskoeffizient von $r_{xy}^{\mathrm{Sp}} = 0.1$, obwohl im Vergleich zum ersten Fall nur zwei y-Beobachtungen vertauscht sind. Beim Betrachten des Streudiagramms zeigt sich aber, dass diese Änderungen großen Einfluss haben. Es ist kaum ein linearer oder monotoner Zusammenhang zu erkennen, was sich dann in den niedrigen Werten der Koeffizienten widerspiegelt, die beide sehr nahe bei Null liegen.

Für (c) berechnen wir $r_{xy} = -0.974$ und $r_{xy}^{\mathrm{Sp}} = -1$. Hier haben wir ein ähnliches Bild wie in (a), nur dass hier für alle Punkte y fällt, wenn x wächst. Das führt zu einem Rangkorrelationskoeffizienten von -1. Da die Punkte aber wieder nicht exakt auf einer Geraden liegen, nur sehr nah dran, ist der Korrelationskoeffizient, das Maß für den linearen Zusammenhang, nicht ganz minus Eins, aber fast.

Betrachten wir den Fall (d), so fällt auf, dass alle Punkte auf einer Geraden liegen. Damit ist klar, dass der Korrelationskoeffizient von Bravais-Pearson und der Rangkorrelationskoeffizient Eins sein müssen. Die Rechnung bestätigt dies: Es gilt $r_{xy} = r_{xy}^{\mathrm{Sp}} = 1$.

Im Fall (e) liegen alle Punkte bis auf einen auf einer Geraden. Da mit wachsendem x hier y fällt, erwarten wir negative Koeffizienten. Dies gilt aber nicht für alle Punkte: $x_3 = 2 < 4 = x_1$ und $y_3 = 24 < 28 = y_1$, daher wird der Rangkorrelationskoeffizient ebenfalls nicht -1 sein. Wir errechnen $r_{xy} = -0.93$ und $r_{xy}^{\mathrm{Sp}} = -0.9$, damit deuten beide Koeffizienten auf eine hohe negative Abhängigkeit hin.

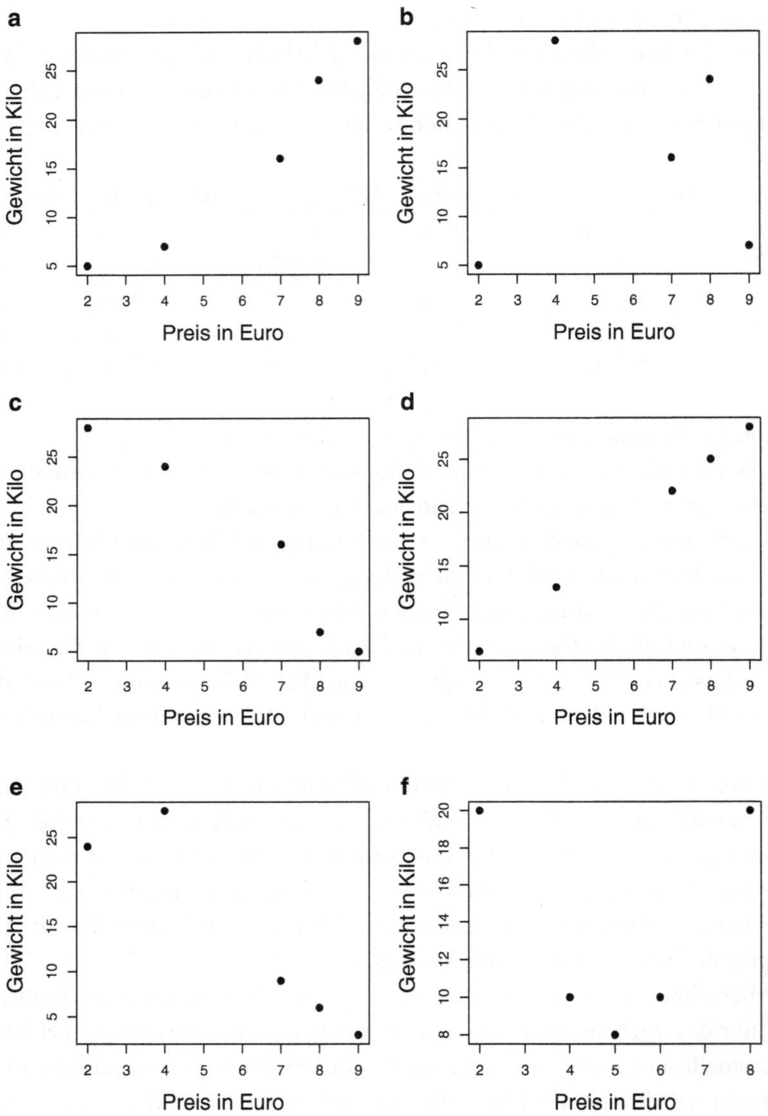

Abb. 7.5 Die Streudiagramme für die Beispiele (a)–(f)

Beim letzten Beispiel sieht das Streudiagramm ganz anders aus. Es scheint einen Zusammenhang zwischen x und y zu geben, der aber weder linear noch monoton ist. Da die Punkte an der senkrechten Geraden durch den Punkt $(5, 8)$ gespiegelt sind, erwarten wir für beide Koeffizienten, dass sie Null sind, siehe Bemerkung 7.3.2 und 7.4.4. Es ergibt sich $r_{xy} = 0$ und $r_{xy}^{\mathrm{Sp}} = 0$.

7.4.7 Beispiel (Berechnung per Hand, Fortsetzung von Beispiel 7.4.6)
Soll der Korrelationskoeffizient von Bravais-Pearson z. B. für den Fall (a) aus Beispiel 7.4.6
per Hand berechnet werden, ist es sinnvoll (6.1) für die empirische Varianz und (7.2) für
die empirische Kovarianz zu benutzen und dabei folgende Tabelle aufzustellen:

x_n	y_n	x_n^2	y_n^2	$x_n \cdot y_n$
4	7	16	49	28
9	28	81	784	252
2	5	4	25	10
8	24	64	576	192
7	16	49	256	112
$\sum$ 30	80	214	1690	594

Die empirischen Varianzen und die empirische Kovarianz berechnen sich dann zu:

$$s_x^2 = \frac{1}{4}\left(214 - 5\left(\frac{1}{5}30\right)^2\right) = \frac{1}{4}(214 - 30 \cdot 6) = \frac{1}{4}(214 - 180) = \frac{1}{2}17,$$

$$s_y^2 = \frac{1}{4}\left(1690 - 5\left(\frac{1}{5}80\right)^2\right) = \frac{1}{4}(1690 - 80 \cdot 16) = \frac{1}{4}(1690 - 1280) = \frac{1}{2}205,$$

$$s_{xy} = \frac{1}{4}\left(594 - 5\frac{1}{5}30\frac{1}{5}80\right) = \frac{1}{4}(594 - 30 \cdot 16) = \frac{1}{4}(594 - 480) = \frac{1}{2}57.$$

Somit berechnet sich der Korrelationskoeffizient von Bravais-Pearson zu

$$r_{xy} = \frac{\frac{1}{2}57}{\sqrt{\frac{1}{2}17}\sqrt{\frac{1}{2}205}} = \frac{57}{\sqrt{17 \cdot 205}} = 0.9655471.$$

Bei der Berechnung des Rangkorrelationskoeffizienten von Spearman geht man ganz analog vor, nur dass man statt x_n und y_n deren Ränge benutzt.

7.5 Lineare Regression

Im vorhergehenden Abschnitt wurden Maße diskutiert, die zur Quantifizierung einer Abhängigkeit zwischen zwei Merkmalen X und Y benutzt werden. Mit diesen Methoden
wurde lediglich eine gewisse Abhängigkeit der Merkmale festgestellt. Offen blieb etwa, ob
es einen funktionalen Zusammenhang zwischen den Merkmalen X und Y gibt. In diesem
Abschnitt wird ein Verfahren für quantitative Merkmale vorgestellt, mit dem die funk-
tionale Gestalt eines solchen Zusammenhangs beschrieben werden kann. Eine derartige
Vorgehensweise ist etwa begründet, wenn sich aus theoretischen Überlegungen eines Fach-
wissenschaftlers ergibt, dass das Merkmal Y als Funktion des Merkmals X geschrieben

werden kann, d. h. $Y = f(X)$ mit einer Funktion f. In der Regel wird f zumindest teilweise unbekannt sein oder von unbekannten Parametern abhängen. Ziel ist es daher, mittels eines Datensatzes $(x_1, y_1), \ldots, (x_N, y_N)$ Aussagen über die Funktion f zu erhalten. Die Funktion f dient daher einerseits zur Beschreibung der Abhängigkeitsstruktur der Merkmale und andererseits zur Analyse eines Trendverhaltens.

Im Folgenden wird ein Zusammenhang der Form

$$Y = f(X)$$

unterstellt. Das Merkmal X heißt **Regressor** oder **erklärende Variable**, Y wird als **Regressand** bzw. als **abhängige Variable** bezeichnet. f heißt **Regressionsfunktion**. Die Werte $\widehat{y}_n = f(x_n)$, $n = 1, \ldots, N$, heißen **Regressionswerte**.

Im Allgemeinen wird für die Regressionswerte $\widehat{y}_n$ gelten: $\widehat{y}_n \neq y_n$, d. h. die Funktionswerte von f weichen an den Stellen x_n von den tatsächlich gemessenen Werten y_n ab. Dieses Phänomen kann durch (natürliche) Schwankungen in den Eigenschaften der Objekte oder durch Messfehler und Messungenauigkeiten hervorgerufen sein. Es wird daher versucht, die Regressionsfunktion f in einer Klasse von Funktionen *möglichst gut* anzupassen.

Im Folgenden wird zunächst die allgemeine Vorgehensweise an der Klasse der linearen Funktionen illustriert.

Es wird also davon ausgegangen, dass die Regressionsfunktion f linear ist, d. h.

$$f(x) = ax + b, \quad x \in \mathbb{R},$$

wobei die Parameter a und b unbekannt sind. Diese müssen nun aus den Beobachtungen $(x_1, y_1), \ldots, (x_N, y_N)$ möglichst gut geschätzt werden. In dieser Situation heißt die Regressionsfunktion auch **Regressionsgerade**. Als Verfahren bedient man sich der **Methode der kleinsten Quadrate**:

Die geschätzten Parameter $\hat{a}$ und $\hat{b}$ der Regressionsfunktion $f(x) = ax + b$ werden berechnet als Lösung des Minimierungsproblems:

$$Q(\hat{a}, \hat{b}) = \min_{(a,b) \in \mathbb{R}^2} Q(a, b), \quad \text{wobei } Q(a, b) = \sum_{n=1}^{N} (y_n - ax_n - b)^2, \tag{7.3}$$

oder kurz $(\hat{a}, \hat{b}) = \operatorname{argmin}_{(a,b) \in \mathbb{R}^2} \sum_{n=1}^{N} (y_n - ax_n - b)^2$.

Abb. 7.6 Grafische Darstellung der Methode der kleinsten Quadrate

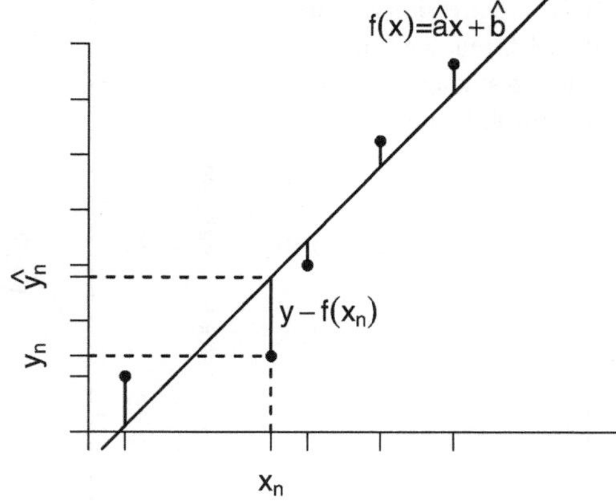

Grafisch lässt sich das Verfahren wie in Abb. 7.6 interpretieren.

Mittels der Methode der kleinsten Quadrate wird die Summe der quadratischen Abstände $(y_n - f(x_n))^2$ bzgl. der Parameter a und b minimiert. Als Lösung erhält man die Schätzungen

$$\widehat{a} = \frac{s_{xy}}{s_x^2} = \frac{\sum_{n=1}^{N}(x_n - \overline{x})(y_n - \overline{y})}{\sum_{n=1}^{N}(x_n - \overline{x})^2} = \frac{\sum_{n=1}^{N} x_n y_n - n\overline{x} \cdot \overline{y}}{\sum_{n=1}^{N} x_n^2 - n\overline{x}^2} \quad \text{und} \quad \widehat{b} = \overline{y} - \widehat{a} \cdot \overline{x}.$$

Die Regressionsgerade hat dann die Gleichung: $f(x) = \widehat{a}x + \widehat{b}$.

7.5.1 Beispiel (Druckfestigkeit und Festbetonrohdichte, Fortsetzung von Beispiel 7.4.5) Auch wenn der Korrelationskoeffizient von Bravais-Pearson zwischen Druckfestigkeit und Festbetonrohdichte nicht nahe bei 1 oder −1 ist, kann eine Gerade durch die Daten gelegt werden. Die Schätzungen $\widehat{a}$ für die Steigung und $\widehat{b}$ für den Intercept (Achsenabschnitt) erhält man wie folgt:

```
> lsfit(beton$Druck,beton$Festbetonrohdichte)$coef
   Intercept             X
2.4207578924 0.0005723389
```

`lsfit` bestimmt die Schätzung für die Koeffizienten mithilfe der Methode der kleinsten Quadrate. Es wird zuerst der Regressor (Druck) und dann der Regressand (Festbetonrohdichte) übergeben. Wir erhalten also die Gerade

$$y = f(x) = 2.4207578924 + 0.0005723389x. \tag{7.4}$$

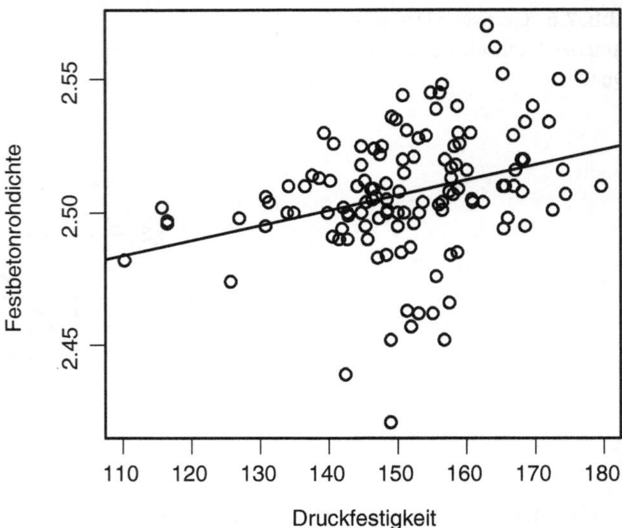

Abb. 7.7 Regressionsgerade durch das Streudiagramm für die Druckfestigkeit und die Festbetonrohdichte

Mit

```
> plot(beton$Druck,beton$Festbetonrohdichte,
  xlab="Druckfestigkeit",ylab="Festbetonrohdichte")
> abline(lsfit(beton$Druck,beton$Festbetonrohdichte)$coef)
```

wird die Abb. 7.7 erzeugt, bei der die geschätzte Gerade (7.4) mithilfe von `abline` in das Streudiagramm eingezeichnet ist. Hier ist die Druckfestigkeit der Regressor (die unabhängige Variable) und die Festbetonrohdichte der Regressand (die abhängige Variable). Vertauscht man diese beiden Rollen, erhält man eine andere Gerade. Dies wird im folgenden Beispiel demonstriert.

7.5.2 Beispiel (Vertauschung von Regressor und Regressand)
Hier werden wir sehen, dass es einen Unterschied macht, welche Variable als Regressand und welche als Regressor gesetzt wird. Wir betrachten den Datensatz:

x	4	9	2	8	7
y	28	7	5	24	16

Wir wollen zunächst das Modell $y = f_y(x) = a_1 x + b_1$ betrachten und hierfür die Schätzungen der Parameter a_1 und b_1 bestimmen:

```
> x<-c(4,9,2,8,7)
> y<-c(28,7,5,24,16)
> lsfit(x,y)$coeff
 Intercept          X
14.4117647  0.2647059
```

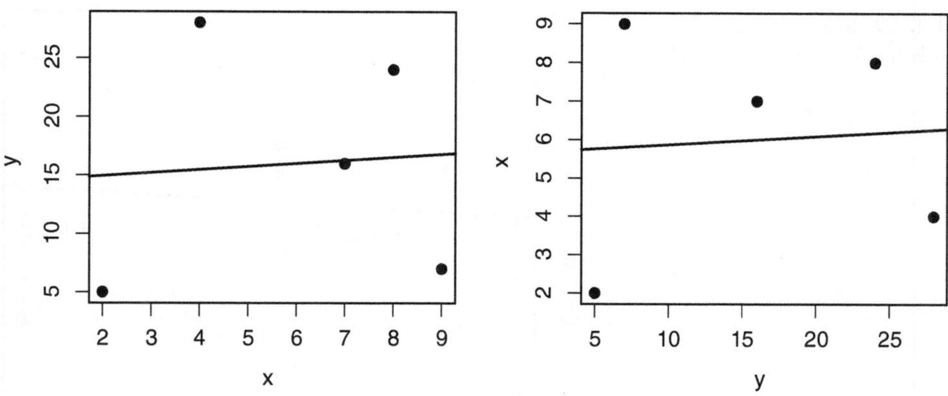

Abb. 7.8 Regressionsgeraden f_y (*links*) und f_x (*rechts*)

Damit gilt

$$y = f_y(x) = 0.2647059x + 14.4117647. \tag{7.5}$$

Das zugehörige Streudiagramm mit der eingezeichneten Regressionsgerade findet sich in Abb. 7.8. Kehren wir jetzt die Bedeutung von x und y um, d. h. betrachten wir das Modell $x = f_x(y) = a_2 y + b_2$, dann können wir auch hier wieder die Parameter schätzen:

```
> lsfit(y,x)$coeff
 Intercept          X
5.64878049 0.02195122
```

Damit gilt

$$x = f_x(y) = 0.02195122y + 5.64878049. \tag{7.6}$$

Das Streudiagramm mit der eingezeichneten Regressionsgerade ist ebenfalls in Abb. 7.8 zu finden.

In Abb. 7.9 sind beide Regressionsgeraden eingetragen. Dabei ist f_x die schwarze Gerade und f_y die rote Gerade. Um die Gerade f_y gegeben durch (7.5) eintragen zu können, muss die Gleichung in (7.5) nach x aufgelöst werden:

$$x = \frac{y}{0.2647059} - \frac{14.4117647}{0.2647059} = 3.777778y - 54.44444.$$

Hier sieht man, dass die beiden Geraden sich deutlich unterscheiden. Die Abstände zwischen Gerade und den Datenpunkten (auch Residuuen genannt) stehen senkrecht zueinander und unterscheiden sich auch im Betrag jeweils deutlich. Wir sehen, dass im Allgemeinen aus $f_y(x) = \hat{a}x + \hat{b}$, mit $\hat{a}$ und $\hat{b}$ den mithilfe der Methode der kleinsten Quadrate geschätzten Parametern, nicht folgt, dass $\frac{1}{\hat{a}}$ und $-\frac{\hat{b}}{\hat{a}}$ die geschätzten Parameter der Regressionsfunktion f_x sind.

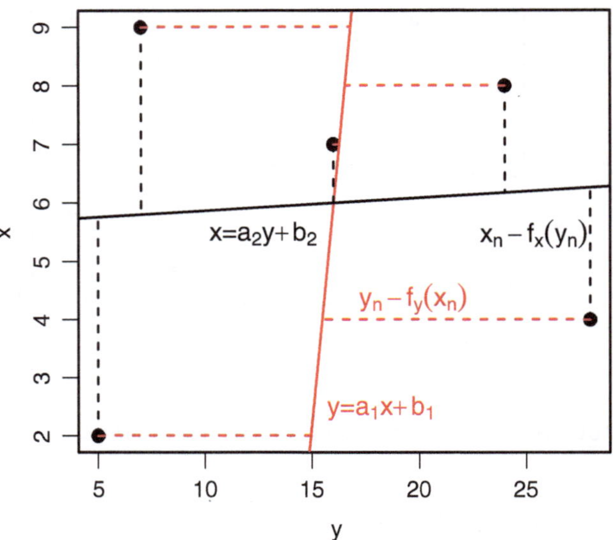

Abb. 7.9 Regressionsgeraden für beide Ansätze im Vergleich

Dass wir zwei verschiedene Geraden erhalten, je nachdem, ob x oder y der Regressor ist, liegt daran, dass als Abstandsmaß der Geraden zu den Beobachtungspunkten der Abstand parallel zur jeweiligen senkrechten Achse genommen wird (siehe Abb. 7.6). Besser wäre ein Abstandsmaß, dass den senkrechten Abstand der Beobachtungen zur Gerade benutzt, d. h. dass das Lot der Beobachtungen auf die Gerade gefällt wird. Doch so ein Abstandsmaß ist nicht so einfach zu berechnen und eine Gerade, die in diesem Sinne die Abstände zu den Daten minimiert, kann nicht explizit angegeben werden.

7.6 *Nichtlineare Regression*

Die Annahme, dass die Regressionsfunktion linear ist, wird in der Praxis häufig getroffen. Zum einen lässt sich die Regressionsfunktion leicht berechnen und zum anderen ist ein linearer Zusammenhang auch aus praktischen Erfahrungen oft plausibel. Mithilfe der Methode der kleinsten Quadrate lässt sich aber auch für kompliziertere Regressionsfunktionen der Zusammenhang zwischen den Variablen schätzen. Ebenfalls kann die Methode der kleinsten Quadrate genutzt werden, wenn es mehr als eine erklärende Variable gibt.

Ist die Regressionsfunktion von der Form $f(x) = ag(x) + b$ für eine bekannte Funktion g, z. B. $g(x) = x$, $g(x) = x^2$, $g(x) = \log(x)$, ändert sich nichts. Werden die Daten entsprechend transformiert, kann die Schätzung der Parameter a und b direkt mit den Formeln der linearen Regression berechnet werden. Es muss nur mit $x^* = g(x)$ anstelle von x und anstelle der Beobachtungen x_n mit den transformierten Beobachtungen $x_n^* = g(x_n)$ gearbeitet werden.

Häufig können die Formeln der linearen Regression aber auch in anderen Fällen genutzt werden. Besteht zum Beispiel der funktionelle Zusammenhang $f(x) = b \cdot a^x$, dann ist f nicht von der Form $f(x) = ag(x) + b$. Aber logarithmiert man beide Seiten, so erhält man $f^*(x) = \ln(f(x)) = \ln(b) + \ln(a)\,x = b^* + a^* x$, also wieder einen linearen Zusammenhang.

Allgemein gilt: Kann man die nichtlineare Regressionsfunktion $f(x) = \varphi(x, a, b)$ (also eine nichtlineare Funktion in x, mit unbekannten Parametern a und b) mit Transformationen g, g_0, g_1 und h so umformen, dass gilt

$$f^*(x) = h(f(x)) = g_0(b) + g_1(a) \cdot g(x),$$

dann können die Parameter $b^* = g_0(b)$ und $a^* = g_1(a)$ wieder mithilfe der Formeln der linearen Regression geschätzt werden, indem statt der Daten $(x_1, y_1), \ldots,$ (x_N, y_N) die Daten $(x_1^*, y_1^*) = (g(x_1), h(y_1)), \ldots, (x_N^*, y_N^*) = (g(x_N), h(y_N))$ benutzt werden.

Lassen sich aber keine solche Transformationen finden, so kann die Methode der kleinsten Quadrate dennoch genutzt werden, um die beiden unbekannten Parameter a, b der nichtlinearen Funktion zu schätzen. Sie wird dann wie folgt definiert:

7.6.1 Definition
Gilt für die Regressionsfunktion $f(x) = \varphi(x, a, b)$, dann heißt $(\widehat{a}, \widehat{b})^{\mathrm{T}}$ Kleinste-Quadrat-Summen-Schätzung, falls gilt

$$(\widehat{a}, \widehat{b}) = \operatorname*{argmin}_{(a,b)\in\mathbb{R}^2} \sum_{n=1}^{N} (y_n - \varphi(x_n, a, b))^2. \tag{7.7}$$

Genauso kann die Kleinste-Quadrat-Summen-Schätzung auch für Regressionsfunktionen mit mehr unbekannten Parametern oder mehr erklärenden Variablen $x^1, x^2, \ldots$ definiert werden.

Die Lösung von (7.7) kann im Allgemeinen nicht explizit angegeben werden. Sie kann aber mithilfe numerischer Verfahren bestimmt werden. In R kann dazu zum Beispiel die Funktion `nls` (nonlinear least squares) benutzt werden. Hierbei müssen immer auch sinnvolle Startwerte für die Schätzer der Regressionskoeffizienten übergeben werden.

7.6.2 Beispiel (Rissentwicklung)
In einem Materialtest wurden Metallproben schwingenden Belastungen ausgesetzt. Dabei wurde die Entwicklung eines vorher künstlich erzeugten Risses von 9 mm Länge beob-

Abb. 7.10 Nichtlineare Regressionsfunktionen

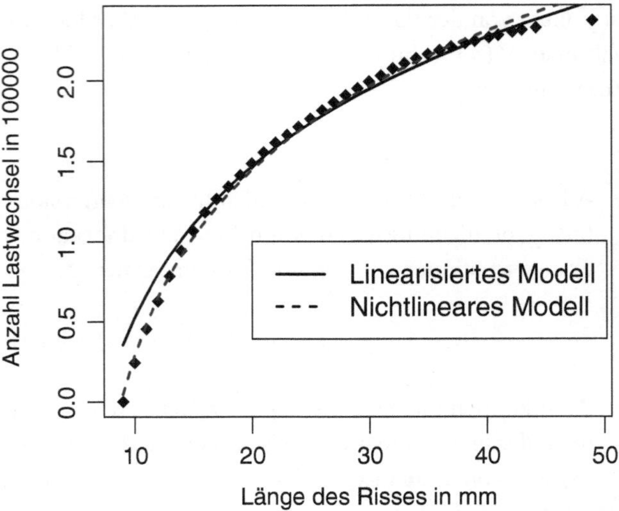

achtet. Sobald eine vorgegebene Risslänge erreicht wurde, wurde die Anzahl der bis dahin erfolgten Lastwechsel erfasst, siehe Virkler et al. (1979). Für die erste der 68 Testreihen soll nun ein nichtlineares Modell für die Beschreibung der Rissentwicklung gebildet werden, wobei hier nur ca. jede fünfte Beobachtung berücksichtigt wird. Als Modell wird

$$y = f(x) = \ln(a \cdot x + b)$$

angesetzt, wobei y die Anzahl der Lastwechsel bezeichne und x die Länge des Risses. Jetzt gibt es zwei Möglichkeiten, die unbekannten Parameter a und b zu schätzen: Mithilfe der Funktion $h(t) = \exp(t)$, kann das Modell in ein lineares Modell umgewandelt werden. Oder wir nutzen direkt die Methode der kleinsten Quadrate, um das nichtlineare Modell anzupassen. Hier sollen beide Methoden verglichen werden. Die Ergebnisse finden sich in Abb. 7.10. Im zugehörigen R-Quellcode gibt die Größe `L1` die Länge des Risses (in mm) und `LW` die zugehörige Anzahl der Lastwechsel (in 100 000) wieder. Mit `nls` werden die Koeffizienten des Modells geschätzt, mit `predict` kann mit dem geschätzten Modell eine Vorhersage für einen Wert x, der nicht in den Daten vorkommt, berechnet werden. Als Startwerte für die nichtlineare Regression benutzen wir die Schätzungen aus dem linearisierten Modell. Es zeigt sich, dass es einen Unterschied macht, ob das Modell zunächst linearisiert wird oder ob die Parameter direkt geschätzt werden. Das liegt daran, dass beim ursprünglichen Modell von einem additiven Fehler ε ausgegangen wird. Das heißt, es wird das Modell $Y = f(X) + \varepsilon$ betrachtet. Beim Linearisieren wird der Fehler aber zunächst außer Acht gelassen. Beim Optimieren wird dann wieder angenommen, dass beim linearisierten Modell der Fehler ebenfalls additiv ist, d. h. $Y^* = h(X) + \tilde{\varepsilon}$. Im Allgemeinen gilt aber nicht $\varepsilon = \tilde{\varepsilon}$, was zu unterschiedlichen Ergebnissen bei der Schätzung der Modellparameter führen kann.

```
>L1<-c(9:37,38.2,39,40.2,41,42.2,43,44.2,49)
>LW<-c(0.00000,0.24532, 0.45554, 0.62912, 0.78678, 0.94228,
+ 1.06667, 1.18221, 1.26497, 1.34168, 1.41279, 1.48357, 1.55182,
+ 1.61243, 1.66032, 1.71038, 1.76137, 1.81333, 1.86212, 1.90741,
+ 1.95006, 1.99100, 2.02767, 2.07237, 2.10434, 2.13298,
+ 2.15899, 2.18287, 2.20534, 2.22704, 2.24251, 2.26449,
+ 2.27833, 2.29850, 2.30980, 2.32372, 2.36784)
> plot(L1,LW,xlab="Länge des Risses in mm",
+ ylab="Anzahl Lastwechsel in  100000",pch=18)
> lsfit(L1,exp(LW))$coeff
  Intercept          X
-0.9546204  0.2646481
> lines(L1,log(-0.9546204+0.2646481*L1))
```

Die Parameter des nichtlinearen Regressionsmodells werden nun wie folgt geschätzt:

```
> nlMod<-nls(LW~log(b+a*L1),start=c(b=-0.955,a=0.265))
> nlMod
Nonlinear regression model
  model:  LW ~ log(b + a * L1)
   data:  parent.frame()
       b        a
-1.5574  0.2895
 residual sum-of-squares: 0.08707

Number of iterations to convergence: 4
Achieved convergence tolerance: 6.097e-06
>lines(L1,predict(nlMod),lty=2)
>legend(20,1,lty=1:2,
+ c("Linearisiertes Modell","Nichtlineares Modell"))
```

7.7 Übungsaufgaben

Übung 7.1 Stellen Sie die Rissanzahlen aus dem Datensatz CrackCounts.dat aus der Übung 5.4 für die Zeitpunkte 5 und 10 sowie 10 und 18 in Streudiagrammen dar.

Übung 7.2 Bestimmen Sie per Hand und mit R die χ^2-Größe und den Kontingenzkoeffizienten von Pearson für das Beispiel 1.0.3 (Wirksamkeit von Rostschutzmitteln) und interpretieren Sie das Ergebnis. Lesen Sie bei der Bestimmung mit R die Häufigkeitstabelle mit folgendem Befehl ein:

```
rost<-matrix(c(65,103,106,74,85,47),ncol=3,byrow=T)
```

Übung 7.3 Bestimmen Sie per Hand und mit R den Korrelationskoeffizienten von Bravais-Pearson und den Rangkorrelationskoeffizienten von Spearman für den Datensatz (b) in Beispiel 7.4.6.

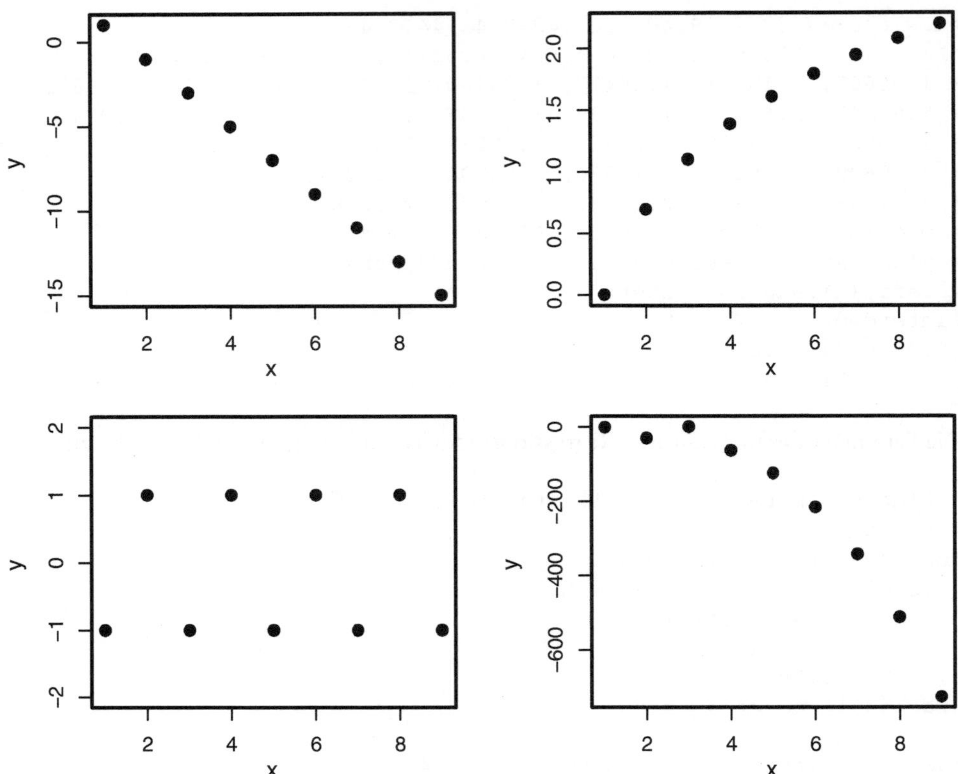

Abb. 7.11 Streudiagramme

Übung 7.4 Stellen Sie die prozentualen Anteile der Zementkomponenten b und d im Datensatz `SETTING.DAT` in einem Streudiagramm dar und berechnen Sie alle möglichen Zusammenhangsmaße. Interpretieren Sie die Ergebnisse.

Übung 7.5 Berechnen Sie alle möglichen Zusammenhangsmaße der Rissanzahlen aus dem Datensatz `CrackCounts.dat` für die Zeitpunkte 5 und 10 sowie 10 und 18 und tragen Sie die Regressionsgerade in die Streudiagramme ein. Interpretieren Sie die Ergebnisse.

Übung 7.6 Geben Sie für die Streudiagramme in Abb. 7.11 an, ob $r_{xy} = 1$, $0 < r_{xy} < 1$, $r_{xy} = 0$, $-1 < r_{xy} < 0$ oder $r_{xy} = -1$ bzw. $r_{xy}^{\mathrm{Sp}} = 1$, $0 < r_{xy}^{\mathrm{Sp}} < 1$, $r_{xy}^{\mathrm{Sp}} = 0$, $-1 < r_{xy}^{\mathrm{Sp}} < 0$ oder $r_{xy}^{\mathrm{Sp}} = -1$ gilt.

Literatur

Virkler, D., Hillberry, B. und Goel, P. (1979). The statistical nature of fatigue crack propagation. J. Eng. Mater. Technol. 101, 148–153.

Der zweite Teil des Buchs gibt eine Einführung in die Wahrscheinlichkeitsrechnung bzw. Wahrscheinlichkeitstheorie. Wir lernen die mathematische Beschreibung des Zufalls kennen. Zum einen werden wir Zufallszahlen simulieren und lernen, warum damit Schlüsse auf wahrscheinlichkeitstheoretische Kennzahlen möglich sind. Zum anderen werden am Ende des zweiten Teils zwei konkrete Anwendungsgebiete vorgestellt, in denen die Wahrscheinlichkeitstheorie eine große Rolle spielt. Mit den Kenntnissen aus dem ersten Teil können wir uns danach der Schließenden Statistik widmen.

Teil II beginnt in Kap. 8 mit einer Einführung zu Zufallszahlen und deren Simulation in R. Dieses Kapitel dient vor allem auch zur Motivation der folgenden theoretischen Kapitel. Die folgenden drei Kapitel beschäftigen sich mit der Beschreibung des Zufalls: Den mengentheoretischen Grundlagen in Kap. 9, darauf folgt die Einführung der Wahrscheinlichkeitsmaße und zuletzt lernen wir in Kap. 11 Zufallsvariablen und ihre Verteilungen kennen. Hier werden sowohl ein- als auch mehrdimensionale Verteilungen definiert. Wichtige Wahrscheinlichkeitsverteilungen und ihre Anwendungsgebiete werden dann in den nächsten zwei Kapiteln vorgestellt. Zwei wichtige Aspekte der Wahrscheinlichkeitstheorie, auch gerade in den Anwendungen, sind die bedingte Wahrscheinlichkeit und die stochastische Unabhängigkeit. Diese werden in Kap. 14 vorgestellt. Schließlich folgen noch zwei Kapitel über wahrscheinlichkeitstheoretische Kennzahlen, deren Analoga wir in der Beschreibenden Statistik schon kennengelernt haben. In Kap. 15 wird auch das Gesetz der großen Zahlen vorgestellt, welches die theoretische Grundlage für die stochastischen Simulationen liefert. Der Abschnitt schließt mit zwei anwendungsorientierten Kapiteln. Zum einen werden wir uns einige Grundlagen der Zuverlässigkeitstheorie erarbeiten, zum anderen eine Einführung in die Theorie der Markovketten erhalten.

Eine Einführung in die Stochastik liefern Kersting und Walkobinger (2008), Krengel (1998) und Viertl (1997). Die Bücher von Beichelt (1995), Beucher (2007), Beyer und Erfurth (1999), Cramer und Kamps (2007), Hübner (2003), Papula (2008) und Stoyan (1993) sind unter anderem auf Studierende der Ingenieurwissenschaften ausgerichtet. Storm (2007) gibt eine Einführung in die Wahrscheinlichkeitsrechnung, Statistik und zusätzlich die Qualitätssicherung. Kahle und Liebscher (2013) liefern tiefere Einblicke in die Zuverlässigkeitstheorie und Qualitätssicherung.

Zufallszahlen und Simulationen

8

Für stochastische Simulationen werden Zufallszahlen gebraucht. In diesem Kapitel wird gezeigt, wie die Statistiksoftware R genutzt werden kann, um Zufallszahlen aus verschiedenen Wahrscheinlichkeitsverteilungen zu simulieren. Was eine Wahrscheinlichkeitsverteilung genau ist, wird später erläutert. Hier wollen wir zuerst einmal Zufallszahlen mit der sogenannten Normalverteilung erzeugen und dann Zufallszahlen, die einen Würfelwurf simulieren. In R können Zufallszahlen mittels verschiedener Wahrscheinlichkeitsverteilungen erzeugt werden.

> Während d*Verteilung* die Dichtefunktion der Verteilung ergibt, erhält man mit r*Verteilung* Zufallszahlen, die gemäß der Verteilung verteilt sind, siehe dazu Kap. 11 und 12. Dabei steht r für random.

Mehr zu dem theoretischen Hintergrund und der praktischen Umsetzung der stochastischen Simulation findet sich zum Beispiel in Gentle (1998), Hörmann et al. (2004) oder Suess und Trumbo (2010).

8.1 Simulationen mit R

In diesem Abschnitt wird gezeigt, wie Zufallszahlen von der sogenannten Normalverteilung (siehe Beispiel 12.2.7 aus Abschn. 12.2) erzeugt werden und was passiert, wenn die Anzahl der Zufallszahlen immer größer wird.

Mit

```
> rnorm(100, mean=0,sd=1)
```

C. Müller, L. Denecke, *Stochastik in den Ingenieurwissenschaften,*
Statistik und ihre Anwendungen, DOI 10.1007/978-3-642-38960-3_8,
© Springer-Verlag Berlin Heidelberg 2013

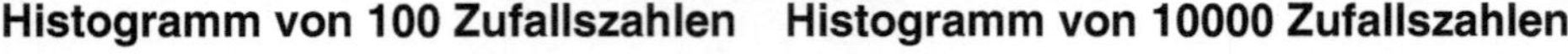

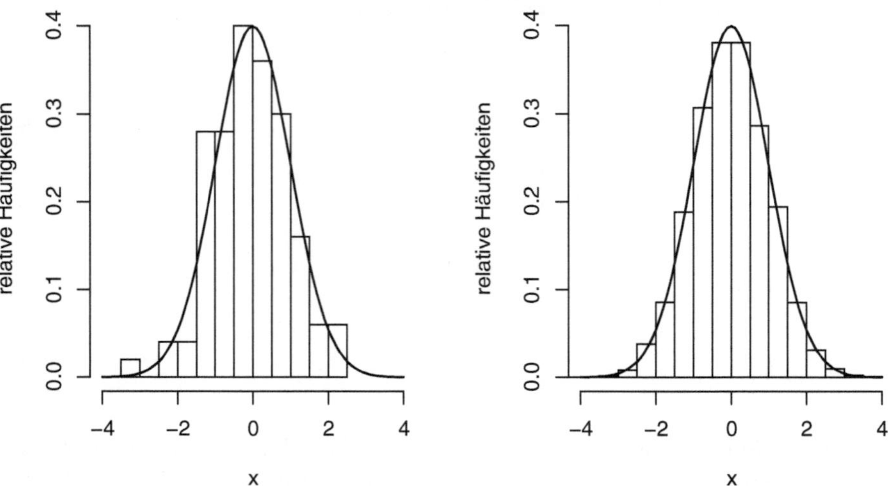

Abb. 8.1 Histogramme der Zufallszahlen der Standardnormalverteilung

bzw.

```
> rnorm(100)
```

erzeugt man 100 Zufallszahlen, die gemäß der Standardnormalverteilung verteilt sind. Man kann für diese Zufallszahlen ein Histogramm erstellen, wobei R die Einteilung der Klassen automatisch vornimmt, wenn man sie nicht über das Argument breaks eingibt, siehe auch Abschn. 4.3. Hier wird als ein Argument freq=F übergeben. Dieses bewirkt, dass die relativen Häufigkeiten dargestellt werden und nicht die absoluten. Dies ist sinnvoll, wenn das Histogramm mit der zugehörigen Dichtefunktion verglichen werden soll. Um einen Vergleich mit Abb. 2.1, der Dichtefunktion der Standardnormalverteilung, zu ermöglichen, sollte der Bereich der x-Achse ebenfalls als $[-4, 4]$ mit xlim gewählt werden. Die Histogramme finden Sie in Abb. 8.1.

```
> par(mfrow=c(1,2))
> hist(rnorm(100, mean=0,sd=1),freq=F,xlim=c(-4,4),
+ main="Histogramm von 100 Zufallszahlen",xlab="x")
> x<-seq(-4,4,0.1)
> lines(x,dnorm(x,mean=0,sd=1))
> hist(rnorm(10000, mean=0,sd=1),freq=F,xlim=c(-4,4),
+ main="Histogramm von 10000 Zufallszahlen",xlab="x")
> lines(x,dnorm(x,mean=0,sd=1))
```

Mit lines wird noch die Dichte der Standardnormalverteilung (siehe Abschn. 2.2) eingetragen.

Aus Abb. 8.1 erkennen wir: Je mehr Zufallszahlen erzeugt werden, desto weiter nähert sich das Histogramm der Dichte der Standardnormalverteilung an. Das ist kein Zufall, sondern eine **Zufallsgesetzmäßigkeit**.

8.2 Statistische Kennzahlen für Zufallszahlen

Wie für Datensätze können statistische Maßzahlen für Zufallszahlen berechnet werden. Wir benutzen hier die statistischen Maßzahlen nicht nur für die Standardnormalverteilung, die mittels `mean=0` und `sd=1` gegeben ist, sondern für beliebige Normalverteilungen, wo auch andere Werte für `mean` und `sd` benutzt werden können. Ist $x = (x_1, \ldots, x_N)$ der Vektor von N Zufallszahlen, so erhält man das arithmetische Mittel

$$\overline{x} = \frac{1}{N} \sum_{n=1}^{N} x_n$$

mittels der R-Funktion `mean`:

```
> x<-rnorm(100,mean=0,sd=1)
> mean(x)
[1] 0.09353081
> x<-rnorm(10000,mean=0,sd=1)
> mean(x)
[1] 0.005399328
> x<-rnorm(100,mean=2,sd=1)
> mean(x)
[1] 1.868432
> x<-rnorm(10000,mean=2,sd=1)
> mean(x)
[1] 1.997554
```

Wir können auch die empirische Varianz

$$s(x)^2 = \frac{1}{N-1} \sum_{n=1}^{N} (x_n - \overline{x})^2$$

und die Standardabweichung

$$s(x) = \sqrt{\frac{1}{N-1} \sum_{n=1}^{N} (x_n - \overline{x})^2}$$

der Zufallszahlen mittels `var` und `sd` berechnen:

```
> x<-rnorm(100,mean=0,sd=1)
> var(x)
[1] 0.7260218
```

```
> sd(x)
[1] 0.8520691
> x<-rnorm(10000,mean=0,sd=1)
> var(x)
[1] 1.023311
> sd(x)
[1] 1.011588

> x<-rnorm(100,mean=0,sd=2)
> var(x)
[1] 3.487608
> sd(x)
[1] 1.867514
> x<-rnorm(10000,mean=0,sd=2)
> var(x)
[1] 3.958144
> sd(x)
[1] 1.989508
```

Wir sehen, dass je mehr Zufallszahlen benutzt werden, desto mehr entspricht das arithmetische Mittel der Zufallszahlen dem Wert im Argument mean und die Standardabweichung der Zufallszahlen dem Wert im Argument sd im Aufruf von rnorm. Das ist wieder kein Zufall, sondern eine **Zufallsgesetzmäßigkeit**, die im Laufe des Buchs noch näher erklärt wird.

> Mit der logischen Verknüpfung & (UND) können auch relative Häufigkeiten in Intervallen schnell bestimmt werden.

Mit folgendem Befehl wird die relative Häufigkeit der erzeugten normalverteilten Zufallszahlen im Intervall $(0, 1]$ bestimmt.

```
> x<-rnorm(100)
> sum(x<=1 & x>0)/length(x)
[1] 0.37
```

> Die R-Funktion length ergibt die Länge des Vektors, hier als 100. Mit x<=1 & x>0 wird ein Vektor mit den logischen Werten TRUE und FALSE erzeugt, wobei TRUE bei der $n$ten Komponente gesetzt wird, wenn $0 < x_n \leq 1$, also $x_n \in (0,1]$, erfüllt ist. Werden Rechenoperationen mit logischen Werten durchgeführt (hier die Summation), wird jedes TRUE in 1 und jedes FALSE in 0 umgewandelt. Die logische Verknüpfung ODER wird in R wiedergegeben durch das Zeichen |.

```
> x<-rnorm(10)
> x
 [1] -0.3482403  0.4149729 -2.2531684  0.7562986  1.3518992
 [6]  0.0375293 -2.2032478 -1.4089392 -0.4144844  1.3682616
> x<=1 & x>0
 [1] FALSE TRUE FALSE TRUE FALSE TRUE FALSE FALSE FALSE FALSE
```

8.3   Simulation des Würfelwurfs

Abbildung 8.1 zeigt, dass bei 10 000 standardnormalverteilten Zufallszahlen das Histogramm der Dichte der Standardnormalverteilung in Abb. 2.1 viel mehr ähnelt als bei 100 Zufallszahlen. Auch ist aus Abschn. 8.2 ersichtlich, dass bei 10 000 Zufallszahlen das arithmetische Mittel dichter beim Parameter μ = mean = 0 der Normalverteilung liegt als bei 100 Zufallszahlen. Die gleiche Beziehung gilt zwischen Standardabweichung und dem Parameter σ = sd = 1. Das heißt, dass die **Zufallsgesetzmäßigkeit** umso deutlicher wird, je mehr Zufallszahlen benutzt werden. Diese Beobachtung heißt das **Gesetz der großen Zahlen**. Da man früher Zufallszahlen nicht schnell erzeugen konnte, hat es ziemlich lange gedauert, dieses Gesetz zu finden. Früher konnte man die meiste Erfahrung am besten mit dem Würfel sammeln. Auch den Würfelwurf können wir jetzt am Computer simulieren.

8.3.1 Beispiel   (Würfelwurf $1, \ldots, 6$)
Analysiert man die physikalischen Eigenschaften eines symmetrischen Würfels, so liegt die Vermutung nahe, dass keine Seite (Ziffer) beim Wurf bevorzugt wird. Diese Eigenschaft wird beispielsweise in einer Vielzahl von Spielen genutzt. Alle Seiten (Ziffern) sind somit als *gleichwahrscheinlich* zu betrachten, und es wird daher etwa erwartet, dass in sechs Würfen eine Sechs fällt. Diese Annahme wird später als mathematisches Modell formuliert. Zufallszahlen, die dieser Annahme folgen, können mittels Zufallszahlen erzeugt werden, die der **gleichförmigen Verteilung** auf $[0,1]$ folgen. Bei dieser Verteilung hat jede Zahl zwischen $[0,1]$ die gleiche Wahrscheinlichkeit, siehe Beispiel 12.2.1 in Abschn. 12.2. Teilt man nun dieses Intervall in 6 gleich große Intervalle auf, so hat jedes Teilintervall eine Wahrscheinlichkeit von 1/6. Diesen Teilintervallen werden dann den Zahlen 1, 2, 3, 4, 5, 6 zugeordnet, so dass jede dieser Zahlen mit der Wahrscheinlichkeit 1/6 auftritt, so wie es beim fairen Würfel der Fall ist. Die Datei `wuerfel.asc` enthält die Funktion zur Simulation des Würfelwurfs. Sie zeigt auch den Aufbau von Funktionen in R, siehe auch Abschn. 13.1. Text nach # wird von R ignoriert, so dass Kommentare eingefügt werden können:

```
"wuerfel" <-
function (N)
{
# Simuliert N Wuerfelwuerfe und gibt die
# relative Haeufigkeit der Sechs aus
u<-runif(N)
```

```
u[u<=1/6]<-6
u[1/6<u & u<=2/6]<-5
u[2/6<u & u<=3/6]<-4
u[3/6<u & u<=4/6]<-3
u[4/6<u & u<=5/6]<-2
u[5/6<u & u<=1]<-1
list(Wuerfelergebnisse=u,Anteil=sum(u==6)/N)
}
```

Laden dieser Datei und der Aufruf der Funktion `wuerfel` ergibt z. B. für $N = 10$:

```
> source("wuerfel.asc")
> wuerfel(N=10)$Wuerfelergebnisse
 [1] 2 1 6 6 3 3 4 6 4 3


$Anteil
[1] 0.3
```

Der Vorteil der Funktion `wuerfel` besteht darin, dass sie schnell so umgeschrieben werden kann, so dass auch ein „gefälschter" Würfel simuliert werden kann, also ein Würfel, bei dem nicht alle Zahlen von 1 bis 6 gleichwahrscheinlich sind.

Ansonsten kann der Würfelwurf auch mit der Funktion `sample` simuliert werden. Hierbei muss aber dann der Anteil der Sechsen extra berechnet werden. Das Argument `size` gibt dabei die Anzahl der Würfe an und `replace=TRUE` bedeutet, dass bei jedem Wurf wieder aus den Zahlen von 1 bis 6 gezogen wird:

```
> wuerfelergebnisse<-sample(1:6,size=10,replace=TRUE)
> wuerfelergebnisse
 [1] 1 4 4 3 4 6 3 3 6 5
> Anteil<-sum(wuerfelergebnisse==6)/length(wuerfelergebnisse)
> Anteil
[1] 0.2
```

Mit den R-Funktionen `table` und `barplot` können die absoluten Häufigkeiten der Zahlen 1, 2, 3, 4, 5, 6 bei N Würfelwürfen ermittelt und anschließend grafisch in einem Balkendiagramm dargestellt werden. Um drei Grafiken in einer darzustellen, wird hier außerdem die R-Funktion `par` mit dem Argument `mfrow=c(1,3)` benutzt, wobei `c(1,3)` bedeutet, dass die Grafiken in Form einer 1×3-Matrix angeordnet werden, d. h. eine Zeile mit 3 Spalten. Die erzeugte Grafik findet sich in Abb. 8.2.

```
> par(mfrow=c(1,3))
> w<-wuerfel(100)
> t<-table(w$Wuerfelergebnisse)
> barplot(t/100,main="N=100",ylim=c(0,0.3))
> w<-wuerfel(1000)
> t<-table(w$Wuerfelergebnisse)
> barplot(t/1000,main="N=1000",ylim=c(0,0.3))
```

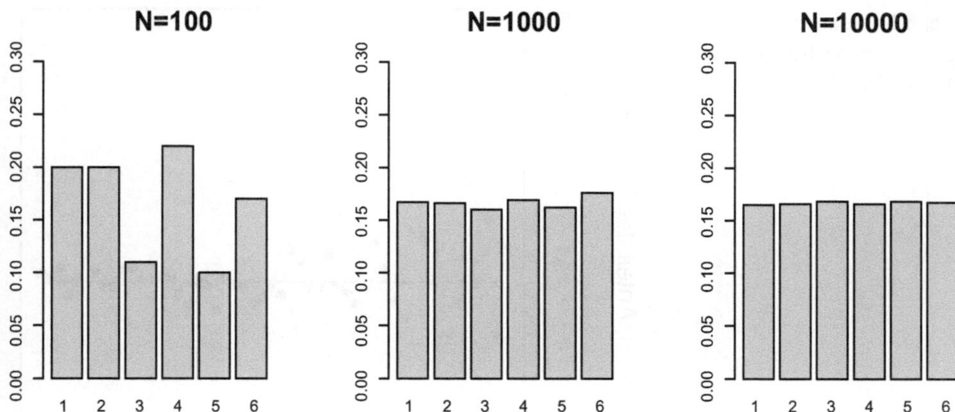

Abb. 8.2 Relative Häufigkeiten bei N Würfelwürfen

```
> w<-wuerfel(10000)
> t<-table(w$Wuerfelergebnisse)
> barplot(t/10000,main="N=10000",ylim=c(0,0.3))
```

Insbesondere können wir untersuchen, wie sich der Anteil der Sechsen entwickelt, wenn die Anzahl N der Würfelwürfe immer größer wird.

Die Datei `Anteil_Sechsen_Plot.asc` enthält die Funktion `Anteil.der.Sechsen.Plot`:

```
"Anteil.der.Sechsen.Plot" <-
function ()
{
# Plottet den Anteil der Sechsen für Wurfanzahlen
#von 10 bis 500 in 10er Schritten
plot(seq(0,500,50),seq(0,500,50)*0+1/6,xlab="Wurfanzahl",
  ylab="Anteil der Sechsen", ylim=c(0,1/2),type="l")
for(N in seq(10,500,10)){
points(N,wuerfel(N)$Anteil,pch=16)
}
}
```

Diese Funktion zeichnet mit `plot` als erstes eine waagerechte Linie bei 1/6. Dann werden in einer `for`-Schleife sukzessive mit `points` die Anteile der Sechsen als Punkte hinzugefügt. Sie wird mit folgendem Befehl aufgerufen:

```
> Anteil.der.Sechsen.Plot()
```

Die Abb. 8.3 zeigt, dass die relative Häufigkeit der Sechs um den Wert 1/6 streut und dass diese Streuung um so geringer wird, desto höher die Anzahl N der Würfelwürfe wird. Mit der Grafik können wir die Vermutung aufstellen, dass die relative Häufigkeit der Sechs

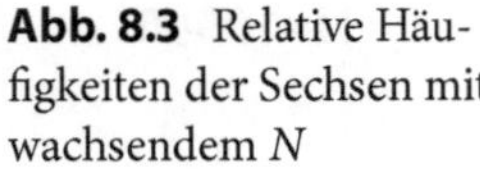

Abb. 8.3 Relative Häufigkeiten der Sechsen mit wachsendem N

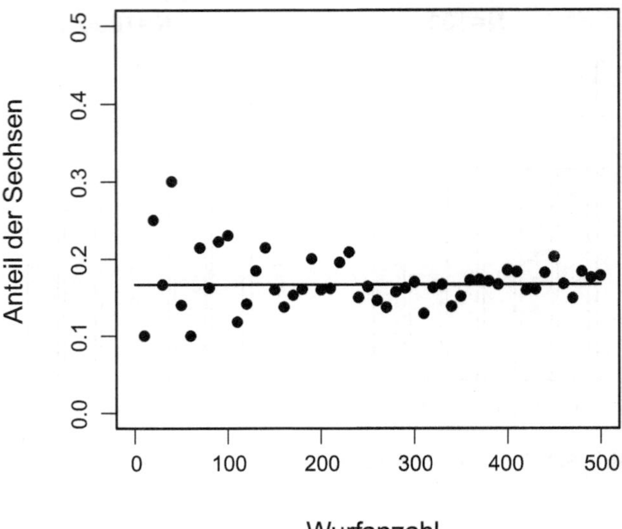

gegen 1/6 konvergiert. Natürlich haben wir dieses Wissen schon in die Konstruktion der Zufallszahlen, die die Würfelergebnisse simulieren, hineingesteckt. Aber mit einem richtigen Würfel würde man das gleiche Verhalten bekommen.

Das Auftreten der Sechs im Würfelwurf mit der Wahrscheinlichkeit 1/6 zu verbinden, war historisch kein einfacher Schritt. Dieser Wert, der als Grenzwert auftritt, wird ja nie im endlichen Fall beobachtet. Im endlichen Fall treten mit den relativen Häufigkeiten, die man nur beobachten kann, alle möglichen Werte auf und, wenn N nicht durch 6 teilbar ist, tritt 1/6 als relative Häufigkeit gar nicht auf. Noch schwieriger war es, ein mathematisches Konzept zu entwickeln, mit dem das **Gesetz der großen Zahlen** auch mathematisch bewiesen werden kann. Dieses Konzept wurde erst vollständig – in axiomatischer Weise – in den zwanziger Jahren des letzten Jahrhunderts entwickelt.

In den folgenden Abschnitten wird dieser axiomatische Ansatz zur Beschreibung des Zufalls vorgestellt und dann wird gezeigt, wie man damit arbeiten kann. Für dieses Konzept sind einige mengentheoretische Begriffe notwendig.

8.4 Übungsaufgaben

Übung 8.1 Erzeugen Sie jeweils 100 und 10 000 Zufallszahlen von folgenden Normalverteilungen

(a) Normalverteilung mit $\mu =$ mean $= 0$, $\sigma =$ sd $= 1$,
(b) Normalverteilung mit $\mu =$ mean $= 1$, $\sigma =$ sd $= 1$,
(c) Normalverteilung mit $\mu =$ mean $= 1$, $\sigma =$ sd $= 2$.

Erstellen Sie in allen Fällen ein Histogramm und berechnen Sie in allen Fällen das arithmetische Mittel, den Median, die empirische Varianz und die Standardabweichung. Welche Schlüsse ziehen Sie daraus? Vergleichen Sie die Histogramme auch mit den grafischen Darstellungen von Übungsaufgabe 2.2.

Übung 8.2 Erzeugen Sie 10 000 Zufallszahlen $x_1, \ldots, x_{10\,000}$ einer Normalverteilung mit $\mu = \texttt{mean} = 1$, $\sigma = \texttt{sd} = 1$. Bestimmen Sie die relativen Häufigkeiten von folgenden Fällen:

(a) für die Zufallszahl x_n gilt $x_n \leq -2$,
(b) für die Zufallszahl x_n gilt $x_n > -5$,
(c) für die Zufallszahl x_n gilt $-5 < x_n \leq -2$,
(d) für die Zufallszahl x_n gilt $-2 < x_n \leq 4$,
(e) für die Zufallszahl x_n gilt $x_n \leq -2$ oder $x_n > 4$.

Literatur

Gentle, J.E. (1998). Random number generation and Monte Carlo methods. Springer, New York.

Hörmann, W., Leydold, J. und Derflinger, G. (2004). Automatic nonuniform random variate generation. Springer, Berlin.

Suess, E.A. und Trumbo, B.E. (2010). Introduction to probability simulation and Gibbs sampling with R. Springer, New York, London.

Mengentheoretische Grundlagen

Bei der Modellierung zufallsabhängiger Vorgänge werden zunächst die möglichen Ergebnisse angegeben, die als Konsequenz dieser Vorgänge möglich sind. Zwei Konsequenzen müssen einander ausschließen.

9.0.1 Definition

*Die Menge aller möglichen **Ergebnisse** ω eines Zufallsvorgangs (Zufallsexperiments) wird **Grundmenge** (Grundraum, Ergebnisraum) genannt und mit dem griechischen Buchstaben Ω bezeichnet:*

$$\Omega = \{\,\omega\,;\ \omega\ \text{ist mögliches Ergebnis eines zufallsabhängigen Vorgangs}\,\}.$$

*Eine **Menge von Ergebnissen** heißt **Ereignis**. Ereignisse werden mit großen lateinischen Buchstaben $A, B, C, \ldots$ bezeichnet. Ein Ereignis, das genau ein Ergebnis als Element besitzt, heißt **Elementarereignis**.*

9.0.2 Beispiel (Würfelwurf $1, \ldots, 6$)

Wir betrachten das Zufallsexperiment eines einfachen Würfelwurfs. Die möglichen Ergebnisse sind die Ziffern $1, \ldots, 6$, d. h. die Grundmenge ist $\Omega = \{1, 2, 3, 4, 5, 6\}$. Elementarereignisse sind $\{1\}$, $\{2\}$, $\{3\}$, $\{4\}$, $\{5\}$ und $\{6\}$. Man beachte, dass Elementarereignisse Mengen sind, während Ergebnisse Elemente sind. Andere Ereignisse sind etwa:

- gerade Ziffer: $A = \{2, 4, 6\}$,
- ungerade Ziffer: $B = \{1, 3, 5\}$,
- Ziffer kleiner als 5: $C = \{1, 2, 3, 4\}$,
- Ziffer ist Summe zweier verschiedener Ziffern: $D = \{3, 4, 5, 6\}$,
- Ziffer ist Primzahl: $E = \{2, 3, 5\}$,
- Ziffer ist kleiner gleich 6: $F = \{1, 2, 3, 4, 5, 6\} = \Omega$.

C. Müller, L. Denecke, *Stochastik in den Ingenieurwissenschaften,*
Statistik und ihre Anwendungen, DOI 10.1007/978-3-642-38960-3_9,
© Springer-Verlag Berlin Heidelberg 2013

In Tab. 9.0.3 finden sich Beispiele für verschiedene Grundräume Ω und die darin enthaltenen Elemente ω.

9.0.3 Tabelle (Beispiele Ergebnisraum, Grundraum)

Experiment	Grundraum Ω	Element ω
a) Würfelwurf	$\{1,\ldots,6\}$	gewürfelte Augenzahl
b) Münzwurf	$\{\text{Kopf (K), Zahl (Z)}\}$	obere Seite der geworfenen Münze
c) Roulette	$\{0,1,\ldots,36\}$	Ergebnis des Drehrads
d) Warten auf erste „6" beim Würfeln	$\mathbb{N} \cup \{\infty\}$	$\omega \in \mathbb{N}$: erste „6" tritt im ω-ten Wurf auf; $\omega = \infty$: es tritt keine „6" auf
e) Lotto „6 aus 49"	$\{(\omega_1,\ldots,\omega_6);$ $1 \leq \omega_1 < \cdots < \omega_6 \leq 49\}$	ω_i ist Nr. der i-tgrößten gezogenen Kugel
f) Defektstelle einer Leitung (Gas, Telefon) der Länge 1 km	$[0,1]$	Defekt an der Stelle ω
g) Windrichtung an einer Messstelle	$[0,360)$	ω bezeichnet den Winkel der Windrichtung (z. B. Nord: $\omega = 0°$; Ost: $\omega = 90°$, etc.)
h) Wartezeit bis zum Ausfall einer Maschine	$[0,T)$	Zeit bis zum Ausfall (Höchstgrenze T)
i) Temperaturverlauf am Tag x an einer Wetterstation	$\{\omega; [0,24) \to [-273,\infty),$ ω stetige Funktion $\}$	Temperaturverlauf von 0 Uhr bis 24 Uhr in $°C$, $\omega(t)$ ist Temperatur zur Zeit t

Ereignisse sind Teilmengen des Grundraums Ω. Damit können die für Mengen definierten Verknüpfungen auf Ereignisse angewendet werden. Als Abkürzung für die Aussage *Das Ergebnis ω ist im Ereignis A enthalten* wird kurz $\omega \in A$ geschrieben. Seien A, B, C und A_i, $i \in I$, Ereignisse, wobei I eine Indexmenge ist.

- **Schnittereignis** zweier Mengen: $A \cap B = \{\omega \in \Omega\,;\ \omega \in A \text{ **und** } \omega \in B\}$.
  Gilt für die Ereignisse A und B: $A \cap B = \varnothing$, so heißen A und B **disjunkte** Ereignisse.
- **Schnittereignis** beliebig vieler Mengen:

$$\bigcap_{i \in I} A_i = \{\omega \in \Omega\,;\ \omega \in A_i \text{ **für jedes** } i \in I\}.$$

Die Ereignisse A_i, $i \in I$, heißen **paarweise disjunkt**, falls für jeweils zwei verschiedene Indizes $i, j \in I$ gilt: $A_i \cap A_j = \varnothing$.

- **Vereinigungsereignis** zweier Mengen:

$$A \cup B = \{\omega \in \Omega\,;\ \omega \in A \text{ **oder** } \omega \in B\}.$$

- **Vereinigungsereignis** beliebig vieler Mengen:

$$\bigcup_{i\in I} A_i = \{\omega \in \Omega;\ \text{es gibt ein } i \in I \text{ mit } \omega \in A_i\}.$$

- **Teilereignis**: $A \subset B$: Für jedes $\omega \in A$ gilt $\omega \in B$.
- **Komplementärereignis** bzw. **Komplement** von A (in Ω):

$$A^c = \Omega \setminus A = \{\omega \in \Omega;\ \omega \notin A\} = \{\omega \in \Omega;\ \omega \text{ nicht Element von } A\}.$$

- **Differenzereignis**, bzw. **Komplement** von A in B :

$$B \setminus A = \{\omega \in \Omega;\ \omega \in B \text{ und } \omega \notin A\} = B \cap A^c = B \setminus (A \cap B).$$

- **Distributivgesetze**:

$$(A \cup B) \cap C = (A \cap C) \cup (B \cap C), \quad (A \cap B) \cup C = (A \cup C) \cap (B \cup C).$$

- **Regeln von de Morgan**:

$$(A \cap B)^c = A^c \cup B^c, \quad (A \cup B)^c = A^c \cap B^c.$$

Die Sprechweisen sind in Tab. 9.0.4 zusammengestellt.

9.0.4 Tabelle (Sprechweisen)

Mathematisches Objekt	Interpretation
Ω	Grundraum, Ergebnisraum
$\omega \in \Omega$	(Mögliches) Ergebnis
A	Ereignis
$\mathfrak{A}$	Menge aller Ereignisse
Ω	Sicheres Ereignis
$\varnothing$	Unmögliches Ereignis
$\omega \in A$	Ereignis A tritt ein
$\omega \in A^c$	Ereignis A tritt **nicht** ein
$\omega \in A \cup B$	Ereignis A **oder** Ereignis B tritt ein
$\omega \in A \cap B$	Ereignis A **und** Ereignis B treten ein
$A \subset B$	Eintreten von Ereignis A **impliziert** das Eintreten von Ereignis B
$A \cap B = \varnothing$	Ereignisse A und B schließen einander aus
$\omega \in \bigcup_{i \in I} A_i$	**Mindestens** ein Ereignis A_i, $i \in I$, tritt ein
$\omega \in \bigcap_{i \in I} A_i$	**Alle** Ereignisse A_i, $i \in I$, treten ein

9.0.5 Beispiel (Zweifacher Würfelwurf $1, \dots, 6$)

Gegeben sei das Zufallsexperiment eines Würfelwurfs mit zwei symmetrischen Würfeln. Dann ist der Grundraum Ω gegeben durch

$$\Omega = \{(i,j)\,;\, i,j = 1,\dots,6\} = \{(1,1),\dots,(1,6),(2,1),\dots,(5,6),(6,1),\dots,(6,6)\}.$$

Wir betrachten nun die Ereignisse A, B, C und D mit $A \triangleq$ *erste Ziffer gerade*, $B \triangleq$ *Summe beider Ziffern ist gerade*, $C \triangleq$ *erste Ziffer ist eine Sechs* und $D \triangleq$ *beide Ziffern sind gleich*. Dann gilt:

$$
\begin{aligned}
A = \{ &(2,1),(2,2),(2,3),(2,4),(2,5),(2,6),(4,1),(4,2),(4,3),(4,4),(4,5),(4,6),\\
&(6,1),(6,2),(6,3),(6,4),(6,5),(6,6)\},\\
B = \{ &(1,1),(1,3),(1,5),(2,2),(2,4),(2,6),(3,1),(3,3),(3,5),\\
&(4,2),(4,4),(4,6),(5,1),(5,3),(5,5),(6,2),(6,4),(6,6)\},\\
C = \{ &(6,1),(6,2),(6,3),(6,4),(6,5),(6,6)\},\\
D = \{ &(1,1),(2,2),(3,3),(4,4),(5,5),(6,6)\}.
\end{aligned}
$$

Dann gilt etwa:

$$
\begin{aligned}
A \cap B &= \{(2,2),(2,4),(2,6),(4,2),(4,4),(4,6),(6,2),(6,4),(6,6)\},\\
A \cup B &= \Omega \smallsetminus \{(1,2),(1,4),(1,6),(3,2),(3,4),(3,6),(5,2),(5,4),(5,6)\},\\
A \smallsetminus B &= \{(2,1),(2,3),(2,5),(4,1),(4,3),(4,5),(6,1),(6,3),(6,5)\},\\
C \smallsetminus A &= \varnothing,\\
D \cap B &= D,\\
C \cap D &= \{(6,6)\}.
\end{aligned}
$$

Wahrscheinlichkeitsmaße, Wahrscheinlichkeitsräume

10

10.0.1 Definition (Kolmogorov-Axiome, Wahrscheinlichkeitsmaß)

Seien Ω ein Grundraum und $\mathfrak{A}$ die Menge aller Ereignisse über Ω. Dann heißt die Abbildung

$$P : \mathfrak{A} \to [0,1], \qquad A \mapsto P(A),$$

*ein **Wahrscheinlichkeitsmaß**, falls sie folgende Eigenschaften besitzt:*

1. $0 \leq P(A) \leq 1$ für jedes Ereignis $A \in \mathfrak{A}$

2. $P(\Omega) = 1$

3. $P(\bigcup_{i=1}^{\infty} A_i) = \sum_{i=1}^{\infty} P(A_i)$ für alle paarweise disjunkten Ereignisse $A_1, A_2, \ldots$

*Der Wert $P(A)$ für ein Ereignis A heißt **Wahrscheinlichkeit** von A. Das Tripel $(\Omega, \mathfrak{A}, P)$ heißt **Wahrscheinlichkeitsraum**.*

Die in obiger Definition angegebenen drei Eigenschaften heißen **Kolmogorov-Axiome**. Aus ihnen lassen sich einige Folgerungen für Wahrscheinlichkeitsmaße ableiten.

10.0.2 Bemerkung (Eigenschaften von Wahrscheinlichkeitsmaßen)

1. $P(\emptyset) = 0$, d. h. die Wahrscheinlichkeit des unmöglichen Ereignisses ist Null.
2. Gilt $A \subset B$, so folgt $P(B \smallsetminus A) = P(B) - P(A)$.
3. $P(A^c) = 1 - P(A)$.
4. Gilt $A \subset B$, so folgt $P(A) \leq P(B)$.
5. $P(A \cup B) = P(A) + P(B)$, falls A und B disjunkt sind.
6. $P(A \cup B) = P(A) + P(B) - P(A \cap B)$ für **beliebige** Ereignisse A und B.
7. $P(A \cup B \cup C) = P(A) + P(B) + P(C) - P(A \cap B) - P(B \cap C) - P(A \cap C) + P(A \cap B \cap C)$.

C. Müller, L. Denecke, *Stochastik in den Ingenieurwissenschaften,*
Statistik und ihre Anwendungen, DOI 10.1007/978-3-642-38960-3_10,
© Springer-Verlag Berlin Heidelberg 2013

8. $P(A \cup B \cup C \cup D) = P(A) + P(B) + P(C) + P(D) - P(A \cap B) - P(B \cap C) - P(A \cap C) - P(A \cap D) - P(B \cap D) - P(C \cap D) + P(A \cap B \cap C) + P(A \cap B \cap D) + P(A \cap D \cap C) + P(D \cap B \cap C) - P(A \cap B \cap C \cap D).$

9. Poincaré-Sylvester-Formel:
$$P\left(\bigcup_{n=1}^{N} A_n\right) = \sum_{m=1}^{N} (-1)^{m+1} \sum_{1 \le n_1 < \ldots < n_m \le N} P(A_{n_1} \cap \ldots \cap A_{n_m}).$$

10.0.3 Beispiel (Ausfall von Maschinen)

Eine Maschine kann durch genau drei Ursachen ausfallen. Die Ereignisse A_1, A_2, A_3 bezeichnen die Ereignisse, dass die Maschine wegen Ursache 1, 2 bzw. 3 ausfällt. Aus Erfahrung kann ein Maschinist sagen, mit welcher Wahrscheinlichkeit eine bestimmte Ursache bzw. eine Kombination von Ursachen auftritt. Der Maschinist gibt folgende Wahrscheinlichkeiten an:

$$P(A_1) = 0.08, \quad P(A_2) = 0.12, \quad P(A_3) = 0.05,$$
$$P(A_1 \cap A_2) = P(A_1 \cap A_3) = P(A_2 \cap A_3) = 0.02, \quad P(A_1 \cap A_2 \cap A_3) = 0.01.$$

Daraus werden folgende Wahrscheinlichkeiten berechnet:

- die Wahrscheinlichkeit, dass die Maschine ausfällt, ist

$$\begin{aligned}
P(A_1 \cup A_2 \cup A_3) &= P(A_1) + P(A_2) + P(A_3) - P(A_1 \cap A_2) - P(A_2 \cap A_3) \\
&\quad - P(A_1 \cap A_3) + P(A_1 \cap A_2 \cap A_3) \\
&= 0.08 + 0.12 + 0.05 - 3 \cdot 0.02 + 0.01 \\
&= 0.2,
\end{aligned}$$

- die Wahrscheinlichkeit, dass die Maschine nicht ausfällt, ist

$$P\left((A_1 \cup A_2 \cup A_3)^c\right) = 1 - P(A_1 \cup A_2 \cup A_3) = 0.8,$$

- die Wahrscheinlichkeit, dass die Maschine nur wegen Ursache 2 ausfällt, ist

$$\begin{aligned}
P(A_2 \cap (A_1 \cup A_3)^c) &= P(A_2 \setminus (A_2 \cap (A_1 \cup A_3))) \\
&= P(A_2) - P(A_2 \cap (A_1 \cup A_3)) \\
&= P(A_2) - P((A_2 \cap A_1) \cup (A_2 \cap A_3)) \\
&= P(A_2) - P(A_2 \cap A_1) - P(A_2 \cap A_3) + P(A_2 \cap A_1 \cap A_2 \cap A_3) \\
&= 0.12 - 0.02 - 0.02 + 0.01 \\
&= 0.09.
\end{aligned}$$

10.1 Diskrete Wahrscheinlichkeitsräume

Im vorhergehenden Abschnitt wurden Wahrscheinlichkeitsmaße über Grundräumen definiert. Dabei muss gemäß Definition die Wahrscheinlichkeit für jedes Ereignis A definiert werden, wobei gewisse Nebenbedingungen erfüllt sein müssen. Das aufwändige Verfahren, jedem Ereignis eine Wahrscheinlichkeit zuweisen zu müssen, lässt sich in einigen Fällen deutlich vereinfachen. Ein erstes Beispiel sind diskrete Wahrscheinlichkeitsräume.

10.1.1 Definition (diskreter Wahrscheinlichkeitsraum)

*Seien $\Omega = \{\omega_1, \omega_2, \dots\}$ ein **endlicher** oder **abzählbar unendlicher** Grundraum und P ein Wahrscheinlichkeitsmaß auf Ω. Dann heißt (Ω, P) **diskreter Wahrscheinlichkeitsraum**.*

10.1.2 Beispiel (0-1-Experiment)

Seien $\Omega = \{0,1\}$ und $\mathsf{P}(\{0\} = \mathsf{P}(\{1\}) = \frac{1}{2}$, $\mathsf{P}(\{0,1\}) = 1$. Dann ist (Ω, P) ein diskreter Wahrscheinlichkeitsraum.

Im Fall eines diskreten Wahrscheinlichkeitsraums reicht es, die Wahrscheinlichkeiten für die Elementarereignisse $\{\omega_i\}$ festzulegen. Diese ermöglichen dann mittels der Rechenregeln für Wahrscheinlichkeiten die Berechnung der Wahrscheinlichkeit eines beliebigen Ereignisses.

Für jedes Ergebnis $\omega_j \in \Omega$ genügt es daher, eine Zahl $p_j \in [0,1]$ anzugeben und die Wahrscheinlichkeit von $\{\omega_j\}$ durch $\mathsf{P}(\{\omega_j\}) = p_j$ festzulegen. Dabei muss die Bedingung $\sum_{j=1}^{\infty} p_j = 1$ erfüllt sein. Für ein beliebiges Ereignis A berechnet sich die Wahrscheinlichkeit $\mathsf{P}(A)$ dann gemäß der Vorschrift:

$$\mathsf{P}(A) = \sum_{j:\omega_j \in A} p_j.$$

10.1.3 Beispiel (Würfelwurf $1, \dots, 6$)

Bei einem symmetrischen Würfel wird angenommen, dass die Wahrscheinlichkeit, eine bestimmte Ziffer zu werfen, jeweils für jede Ziffer gleich ist. Das bedeutet für die Wahrscheinlichkeiten der Elementarereignisse: $p_j = \mathsf{P}(\{j\}) = \frac{1}{6}$, $j = 1, \dots, 6$. Mittels dieser Definition lassen sich die Wahrscheinlichkeiten aller anderen Ereignisse bestimmen, z. B.:

- gerade Zahl: $\mathsf{P}(\{2,4,6\}) = p_2 + p_4 + p_6 = \frac{3}{6} = \frac{1}{2}$.
- Primzahl: $\mathsf{P}(\{2,3,5\}) = p_2 + p_3 + p_5 = \frac{3}{6} = \frac{1}{2}$.

- Quadratzahl: $P(\{1,4\}) = p_1 + p_4 = \frac{2}{6} = \frac{1}{3}$.
- Summe zweier verschiedener Zahlen: $P(\{3,4,5,6\}) = p_3 + p_4 + p_5 + p_6 = \frac{4}{6} = \frac{2}{3}$.

10.1.4 Beispiel (Glücksrad)

Bei einem Glücksrad mit vier Feldern ist der Anteil der Felder wie folgt gegeben:

$$\omega_1 \triangleq \text{Feld 1:} \quad \frac{1}{5}, \qquad \omega_2 \triangleq \text{Feld 2:} \quad \frac{1}{4}, \qquad \omega_3 \triangleq \text{Feld 3:} \quad \frac{1}{2}.$$

Aus diesen Vorgaben ergibt sich wegen $P(\Omega) = 1$ für die Wahrscheinlichkeit des vierten Feldes ($\triangleq \omega_4$):

$$
\begin{aligned}
p_4 = P(\{\omega_4\}) &= 1 - P(\{\omega_4\}^c) \\
&= 1 - P(\{\omega_1, \omega_2, \omega_3\}) = 1 - (P(\{\omega_1\}) + P(\{\omega_2\}) + P(\{\omega_3\})) \\
&= 1 - p_1 - p_2 - p_3 = 1 - \frac{1}{5} - \frac{1}{4} - \frac{1}{2} = \frac{1}{20}.
\end{aligned}
$$

Erhält man einen Gewinn, wenn ein Feld mit gerader Nummer als Ergebnis auftritt, so beträgt die Wahrscheinlichkeit zu gewinnen:

$$P(\{2,4\}) = p_2 + p_4 = \frac{1}{4} + \frac{1}{20} = \frac{3}{10} = 0.3.$$

Umgekehrt verliert man seinen Einsatz mit Wahrscheinlichkeit 0.7.

10.2   Laplace-Räume

Eine weitere Möglichkeit Wahrscheinlichkeitsmaße zu definieren ist durch folgende Vorgehensweise gegeben.

Sei $\Omega = \{\omega_1, \ldots, \omega_J\}$ eine **endliche** Menge mit J Elementen. Dann wird durch die Vorschrift

$$P(A) = \frac{\#A}{\#\Omega} = \frac{\#A}{J}, \quad A \text{ Ereignis, } \#A \text{ bezeichnet die Anzahl der Elemente von } A,$$

ein Wahrscheinlichkeitsmaß definiert. Das auf diese Weise definierte Wahrscheinlichkeitsmaß P wird als **Laplace-Verteilung** oder **Diskrete Gleichverteilung** auf Ω bezeichnet. (Ω, P) heißt **Laplace-Raum** über Ω. Insbesondere ist ein Laplace-Raum ein diskreter Wahrscheinlichkeitsraum.

In Laplace-Räumen ist die Berechnung von Wahrscheinlichkeiten aber besonders einfach. Zunächst gilt für jedes Elementarereignis:

$$P(\{\omega_j\}) = \frac{1}{\#\Omega} = \frac{1}{J}, \; j = 1, \ldots, J,$$

d. h. die Wahrscheinlichkeit eines jeden Elementarereignisses ist gleich $\frac{1}{J}$. Die Wahrscheinlichkeit eines beliebigen Ereignisses berechnet sich aus der Anzahl von Elementen des Ereignisses.

Bezeichnet man diese Ergebnisse als *günstige Fälle*, so erhält man die Merkregel:

$$P(A) = \frac{\#A}{\#\Omega} = \frac{\textit{Anzahl günstiger Fälle}}{\textit{Anzahl möglicher Fälle}}.$$

10.2.1 Beispiel (Einfacher Würfelwurf $1, \ldots, 6$)
Der einfache Würfelwurf wird modelliert durch die Grundmenge $\Omega = \{1, \ldots, 6\}$ und die Laplace-Verteilung auf Ω. Für ein beliebiges Ereignis A erhält man daher die Wahrscheinlichkeit durch $P(A) = \frac{\#A}{6}$.

10.2.2 Beispiel (Ein Problem des Chevalier de Meré, 1607–1685)
Analog zu Beispiel 9.0.5 wird der dreifache Würfelwurf durch den Grundraum

$$\Omega = \{(\omega_1, \omega_2, \omega_3) \, ; \, \omega_1, \omega_2, \omega_3 = 1, \ldots, 6\}$$

modelliert. P bezeichne die Laplace-Verteilung auf Ω, d. h., es wird angenommen, dass jedes Ergebnis $\omega = (\omega_1, \omega_2, \omega_3)$ die gleiche Wahrscheinlichkeit besitzt. Wir betrachten die Ereignisse $A = $ *Augensumme 11* und $B = $ *Augensumme 12* und fragen, welches Ereignis eine höhere Wahrscheinlichkeit hat. Zunächst betrachten wir die Möglichkeiten, die Zahlen 11 und 12 als Summe dreier Zahlen aus der Menge $\{1, \ldots, 6\}$ zu schreiben:

$$11: \quad 1+4+6; \; 1+5+5; \; 2+3+6; \; 2+4+5; \; 3+3+5; \; 3+4+4,$$
$$12: \quad 1+5+6; \; 2+4+6; \; 2+5+5; \; 3+3+6; \; 3+4+5; \; 4+4+4.$$

Insgesamt hat man daher jeweils 6 Möglichkeiten, die Zahlen 11 und 12 zu kombinieren, was gleiche Wahrscheinlichkeit beider Ereignisse nahelegt. Zur Berechnung der Wahrscheinlichkeit schreiben wir die Ereignisse als Teilmengen von Ω und erhalten:

$$A = \{(\omega_1, \omega_2, \omega_3) \in \Omega; \, \omega_1 + \omega_2 + \omega_3 = 11\}$$
$$= \big\{(1,4,6), (1,6,4), (4,1,6), (4,6,1), (6,1,4), (6,4,1), (1,5,5), (5,1,5), (5,5,1),$$
$$(2,3,6), (2,6,3), (3,2,6), (3,6,2), (6,2,3), (6,3,2), (2,4,5), (2,5,4), (4,2,5),$$
$$(4,5,2), (5,2,4), (5,4,2), (3,3,5), (3,5,3), (5,3,3), (3,4,4), (4,3,4), (4,4,3)\big\},$$

$$B = \{(\omega_1, \omega_2, \omega_3) \in \Omega;\ \omega_1 + \omega_2 + \omega_3 = 12\}$$
$$= \{(1,5,6),(1,6,5),(5,1,6),(5,6,1),(6,1,5),(6,5,1),(2,4,6),(2,6,4),(4,2,6),$$
$$(4,6,2),(6,2,4),(6,4,2),(2,5,5),(5,2,5),(5,5,2),(3,3,6),(3,6,3),(6,3,3),$$
$$(3,4,5),(3,5,4),(4,3,5),(4,5,3),(5,3,4),(5,4,3),(4,4,4)\}.$$

Daher gilt $\#A = 27$ und $\#B = 25$, so dass wegen $\#\Omega = 6^3 = 216$: $P(A) = \frac{27}{216} = \frac{1}{8} = 0.125$ und $P(B) = \frac{25}{216} = 0.116$. Das Ereignis A hat somit eine höhere Eintrittswahrscheinlichkeit. De Meré hatte diesen Unterschied bemerkt, konnte ihn aber nicht beweisen.

Liegt ein Laplace-Raum vor, so reduziert sich die Berechnung von Wahrscheinlichkeiten also auf das Abzählen von Elementen eines Ereignisses. Mittels einer aufzählenden Darstellung eines Ereignisses lässt sich die Berechnung auf simple, wenn auch oft mühsame Weise, durchführen. Das **systematische Abzählen** von Mengen ist Gegenstand der Kombinatorik, auf die hier aber nicht weiter eingegangen wird.

10.3 Übungsaufgaben

Übung 10.1 Ändern Sie die Funktion `wuerfel` so ab, dass die Wahrscheinlichkeit eine 6 zu würfeln 1/4 ist und die Wahrscheinlichkeit eine 1, 2, 3, 4 oder 5 zu würfeln jeweils gleich ist. Simulieren Sie diesen verfälschten Würfel 1000mal und vergleichen Sie den Anteil der Sechsen mit denen des unverfälschten Würfels.

Übung 10.2 Bei einer Untersuchung zu Produktionsfehlern wurden im Wesentlichen drei Fehlerquellen ausfindig gemacht: Bediener, Maschine und Material. Die Wahrscheinlichkeit für das Eintreten eines Bedienfehlers (A) sei $\frac{1}{10}$, für das Eintreten eines Maschinenfehlers (B) $\frac{1}{20}$ und für Materialfehler (C) $\frac{1}{5}$. Ebenso sei bekannt, dass es keinen Zusammenhang zwischen dem Auftreten der Fehler A und B, A und C sowie B und C gibt, d. h. es gilt $P(A \cap B) = P(A)P(B)$, $P(A \cap C) = P(A)P(C)$, $P(B \cap C) = P(B)P(C)$ und $P(A \cap B \cap C) = P(A)P(B)P(C)$. Welche Fehler werden durch die folgenden Mengenschreibweisen beschrieben und mit welcher Wahrscheinlichkeit treten sie jeweils ein?

(a) $A \cup B$

(b) $A \cap \overline{C}$

(c) $(\overline{A} \cup \overline{B}) \cap C$

(d) $A \cup B \cup C$

Zufallsvariablen und deren Verteilungen 11

In vielen Situationen sind die Elemente ω des Grundraums Ω eines Zufallsexperiments selbst nicht von Interesse, sondern lediglich eine bestimmte Eigenschaft der Elemente ω, wie etwa die Brenndauer einer Glühbirne, die Summe der Augenzahlen zweier Würfel, die Anzahl von Sechsen bei 1000 Würfelwürfen.

11.0.1 Beispiel (Zweifacher Würfelwurf $1, \ldots, 6$)
Beim zweifachen Würfelwurf ist der Grundraum gegeben durch

$$\Omega = \{(\omega_1, \omega_2)\,;\ \omega_1, \omega_2 \in \{1, \ldots, 6\}\}.$$

Ist die Augensumme beider Würfe von Interesse, so lässt sich dies durch eine **Abbildung** X beschreiben:

$$X: \quad \Omega \to \mathbb{R}$$
$$(\omega_1, \omega_2) \mapsto X((\omega_1, \omega_2)) = \omega_1 + \omega_2.$$

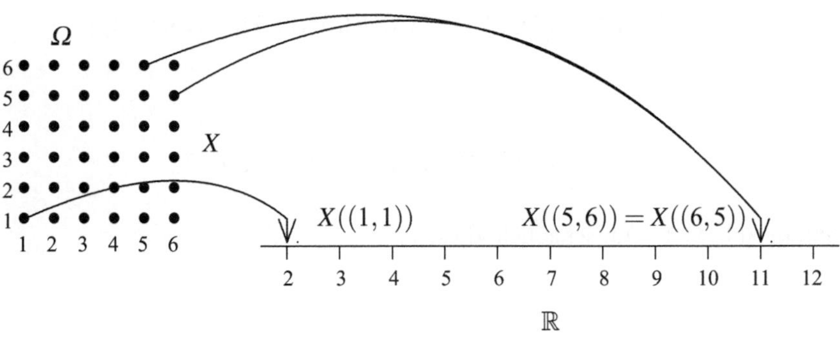

C. Müller, L. Denecke, *Stochastik in den Ingenieurwissenschaften,*
Statistik und ihre Anwendungen, DOI 10.1007/978-3-642-38960-3_11,
© Springer-Verlag Berlin Heidelberg 2013

> Eine Abbildung $X : \Omega \to \mathbb{R}$ wird im folgenden als **Zufallsvariable** bezeichnet. Jedem Element $\omega \in \Omega$ wird eine reelle Zahl als Funktionswert zugeordnet. Dieser Wert $X(\omega)$ heißt **Realisation** von X.

Beispiele für Zufallsvariablen sind etwa:

- Münzwurf: $\Omega = \{\text{Kopf}, \text{Zahl}\}$, $X : \Omega \to \mathbb{R}$ definiert durch $X(\text{Kopf}) = 0$, $X(\text{Zahl}) = 1$.
- Zweifacher Würfelwurf: $X =$ Augensumme.
- $Y =$ Anzahl Sechsen bei 1000 Würfelwürfen.
- $Z =$ Anzahl Kunden eines Geschäfts an einem Tag.
- $W =$ Reifendruck.
- $V =$ Laufzeit einer Maschine.
- $U =$ Abweichung einer Füllmenge von einem Sollwert.

11.0.2 Bemerkung

In den bisherigen Beispielen wurde meist der zugrunde liegende Grundraum Ω nicht angegeben, sondern lediglich die Abbildung spezifiziert. Es wird also nur angegeben, welche Größe untersucht werden soll (z. B. Reifendruck, Laufzeit, Abweichung, etc.). Diese Vorgehensweise ist typisch, da im Allgemeinen die **Realisationen** einer Zufallsgröße X von Interesse sind. Der Grundraum Ω wird im Allgemeinen vernachlässigt. Die Verteilungsannahmen werden bei diesem Vorgehen unmittelbar an die Zufallsvariable X gestellt.

11.0.3 Beispiel (Zweifacher Würfelwurf 1, 2, 3)

Wir betrachten wieder den zweifachen Würfelwurf. Diesmal gehen wir allerdings von einem Würfel aus, der die Zahlen $1, 2, 3$ jeweils doppelt enthält (also ebenfalls sechs Seiten hat, aber anstatt $4, 5, 6$ die Zahlen $1, 2, 3$). Wir interessieren uns für den absoluten Abstand zwischen beiden Würfelergebnissen. Das heißt, es ist

$$\Omega = \{(1,1), (1,2), (1,3), (2,1), (2,2), (2,3), (3,1), (3,2), (3,3)\}$$

und

$$X : \Omega \ni (\omega_1, \omega_2) \to X((\omega_1, \omega_2)) = |\omega_1 - \omega_2| \in \mathbb{R}.$$

Die Grafik in Abb. 11.1 veranschaulicht dies.

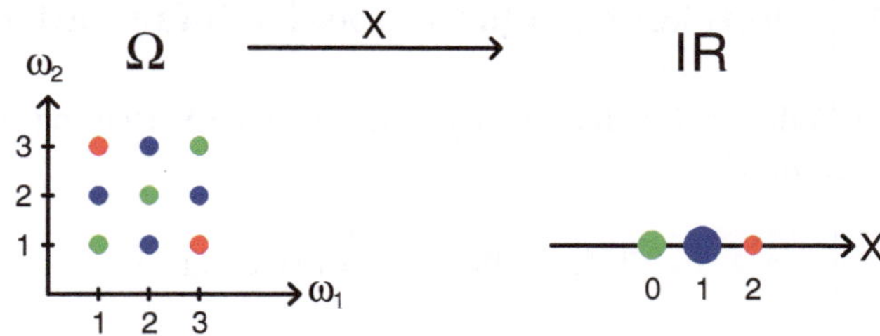

Abb. 11.1 Eindimensionale Zufallsvariable beim zweifachen Würfelwurf

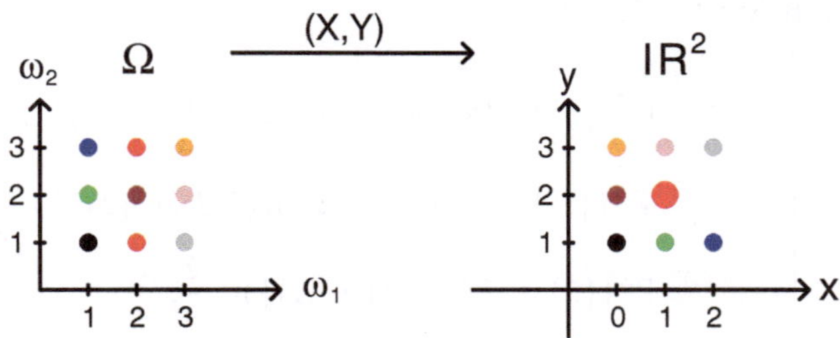

Abb. 11.2 2-dimensionale Zufallsvariable

Oft sind auch **mehrdimensionale Zufallsvariablen** von Interesse (z. B. Laufzeiten zweier Maschinen). Mehrdimensionale Zufallsvariablen werden als Vektoren geschrieben, z. B.:

$$(X, Y), \quad (U, V, W), \quad (X_1, \ldots, X_n).$$

$(X_1, \ldots, X_n)$ hat dann Werte $(x_1, \ldots, x_n) \in \mathbb{R}^n$ und heißt n-**dimensionale Zufallsvariable** oder **Zufallsvektor**. Von besonderer Bedeutung ist im folgenden der Fall $n = 2$. Für diesen wird im Allgemeinen die Schreibweise (X, Y) verwendet.

11.0.4 Beispiel (Zweifacher Würfelwurf $1, 2, 3$)

Es wird wieder der zweifache Würfelwurf mit dem Würfel, der die Zahlen $1, 2, 3$ doppelt enthält, betrachtet, also wieder $\Omega = \{(1, 1), (1, 2), \ldots, (3, 3)\}$. Diesmal sei

$$X : \Omega \in (\omega_1, \omega_2) \to X((\omega_1, \omega_2)) = |\omega_1 - \omega_2| \in \mathbb{R},$$
$$Y : \Omega \in (\omega_1, \omega_2) \to Y((\omega_1, \omega_2)) = \omega_1 \in \mathbb{R},$$

damit ist (X, Y) eine 2-dimensionale Zufallsvariable, wie in Abb. 11.2 dargestellt.

11.1 Verteilung eindimensionaler Zufallsvariablen

Die **Wahrscheinlichkeitsverteilung** oder kurz **Verteilung** einer Zufallsvariablen X ist definiert durch

$$P^X(B) = P(X \in B) = P(\{\omega \in \Omega \,; X(\omega) \in B\}), \quad B \subset \mathbb{R}.$$

11.1.1 Beispiel (Zweifacher Würfelwurf 1, 2, 3, Fortsetzung von Beispiel 11.0.3)
Im Beispiel 11.0.3 ist

$$P^X(\{0\}) = P(\{\omega; X(\omega) = 0\}) = P(\{(1,1),(2,2),(3,3)\}) = \frac{3}{9},$$

$$P^X(\{1\}) = P(\{(1,2),(2,1),(2,3),(3,2)\}) = \frac{4}{9} \text{ und}$$

$$P^X(\{2\}) = P(\{(1,3),(3,1)\}) = \frac{2}{9}.$$

Diese Festlegung der Verteilung P^X von X über die Ereignisse B ist im Allgemeinen zu aufwändig. Zur Beschreibung der Verteilung P^X reicht es aber, die Wahrscheinlichkeit von Intervallen des Typs $(-\infty, x]$, $x \in \mathbb{R}$, anzugeben. Diese legen die Verteilung P^X eindeutig fest und haben eine interessante Interpretation. $P^X((-\infty, x]) = P(X \le x)$ ist die Wahrscheinlichkeit dafür, dass die Zufallsvariable X den Wert x nicht übersteigt. Mittels dieser Intervalle wird die **Verteilungsfunktion** der Zufallsvariablen X definiert.

11.1.2 Definition (Verteilungsfunktion)
Sei X eine Zufallsvariable über einem Grundraum Ω. Dann heißt die Funktion $F = F_X : \mathbb{R} \to [0,1]$, definiert durch

$$F(x) = P^X((-\infty, x]) = P(X \le x) = P(\{\omega \in \Omega \,; X(\omega) \le x\}), \quad x \in \mathbb{R},$$

Verteilungsfunktion von X.

11.1.3 Bemerkung
Die Verteilungsfunktion ist das wahrscheinlichkeitstheoretische Pendant zur **empirischen Verteilungsfunktion**. Es besitzt daher auch ähnliche Eigenschaften:

- $\lim_{x \to -\infty} F(x) = 0$, $\lim_{x \to \infty} F(x) = 1$,
- F ist monoton wachsend, d. h. für $x < y$ gilt: $F(x) \le F(y)$,
- F ist rechtsseitig stetig, d. h. $\lim_{x \searrow z} F(x) = F(z)$,
- $P(a < X \le b) = F(b) - F(a)$ für $a < b$,
- $P(X > a) = 1 - F(a)$.

Wie bei Merkmalen unterscheidet man zwischen diskreten und stetigen Zufallsvariablen. In der ersten Situation ist die zugehörige Verteilungsfunktion F eine **Treppenfunktion** mit höchstens abzählbar vielen Sprungstellen, in der zweiten Situation ist die Verteilungsfunktion der Zufallsvariablen X stetig. In Analogie bezeichnet man die zugehörigen Verteilungen als diskret bzw. stetig.

11.1.4 Spezialfall (Diskrete Zufallsvariablen)

F ist eine Treppenfunktion mit höchstens abzählbar vielen Sprungstellen, so dass F zwischen zwei Sprungstellen insbesondere konstant ist. Im folgenden sei angenommen, dass es eine kleinste Sprungstelle gebe.

Betrachten wir nun die Menge der Sprungstellen $\{x_1, x_2, x_3, \ldots\}$, wobei $x_1 < x_2 < x_3 < \cdots$, und definieren

$$p_j = \mathsf{P}(X = x_j) = \mathsf{P}(\{\omega \in \Omega\,;\, X(\omega) = x_j\}),$$

so erhält man folgende Darstellung der Verteilungsfunktion:

$$F(x) = \mathsf{P}(X \le x) = \sum_{j:x_j \le x} p_j.$$

Daraus folgen für eine diskrete Zufallsvariable die Eigenschaften:

1. $\mathsf{P}(X = x_j) = F(x_j) - F(x_{j-1}) = p_j,\, j \ge 2.$
2. $\mathsf{P}(X = x) = 0,\, x \notin \{x_1, x_2, \ldots\}.$

Eine diskrete Zufallsvariable hat also höchstens abzählbar viele Werte, die positive Wahrscheinlichkeiten besitzen. Die mittels der Werte $p_1, p_2, \ldots$ definierte Funktion

$$p : \mathbb{R} \to [0,1], \quad p(x) = \begin{cases} p_j, & x = x_j,\, j \in \mathbb{N}, \\ 0, & x \ne x_j, \end{cases}$$

heißt **Zähldichte** von X. Durch Angabe dieser Zähldichte ist die Verteilung einer diskreten Zufallsvariable eindeutig festgelegt. Im Kap. 12 werden einige wichtige diskrete Verteilungen vorgestellt.

11.1.5 Beispiel (Zweifacher Würfelwurf 1, 2, 3, Fortsetzung von Beispiel 11.0.3)

Wir betrachten den zweifachen Wurf des Würfels, der die Zahlen $1, 2, 3$ jeweils doppelt enthält. Die Zufallsvariable ist der absolute Abstand der beiden Würfelergebnisse. Dann

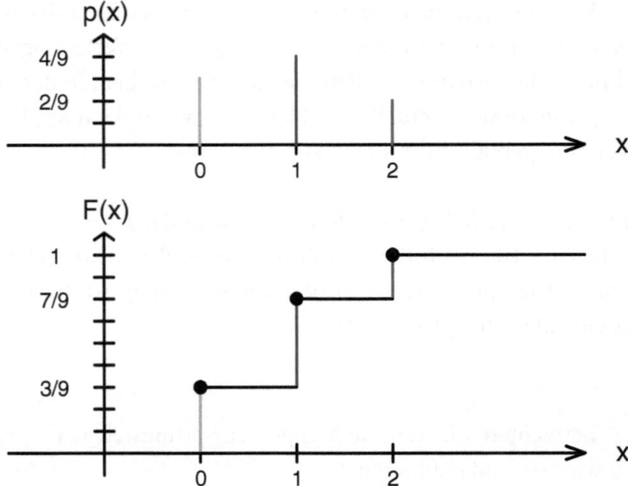

Abb. 11.3 Dichte und Verteilungsfunktion beim absoluten Abstand der Würfelwürfe

hat die Verteilungsfunktion die Form

$$
F(x) = \begin{cases}
0, & x < 0, \\[4pt]
P^X(\{0\}) = p(0) = p_1 = \frac{3}{9}, & 0 \le x < 1, \\[4pt]
P^X(\{0\}) + P^X(\{1\}) = p(0) + p(1) = p_1 + p_2 = \frac{3}{9} + \frac{4}{9} = \frac{7}{9}, & 1 \le x < 2, \\[4pt]
P^X(\{0\}) + P^X(\{1\}) + P^X(\{2\}) = p(0) + p(1) + p(2) & \\[4pt]
\qquad\qquad = p_1 + p_2 + p_3 = \frac{7}{9} + \frac{2}{9} = 1, & x \ge 2,
\end{cases}
$$

wie in Abb. 11.3 dargestellt.

11.1.6 Beispiel (Zweifacher Würfelwurf $1, \ldots, 6$, Fortsetzung von Beispiel 11.0.1)
Im Experiment des zweifachen Würfelwurfs wird die Zufallsvariable $X = $ *Augensumme beider Würfel* betrachtet: $X((\omega_1, \omega_2)) = \omega_1 + \omega_2$. Aus dem Würfelexperiment ist klar, dass als Augensumme nur die Zahlen $2, \ldots, 12$ (mit positiver Wahrscheinlichkeit) auftreten. Wir berechnen daher die Wahrscheinlichkeiten $P(X = k)$, $k = 2, \ldots, 12$.

Für $k = 2$ gilt: $P(X = 2) = P(\{(1,1)\}) = \frac{1}{36}$. Für die Augensumme 4 erhält man $P(X = 4) = P(\{(1,3), (2,2), (3,1)\}) = \frac{1}{12}$. Insgesamt erhält man:

k	2	3	4	5	6	7	8	9	10	11	12
$P(X = k)$	$\frac{1}{36}$	$\frac{2}{36}$	$\frac{3}{36}$	$\frac{4}{36}$	$\frac{5}{36}$	$\frac{6}{36}$	$\frac{5}{36}$	$\frac{4}{36}$	$\frac{3}{36}$	$\frac{2}{36}$	$\frac{1}{36}$

Dies liefert die Verteilungsfunktion:

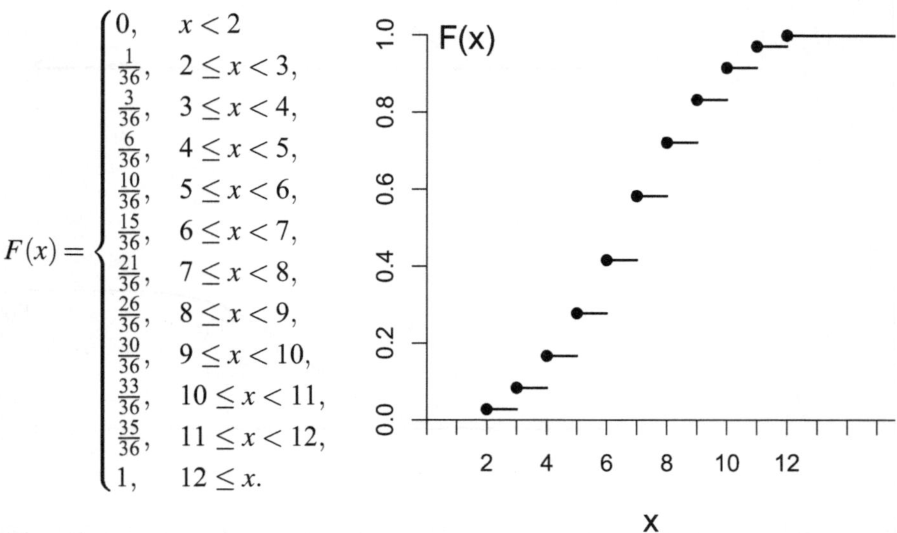

$$F(x) = \begin{cases} 0, & x < 2 \\ \frac{1}{36}, & 2 \le x < 3, \\ \frac{3}{36}, & 3 \le x < 4, \\ \frac{6}{36}, & 4 \le x < 5, \\ \frac{10}{36}, & 5 \le x < 6, \\ \frac{15}{36}, & 6 \le x < 7, \\ \frac{21}{36}, & 7 \le x < 8, \\ \frac{26}{36}, & 8 \le x < 9, \\ \frac{30}{36}, & 9 \le x < 10, \\ \frac{33}{36}, & 10 \le x < 11, \\ \frac{35}{36}, & 11 \le x < 12, \\ 1, & 12 \le x. \end{cases}$$

11.1.7 Spezialfall   (Stetige Zufallsvariablen)

Eine Zufallsvariable X heißt stetig, wenn ihre Verteilungsfunktion F eine stetige Funktion ist. Entsprachen diskrete Zufallsvariablen den quantitativ-diskreten Merkmalen im Bereich der deskriptiven Statistik, so bilden stetige Zufallsvariablen das Pendant zu quantitativ-stetigen Merkmalen.

Im Folgenden werden zur Vereinfachung nur solche Verteilungsfunktionen betrachtet, die sich mittels eines **Riemann-Integrals** darstellen lassen:

$$F(x) = \int_{-\infty}^{x} f(t)\, dt, \quad x \in \mathbb{R},$$

wobei f eine reellwertige, Riemann-integrierbare Funktion ist mit

$$f(x) \ge 0, \quad x \in \mathbb{R}, \quad \text{und} \quad \int_{-\infty}^{\infty} f(t)\, dt = 1.$$

f wird als **Dichtefunktion** von X bzw. kurz als **Dichte** von X bezeichnet.

Der Wert der Verteilungsfunktion F an der Stelle z ist somit der Wert der Fläche, die durch die x-Achse und den Graphen der Funktion f eingeschlossen wird und nach rechts

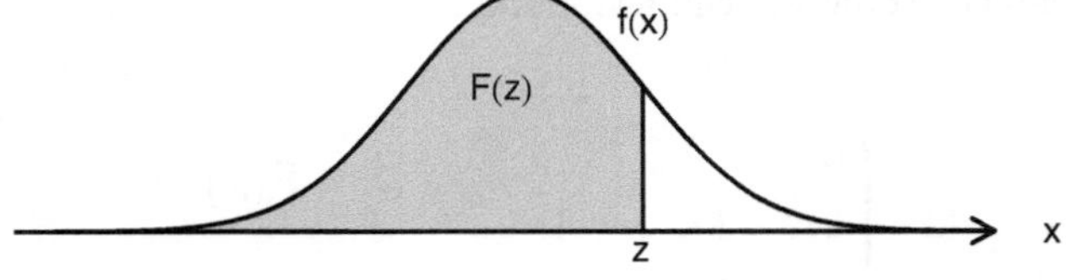

Abb. 11.4 Verteilungsfunktion und Dichte bei stetigen Zufallsvariablen

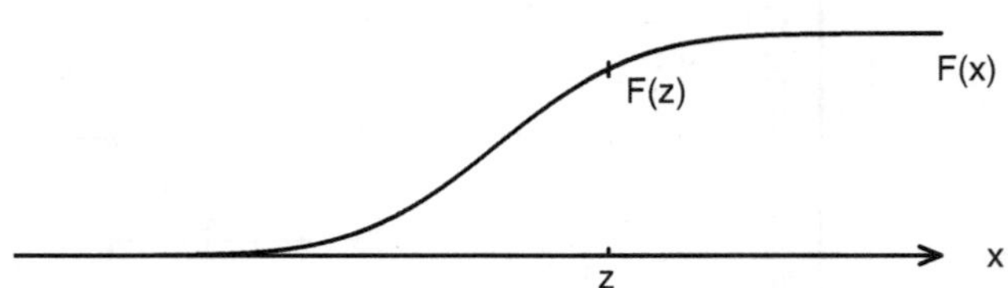

durch die senkrechte Gerade durch den Punkt $(z, 0)$ begrenzt ist (graue Fläche), siehe Abb. 11.4.

Für die hier betrachteten stetigen Verteilungsfunktionen gelten folgende Eigenschaften:

1. $P(a < X \leq b) = P(a \leq X \leq b) = P(a \leq X < b) = P(a < X < b) = F(b) - F(a), a \leq b$,
   d. h. es spielt keine Rolle, ob die Grenzen dazu genommen werden oder nicht!
2. $P(X = x) = 0$ für alle $x \in \mathbb{R}$, d. h. jeder Wert $x \in \mathbb{R}$ tritt mit Wahrscheinlichkeit 0 auf!
3. $F'(x) = f(x)$, d. h. die Ableitung der Verteilungsfunktion ist die Dichtefunktion.

11.1.8 Beispiel (Wartezeit)
Von der Wartezeit X [in min] eines Kunden an einer Supermarktkasse werde angenommen, dass die Verteilung P^X die Verteilungsfunktion

$$F(x) = \begin{cases} 0, & x < 0, \\ 1 - e^{-\frac{x}{2}}, & x \geq 0, \end{cases}$$

habe. Dann gilt für die Wahrscheinlichkeit, dass der Kunde höchstens 5 Minuten warten muss: $P(X \leq 5) = F(5) = 1 - e^{-2.5} = 0.918$, d. h. der Kunde muss mit einer Wahrscheinlichkeit von höchstens 8.2 % länger als 5 Minuten warten. Die Wahrscheinlichkeit, dass er zwischen 3 und 6 Minuten anstehen muss, beträgt:

$$P(3 \leq X \leq 6) = F(6) - F(3) = e^{-1.5} - e^{-3} = 0.173.$$

Für die Dichtefunktion f gilt: $f(x) = 0$, falls $x < 0$, und $f(x) = \frac{1}{2}e^{-\frac{x}{2}}, x \geq 0$.

Weitere Verteilungsbeispiele sind in Kap. 12 angegeben.

Abb. 11.5 Grafische
Darstellung der Menge
$\{\omega \in \Omega \,;\, X(\omega) \le x,\, Y(\omega) \le y\}$

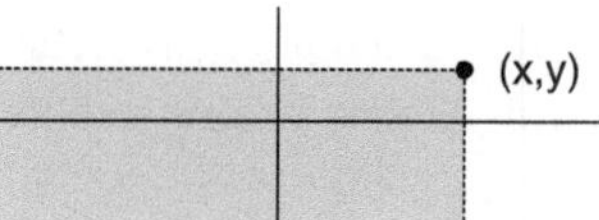

11.2 Verteilung mehrdimensionaler Zufallsvariablen

Wir betrachten im Folgenden den Fall zweier Zufallsvariablen X und Y.

Der Zufallsvektor (X, Y) nehme Werte im $\mathbb{R}^2$ an, d. h. die Realisationen von (X, Y) sind Paare (x, y) mit $x, y \in \mathbb{R}$. Die Verteilung $\mathsf{P}^{(X,Y)}$ wird analog zum eindimensionalen Fall definiert:

$$\mathsf{P}^{(X,Y)}(B) = \mathsf{P}((X, Y) \in B) = \mathsf{P}(\{\omega \in \Omega \,;\, (X(\omega), Y(\omega)) \in B\}), \quad B \subset \mathbb{R}^2.$$

Wie im eindimensionalen Fall kann eine Verteilungsfunktion definiert werden:

$$F(x, y) = \mathsf{P}(X \le x, Y \le y) = \mathsf{P}(\{\omega \in \Omega \,;\, X(\omega) \le x, Y(\omega) \le y\}), \quad x, y \in \mathbb{R}.$$

Der Wert der Verteilungsfunktion F an der Stelle (x, y) ist die Wahrscheinlichkeit, dass die Werte des Zufallsvektors (X, Y) in Abb. 11.5 in den grauen Bereich fallen.

Die Verteilungsfunktion hat folgende Eigenschaften:

1. $\lim_{x,y \to -\infty} F(x, y) = 0$, $\lim_{x,y \to \infty} F(x, y) = 1$,
2. $\lim_{y \to \infty} F(x, y) = F_X(x)$, $\lim_{x \to \infty} F(x, y) = F_Y(y)$,
3. F ist monoton wachsend in jeder Komponente, d. h. $F(x_1, y) \le F(x_2, y)$ für $x_1 < x_2$ und $F(x, y_1) \le F(x, y_2)$ für $y_1 < y_2$.

Die Verteilungen F_X und F_Y heißen **Randverteilungen** von $\mathsf{P}^{(X,Y)}$ bzw. $F = F_{(X,Y)}$. Wie im eindimensionalen Fall werden diskrete und stetige Zufallsvariablen unterschieden. Es werden nur solche Fälle betrachtet, in denen X und Y beide diskret bzw. beide stetig sind. Entsprechend zum eindimensionalen Fall können die Verteilungen durch (Zähl-)Dichten beschrieben werden:

- **Diskreter Fall:** $p_{jk} = \mathsf{P}(X = x_j, Y = y_k)$, wobei $x_1 < x_2 < \dots$ und $y_1 < y_2 < \dots$ die Sprungstellen der Verteilungsfunktionen F_X bzw. F_Y sind, so dass

$$F(x, y) = \mathsf{P}(X \le x, Y \le y) = \sum_{j,k:x_j \le x, y_k \le y} p_{jk}.$$

Die Zahlen p_{jk} heißen Zähldichte von $P^{(X,Y)}$ bzw. von (X, Y). Die (Rand-) Zähldichten von X bzw. Y können berechnet werden durch:

$$p_j^X = \sum_k p_{jk}, \qquad p_k^Y = \sum_j p_{jk}.$$

- **Stetiger Fall:**

$$F(x, y) = P(X \le x, Y \le y) = \int_{-\infty}^{x} \int_{-\infty}^{y} f(s, t)\, dt\, ds,$$

wobei f eine Riemann-integrierbare Funktion ist mit

$$f(s, t) \ge 0 \text{ für alle } s, t \in \mathbb{R} \quad \text{und} \quad \int_{-\infty}^{\infty} \int_{-\infty}^{\infty} f(s, t)\, dt\, ds = 1.$$

Für die (Rand-)Dichten von X bzw. Y gelten:

$$f_X(x) = \int_{-\infty}^{\infty} f(x, t)\, dt, \quad f_Y(y) = \int_{-\infty}^{\infty} f(s, y)\, ds.$$

11.2.1 Beispiel (Zweifacher Würfelwurf 1, 2, 3, Fortsetzung von Beispiel 11.0.4)
Es ist $\Omega = \{(1,1), (1,2), \dots, (3,3)\}$, sowie $X, Y : \Omega \to \mathbb{R}$ mit $X(\omega_1, \omega_2) = |\omega_1 - \omega_2|$ und $Y(\omega_1, \omega_2) = \omega_1$. Die Verteilung der zweidimensionalen Zufallsvariable (X, Y) ist gegeben durch (vergleiche auch die Abbildung in Beispiel 11.0.4):

		y_k	
$P(X = x_j, Y = y_k)$	1	2	3
0	1/9	1/9	1/9
x_j 1	1/9	2/9	1/9
2	1/9	0	1/9

Denn es ist zum Beispiel $P(X = 0, Y = 1) = P(\{(\omega_1, \omega_2); X(\omega_1, \omega_2) = 0 \text{ und } Y(\omega_1, \omega_2) = 1\}) = P(\{(1,1)\}) = \frac{1}{9}$. Damit erhalten wir für die gemeinsame Verteilungsfunktion und die Randverteilungen:

		y_k		
$F_{(X,Y)}(x_j, y_k)$	1	2	3	$F_x(x_j)$
0	1/9	2/9	3/9	3/9
x_j 1	2/9	5/9	7/9	7/9
2	3/9	6/9	9/9	1
$F_Y(y_k)$	3/9	6/9	1	

Dabei ist zum Beispiel $F_{X,Y}(1, 2) = \sum_{j,k: x_j \le 1, y_k \le 2} p_{jk} = P(X = 0, Y = 1) + P(X = 0, Y = 2) + P(X = 1, Y = 1) + P(X = 1, Y = 2) = \frac{1}{9} + \frac{1}{9} + \frac{1}{9} + \frac{2}{9} = \frac{5}{9}$. Da die Verteilungsfunktion für jeden Wert $(x, y) \in \mathbb{R}^2$ definiert ist, liefern die Darstellungen in Abb. 11.6 eine vollständige Beschreibung der zweidimensionalen Verteilungsfunktion.

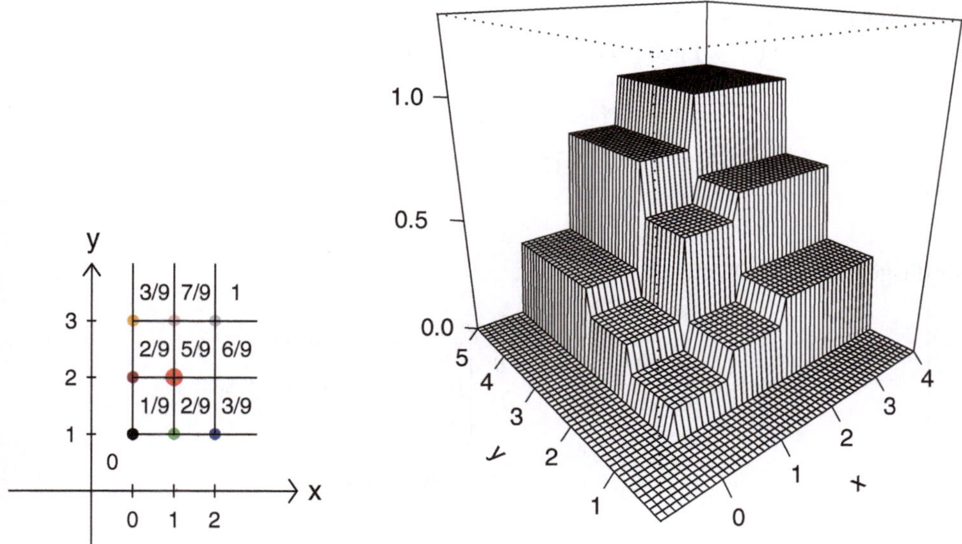

Abb. 11.6 Darstellung der 2-dimensionalen Verteilungsfunktion

11.2.2 Beispiel (Randdichten)

Der Zufallsvektor (X, Y) habe eine diskrete Verteilung mit

$$p_{jk} = \binom{K}{k} \frac{1}{2^{K+j+1}}, \quad j \in \mathbb{N}_0, k \in \{0, \ldots, K\}.$$

Dann gilt für die Randdichten von X bzw. Y:

$$p_j^X = \sum_{k=0}^{K} \binom{K}{k} \frac{1}{2^{K+j+1}} = \frac{1}{2^{j+1}} \sum_{k=0}^{K} \binom{K}{k} \frac{1}{2^K} = \frac{1}{2^{j+1}} \sum_{k=0}^{K} \binom{K}{k} \left(\frac{1}{2}\right)^k \left(\frac{1}{2}\right)^{K-k}$$

$$= \frac{1}{2^{j+1}} \left(\frac{1}{2} + \frac{1}{2}\right)^K = \frac{1}{2^{j+1}}, \quad j \in \mathbb{N}_0,$$

$$p_k^Y = \sum_{j=0}^{\infty} \binom{K}{k} \frac{1}{2^{K+j+1}} = \binom{K}{k} \frac{1}{2^{K+1}} \sum_{j=0}^{\infty} \frac{1}{2^j} = \binom{K}{k} \frac{1}{2^{K+1}} \frac{1}{1 - \frac{1}{2}}$$

$$= \binom{K}{k} \frac{1}{2^K}, \quad k = 0, \ldots, K.$$

Dabei wird bei der Herleitung von p_k^Y die Formel für die geometrische Reihe benutzt und bei der Herleitung von p_j^X die verallgemeinerte Binomische Formel $(a + b)^K = \sum_{k=1}^{K} \binom{K}{k} a^k b^{K-k}$ angewendet. Die Verteilung von X ist eine sogenannte **geometrische Verteilung** mit Parameter $\frac{1}{2}$, während die Verteilung von Y die **Binomialverteilung** mit Parametern K und $\frac{1}{2}$ ist (siehe Abschn. 12.1).

11.2.3 Beispiel (Randverteilungen)

Die Zufallsvariable (X, Y) habe die Verteilungsfunktion:

$$F(x, y) = \begin{cases} 1 - e^{-x} - xe^{-y} & \text{für } 0 \le x \le y, \\ 1 - e^{-y} - ye^{-y} & \text{für } 0 \le y < x, \\ 0 & \text{sonst.} \end{cases}$$

Für die gemeinsame Dichte gilt

$$f(x, y) = \frac{\partial}{\partial y}\frac{\partial}{\partial x}F(x, y) = \frac{\partial}{\partial y} \begin{cases} e^{-x} - e^{-y} & \text{für } 0 \le x \le y, \\ 0 & \text{für } 0 \le y \le x, \\ 0 & \text{sonst} \end{cases}$$

$$= \begin{cases} e^{-y} & \text{für } 0 \le x \le y, \\ 0 & \text{sonst.} \end{cases}$$

Die Grafik in Abb. 11.7 zeigt die zweidimensionale Verteilungs- und die Dichtefunktion, jeweils zum einen in perspektivischer Darstellung und daneben das Diagramm der Höhenlinien (Kontourplot).

Für die Randverteilungen gilt:

$$F_X(x) = \lim_{y \to \infty} F(x, y) = 1 - e^{-x} \text{ für } x \ge 0, \quad F_X(x) = 0 \text{ für } x < 0,$$

$$F_Y(y) = \lim_{x \to \infty} F(x, y) = 1 - e^{-y} - ye^{-y} \text{ für } y \ge 0, \quad F_Y(y) = 0 \text{ für } y < 0.$$

Mittels Ableiten erhält man die Randdichten:

$$f_X(x) = F_X'(x) = \frac{\partial}{\partial x}(1 - e^{-x}) = e^{-x} \text{ für } x \ge 0,$$

$$f_Y(y) = F_Y'(y) = \frac{\partial}{\partial y}(1 - e^{-y} - ye^{-y}) = e^{-y} - e^{-y} + ye^{-y} = ye^{-y} \text{ für } y \ge 0.$$

Alternativ können diese Randdichten auch aus der gemeinsamen Dichte $f(x, y)$ bestimmt werden:

$$f_X(x) = \int_{-\infty}^{\infty} f(x, t)\,\mathrm{d}t = \int_x^{\infty} e^{-t}\,\mathrm{d}t = e^{-x} \text{ für } x \ge 0,$$

$$f_Y(y) = \int_{-\infty}^{\infty} f(s, y)\,\mathrm{d}s = \int_0^{y} e^{-y}\,\mathrm{d}s = ye^{-y} \text{ für } y \ge 0.$$

X hat somit eine sogenannte Standardexponentialverteilung, d. h. eine Exponentialverteilung mit Parameter 1 bzw. eine Gamma-Verteilung mit Parametern $\alpha = \beta = 1$, während Y eine Gamma-Verteilung mit Parametern $\alpha = 1$, $\beta = 2$ hat, siehe Abschn. 12.2.

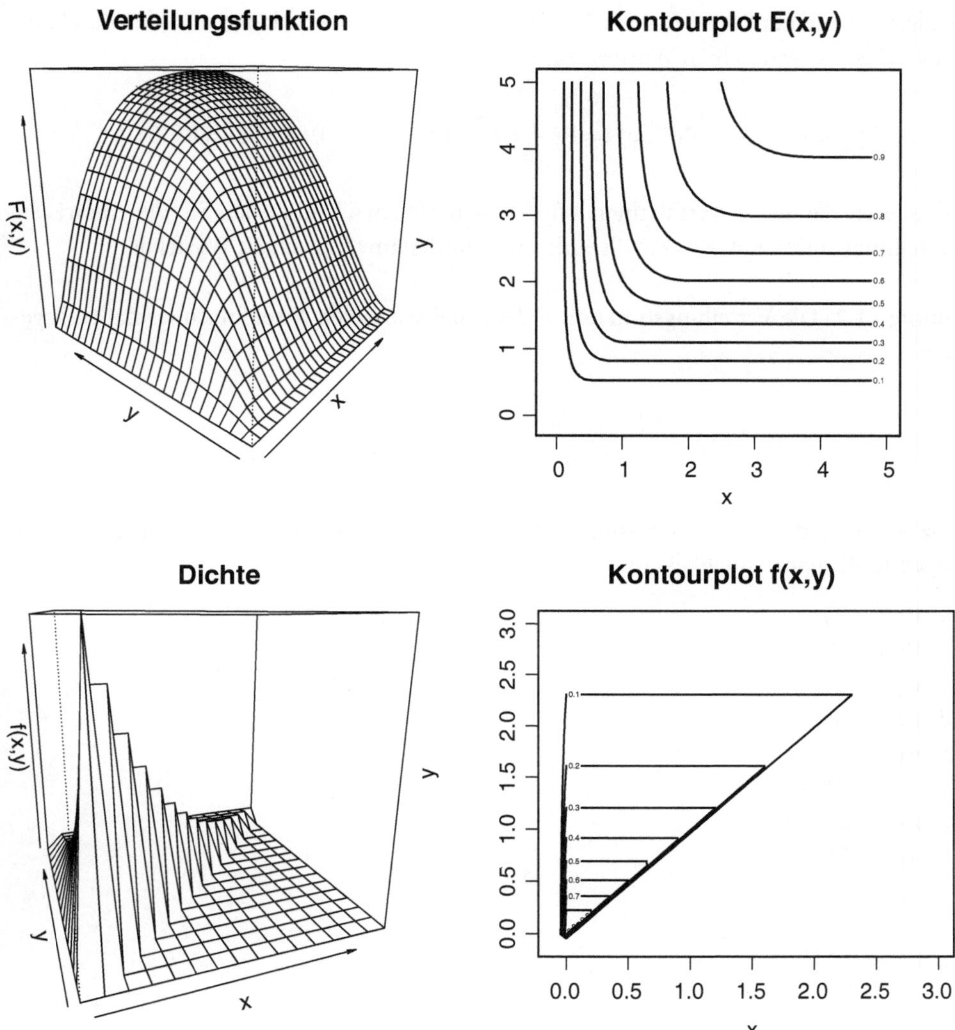

Abb. 11.7 Zweidimensionale stetige Verteilungs- und Dichtefunktion

11.3 Übungsaufgaben

Übung 11.1 Simulieren Sie einen einfachen Würfelwurf mit $N = 1000$ und erstellen Sie dafür die empirische Verteilungsfunktion der Zufallszahlen, die die theoretische Verteilungsfunktion approximiert mithilfe von

```
>plot(ecdf(wuerfel(1000)$Wuerfelergebnisse))
```

Ändern Sie die Funktion `wuerfel` so ab, dass diese Zufallszahlen gemäß der Zufallsvariable X eines verfälschten Würfels ergibt mit

$$P(X = 6) = \frac{1}{5}, \quad P(X = 1) = P(X = 2) = P(X = 3) = P(X = 4) = P(X = 5).$$

Simulieren Sie diesen verfälschten Würfel auch 1000mal und stellen Sie die empirische
Verteilungsfunktion dieser Zufallszahlen wie für den unverfälschten Würfel dar.

Übung 11.2 Die Verteilungsfunktion F der Zufallsvariablen X sei folgendermaßen gegeben:

$$F(x) = \begin{cases} 0, & \text{für } x < 2, \\ 1 - \frac{1}{k} & \text{für } k \leq x < k+1, \ k \in \mathbb{N} \setminus \{0,1\}. \end{cases}$$

Skizzieren Sie diese Verteilungsfunktion und bestimmen Sie aus der Verteilungsfunktion
folgende Wahrscheinlichkeiten:

(a) $P(X < 2)$,
(b) $P(X \leq 2)$,
(c) $P(X \leq 3)$,
(d) $P(X > 3)$,
(e) $P(2 < X \leq 3)$,
(f) $P(X \notin (2,3])$,
(g) $P(2 < X < 3)$,
(h) $P(X \in [2,3])$.

Eindimensionale Wahrscheinlichkeitsverteilungen 12

In diesem Abschnitt werden einige wichtige Wahrscheinlichkeitsverteilungen vorgestellt. Dabei wird für die Aussage *X ist verteilt gemäß einer Verteilung* P die Schreibweise $X \sim$ P verwendet. Die Verteilungen werden mittels ihrer (Zähl-)Dichte dargestellt. Zum Teil werden auch die Verteilungsfunktionen dargestellt. In R erhält man (Zähl-)Dichten mittels d*Verteilung*, Verteilungsfunktionen mittels p*Verteilung* und Zufallszahlen der Verteilung mittels r*Verteilung*, wobei *Verteilung* für den Verteilungsnamen steht. In den aufgeführten Verteilungen wird nur dieser Verteilungsname in R aufgeführt.

12.1 Diskrete Wahrscheinlichkeitsverteilungen

Der **Träger T_X einer diskreten Verteilung $\mathbf{P}^X$** ist die Menge der Werte, die positive Wahrscheinlichkeit besitzen.

C. Müller, L. Denecke, *Stochastik in den Ingenieurwissenschaften*,
Statistik und ihre Anwendungen, DOI 10.1007/978-3-642-38960-3_12,
© Springer-Verlag Berlin Heidelberg 2013

12.1.1 Beispiel (Einpunktverteilung ε_a)

- **Zähldichte:** $P(X = a) = 1$ für ein $a \in \mathbb{R}$
- **Träger:** $T_X = \{a\}$
- **Diagramm der Zähldichte:**

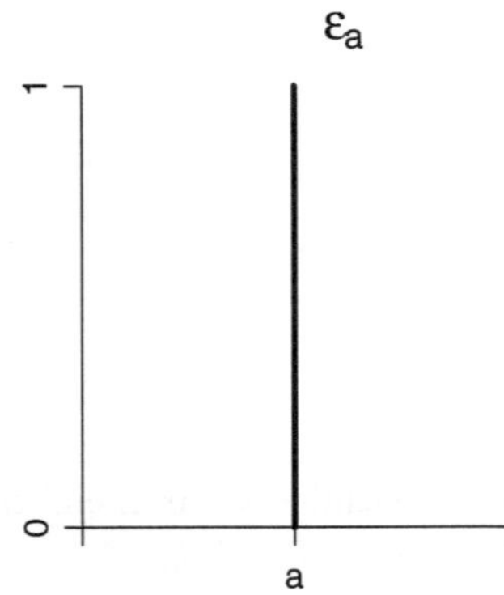

12.1.2 Beispiel (Diskrete Gleichverteilung $\mathbf{G}(x_1, \ldots, x_J)$)

- **Zähldichte:** $P(X = x_j) = \frac{1}{J}$, $x_1 < \cdots < x_J$, $J \in \mathbb{N}$
- **Träger:** $T_X = \{x_1, \ldots, x_J\}$
- **Diagramm der Zähldichte:**

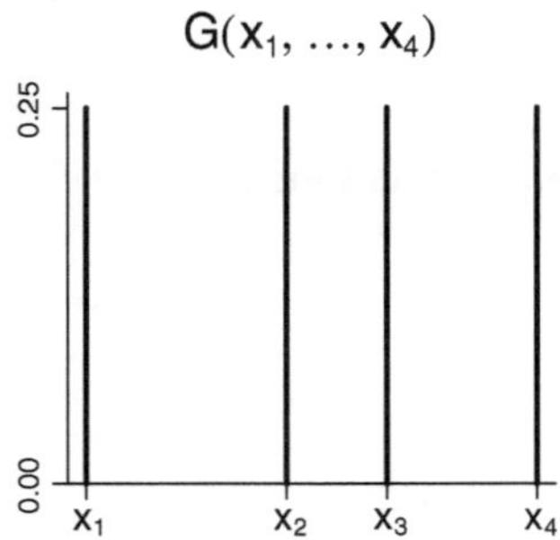

12.1.3 Beispiel (Binomialverteilung $\mathbf{Bin}(N, p)$)

- **Verteilungsname in R**: `binom` mit Argumenten `size` für N und `prob` für p
- **Zähldichte**: $P(X = k) = \binom{N}{k} p^k (1 - p)^{N-k}$; $N \in \mathbb{N}$, $p \in (0,1)$
- **Träger**: $T_X = \{0, 1, \ldots, N\}$
- **Diagramme von Zähldichten**:

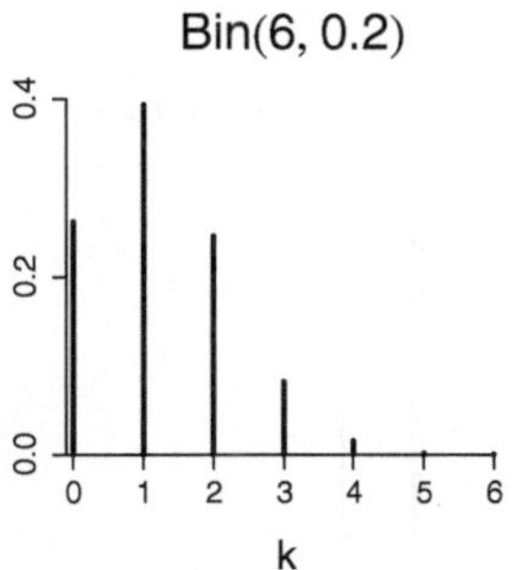
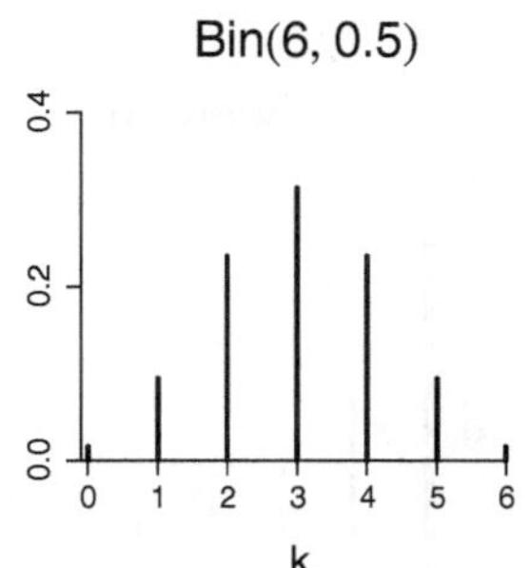
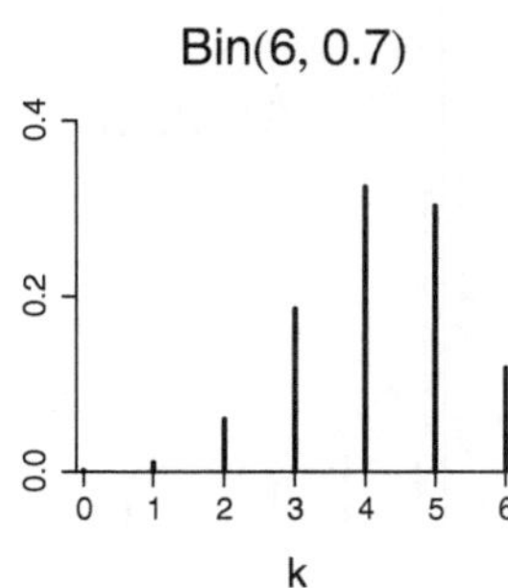

- **Bemerkung**: Für $N = 1$ heißt die Binomialverteilung auch **Bernoulli-Verteilung** oder **Zweipunktverteilung** mit Parameter p.
- **Anwendung**: Häufigkeit eines Zustands, wenn nur zwei Zustände auftreten können, z. B. Gut-Schlecht-Prüfung (Ziehen mit Zurücklegen)

12.1.4 Beispiel (Hypergeometrische Verteilung $\mathbf{Hyp}(R, S, N)$)

- **Verteilungsname in R**: `hyper` mit Argumenten `m` für R, `n` für S und `k` für N
- **Zähldichte**: $P(X = k) = \dfrac{\binom{R}{k}\binom{S}{N-k}}{\binom{R+S}{N}}$, $N, R, S \in \mathbb{N}$, $N \leq R + S$, wobei $P(X = k) = 0$, falls $k > R$ oder $N - k > S$
- **Träger**: $T_X = \{\max\{0, N - S\}, \ldots, \min\{R, N\}\}$
- **Diagramme von Zähldichten**:

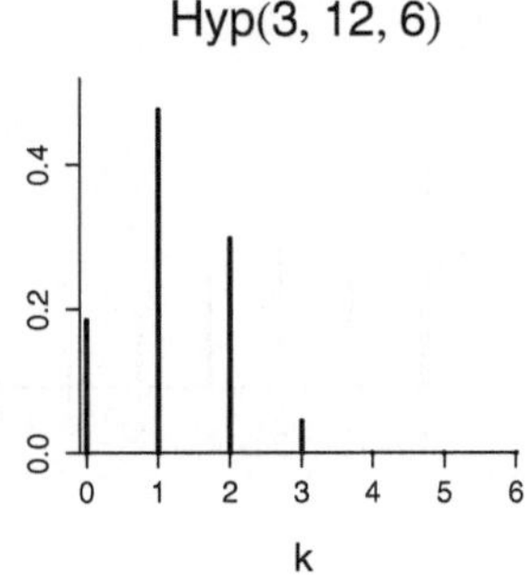
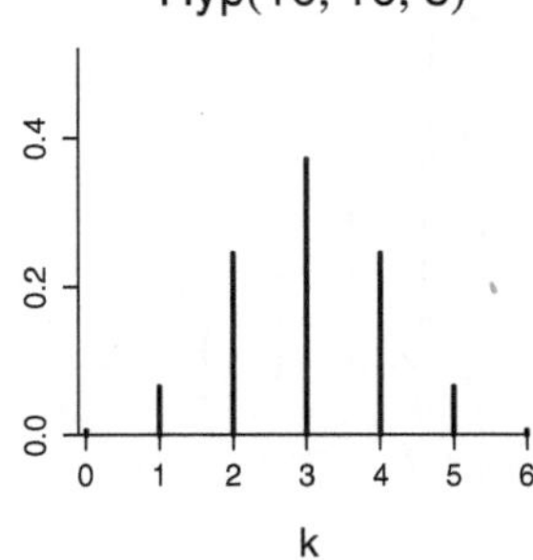
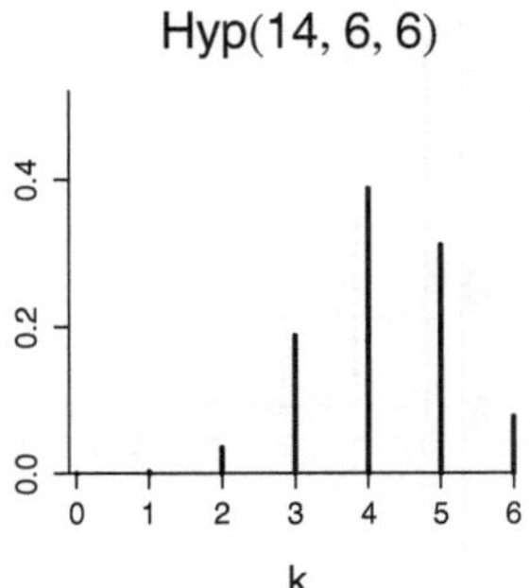

- **Anwendung**: Häufigkeit eines Zustands, wenn nur zwei Zustände auftreten können, z. B. Gut-Schlecht-Prüfung (N-maliges Ziehen aus einer Urne mit R roten und S schwarzen Kugeln ohne Zurücklegen)

12.1.5 Beispiel (Geometrische Verteilung **Geo(p)**)

- **Verteilungsname in R**: `geom` mit Argument `prob` für p
- **Zähldichte:** $P(X = k) = p(1 - p)^k$, $p \in (0,1)$
- **Träger:** $T_X = \mathbb{N}_0$
- **Diagramme von Zähldichten:**

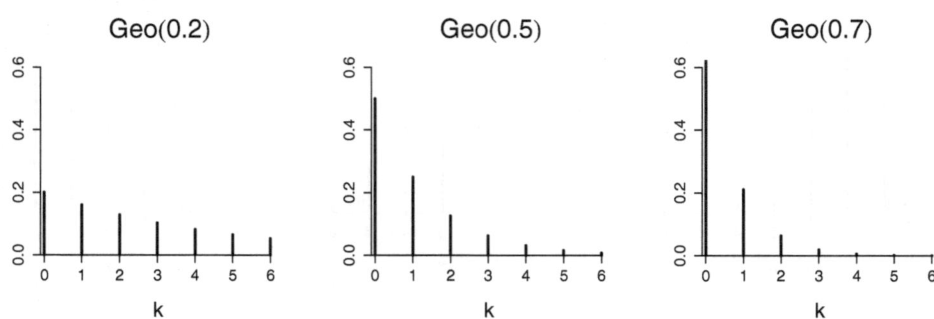

- **Anwendung:** Wartezeit, bis einer von zwei möglichen Zuständen eingetreten ist.

12.1.6 Beispiel (Poisson-Verteilung **Poi(λ)**)

- **Verteilungsname in R**: `pois` mit Argument `lambda` für λ
- **Zähldichte:** $P(X = k) = \frac{\lambda^k}{k!}\,e^{-\lambda}$, $\lambda > 0$
- **Träger:** $T_X = \mathbb{N}_0$
- **Diagramme von Zähldichten:**

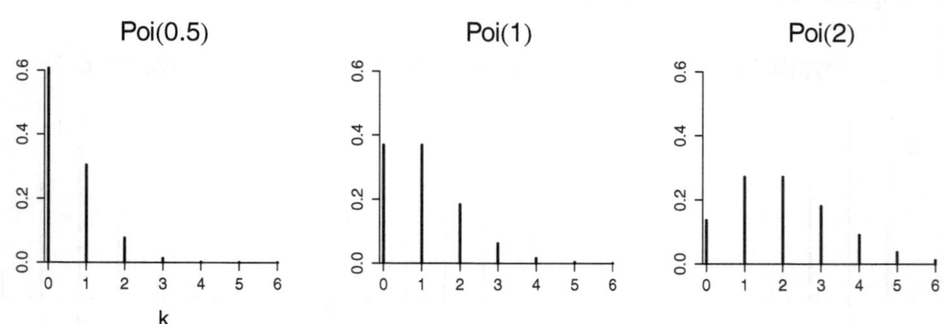

- **Anwendung:** Seltene Ereignisse

12.2 Stetige Wahrscheinlichkeitsverteilungen

Der **Träger** T_X **einer stetigen Verteilung** ist die Menge der Punkte, für die die Dichtefunktion f_X positiv ist.

12.2.1 Beispiel (Rechteckverteilung (stetige Gleichverteilung) $\mathbf{R}[a, b]$ mit Parametern a und b)

- **Verteilungsname in R:** `unif` mit Argumenten `min` für a und `max` für b
- **Träger:** $T_X = [a, b]$ mit $a, b \in \mathbb{R}$, $a < b$
- **Dichte:** $f(x) = \begin{cases} \frac{1}{b-a} & \text{für } x \in [a, b] \\ 0 & \text{sonst} \end{cases}$

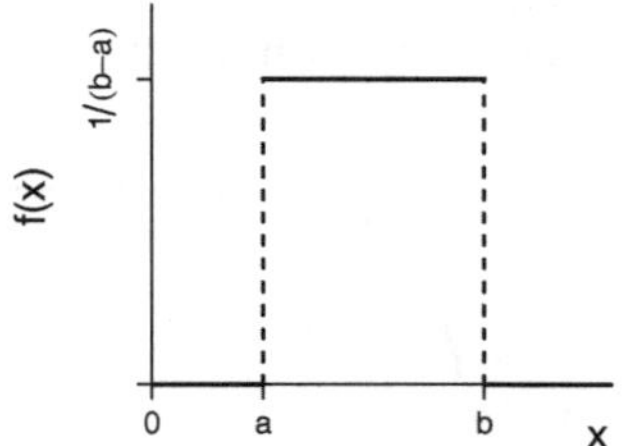

- **Verteilungsfunktion:** $F(x) = \begin{cases} 0 & \text{für } x < a \\ \frac{x-a}{b-a} & \text{für } a \leq x < b \\ 1 & \text{für } b \leq x \end{cases}$

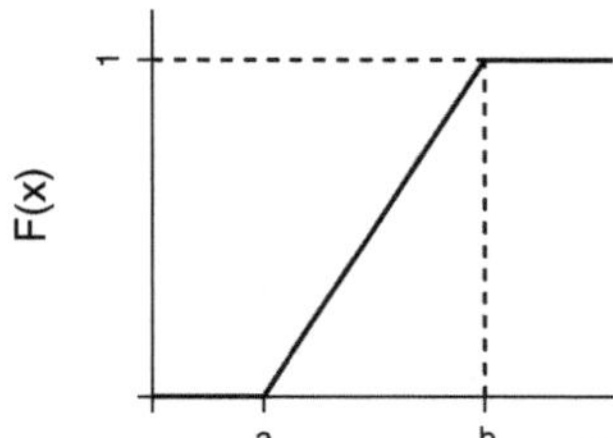

12.2.2 Beispiel (Exponentialverteilung $\mathbf{Exp}(\lambda)$ mit Parameter λ)

- **Verteilungsname in R**: exp mit Argument rate für $\lambda > 0$
- **Träger:** $T_X = [0, \infty)$
- **Dichte:** $f(x) = \begin{cases} \lambda e^{-\lambda x} & \text{für } x \geq 0 \\ 0 & \text{für } x < 0 \end{cases}$

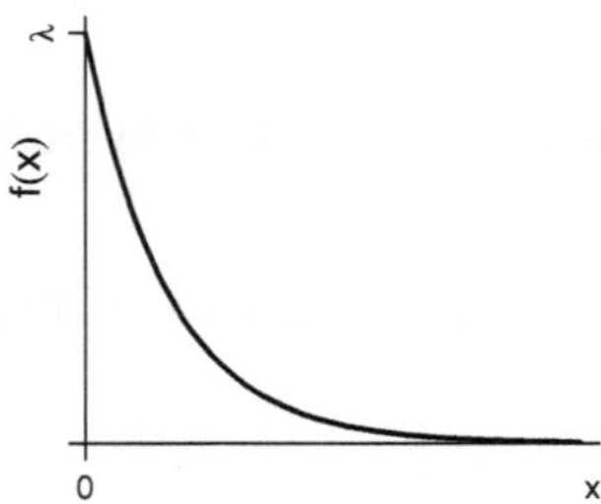

- **Verteilungsfunktion:** $F(x) = \begin{cases} 0 & \text{für } x < 0 \\ 1 - e^{-\lambda x} & \text{für } x \geq 0 \end{cases}$

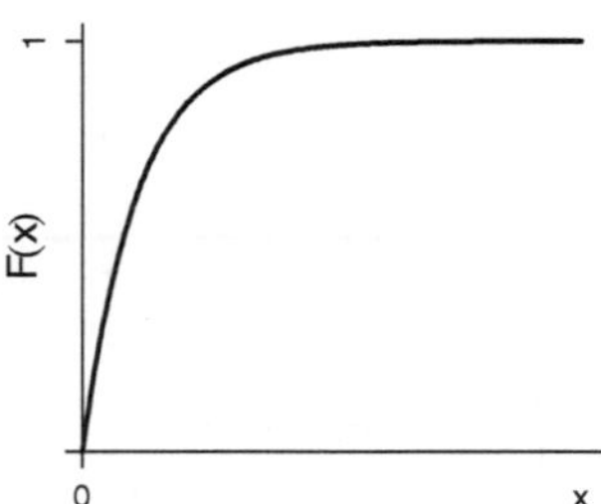

- **Anwendung:** Lebenszeit von Glühbirnen, elektrischen Teilen etc.

12.2.3 Beispiel (Weibull-Verteilung $W(\alpha, \beta)$ mit Parametern α und β)

- **Verteilungsname in R:** `weibull` mit Argumenten `shape` für α und `scale` für β, $\alpha, \beta > 0$
- **Träger:** $T_X = [0, \infty)$
- **Dichte:** $f(x) = \begin{cases} 0 & \text{für } x < 0 \\ \frac{\alpha}{\beta^\alpha} x^{\alpha-1} e^{-(x/\beta)^\alpha} & \text{für } x \geq 0 \end{cases}$

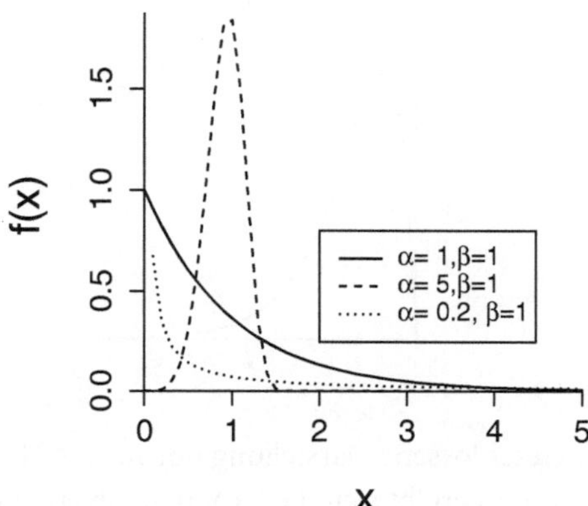

- **Verteilungsfunktion:** $F(x) = \begin{cases} 0 & \text{für } x < 0 \\ 1 - \exp^{-(x/\beta)^\alpha} & \text{für } x \geq 0 \end{cases}$

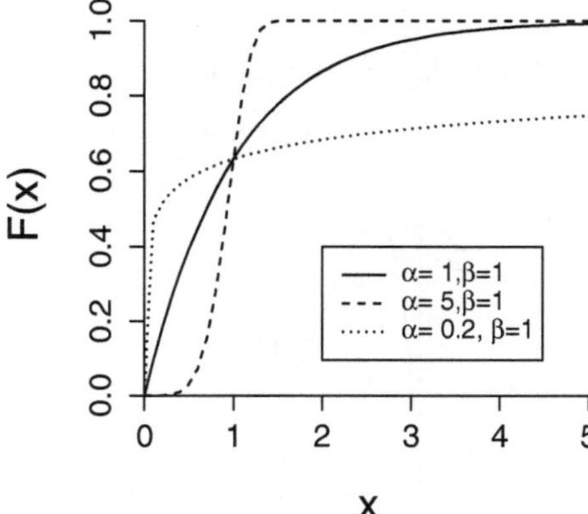

- **Bemerkung:** Für $\alpha = 1$, $\beta = 1/\lambda$ ergibt sich die Exponentialverteilung.

12.2.4 Beispiel (Gamma-Verteilung $\Gamma(\alpha, \beta)$ mit Parametern α und β)

- **Verteilungsname in R**: gamma mit Argumenten shape für β und rate für α bzw. scale für $\frac{1}{\alpha}$, $\alpha, \beta > 0$
- **Träger:** $T_X = [0, \infty)$
- **Dichte:** $(\Gamma(\beta) = \int_0^\infty t^{\beta-1} e^{-t}\, dt)$

$$f(x) = \begin{cases} \frac{\alpha^\beta}{\Gamma(\beta)} x^{\beta-1} e^{-\alpha x} & \text{für } x \geq 0 \\ 0 & \text{für } x < 0 \end{cases}$$

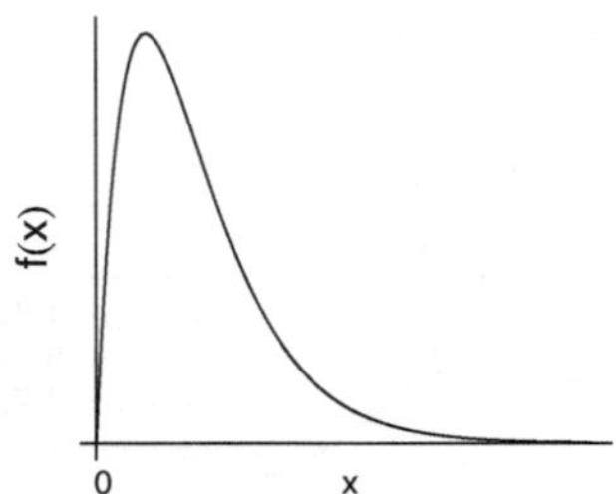

- **Verteilungsfunktion:** Geschlossene Darstellung nur für $\beta \in \mathbb{N}$.
- **Bemerkung:** Für $\alpha = \lambda$, $\beta = 1$ ergibt sich die Exponentialverteilung.

12.2.5 Beispiel (χ^2-Verteilung χ_f^2 mit f Freiheitsgraden)

- **Verteilungsname in R**: chisq mit Argument df für f (df = degree of freedom), $f \in \mathbb{N}$
- **Träger:** $T_X = [0, \infty)$
- **Dichte:** $f(x) = \begin{cases} \frac{1}{2^{f/2}\Gamma(f/2)} x^{f/2-1} e^{-x/2} & \text{für } x \geq 0 \\ 0 & \text{für } x < 0 \end{cases}$

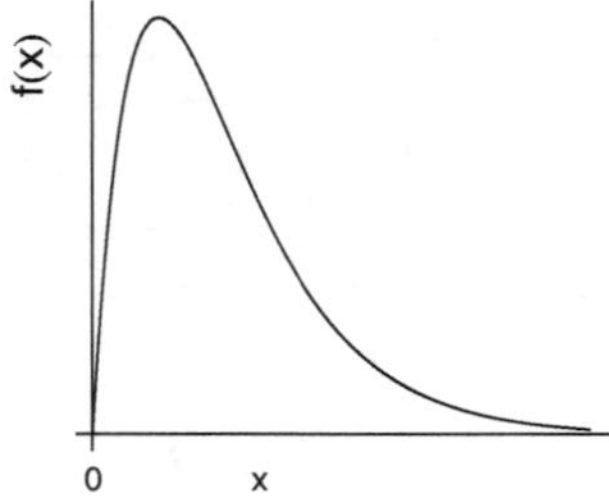

- **Verteilungsfunktion:** Geschlossene Darstellung nur für gerade $f \in \mathbb{N}$.
- **Bemerkung:** Die χ_f^2-Verteilung ist eine Gamma-Verteilung mit Parametern $\alpha = \frac{1}{2}$ und $\beta = \frac{f}{2}$.

12.2.6 Beispiel (F-Verteilung $\mathbf{F}_{f_1,f_2}$ mit f_1 und f_2 Freiheitsgraden)

- **Verteilungsname in R**: f mit Argumenten df1 für f_1 und df2 für f_2, $f_1, f_2 \in \mathbb{N}$
- **Träger**: $T_X = [0, \infty)$
- **Dichte**: $f(x) = \begin{cases} \dfrac{\Gamma(\frac{f_1+f_2}{2})}{\Gamma(\frac{f_1}{2})\Gamma(\frac{f_2}{2})} \left(\dfrac{f_1}{f_2}\right)^{f_1/2} \dfrac{x^{f_1/2-1}}{(1+f_1 x/f_2)^{(f_1+f_2)/2}} & \text{für } x \geq 0 \\ 0 & \text{für } x < 0 \end{cases}$

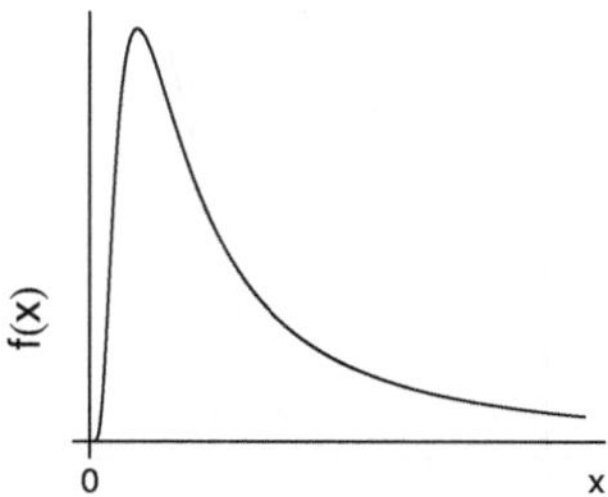

- **Verteilungsfunktion**: Nicht geschlossen darstellbar.

12.2.7 Beispiel (Normalverteilung $\mathbf{N}(\mu, \sigma^2)$ mit Parametern μ und σ^2)

- **Verteilungsname in R**: norm mit Argumenten mean für μ und sd für σ, $\mu \in \mathbb{R}$, $\sigma^2 > 0$
- **Träger**: $T_X = \mathbb{R}$
- **Dichte**: („Gaußsche Glockenkurve") $f(x) = \dfrac{1}{\sqrt{2\pi}\sigma} \exp\left\{-\dfrac{(x-\mu)^2}{2\sigma^2}\right\}, \quad x \in \mathbb{R}.$

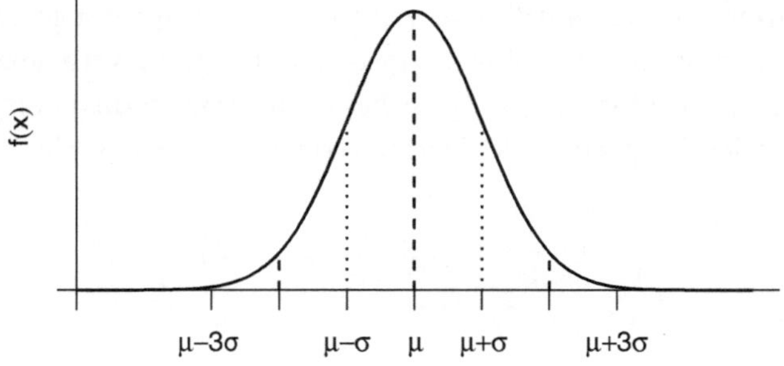

Die Fläche über dem Intervall $[\mu - \sigma, \mu + \sigma]$ beträgt etwa 68.27 %, die Fläche über $[\mu - 2\sigma, \mu + 2\sigma]$ etwa 95.45 % und über dem Intervall $[\mu - 3\sigma, \mu + 3\sigma]$ etwa 99.73 %.
- **Verteilungsfunktion**: Eine geschlossene Darstellung existiert nicht. Die Verteilungs-funktion der Standardnormalverteilung (d. h. $\mu = 0$, $\sigma^2 = 1$) wird im Allgemeinen mit Φ bezeichnet. Die Verteilungsfunktion Φ_{μ,σ^2} einer $\mathsf{N}(\mu, \sigma^2)$-Verteilung berechnet sich aus Φ gemäß:

$$\Phi_{\mu,\sigma^2}(x) = \Phi\left(\frac{x - \mu}{\sigma}\right), \quad x \in \mathbb{R}.$$

Da die Dichte der Standardnormalverteilung symmetrisch um 0 ist, gilt für deren Verteilungsfunktion

$$\Phi(x) = 1 - \Phi(-x), \quad x \in \mathbb{R}.$$

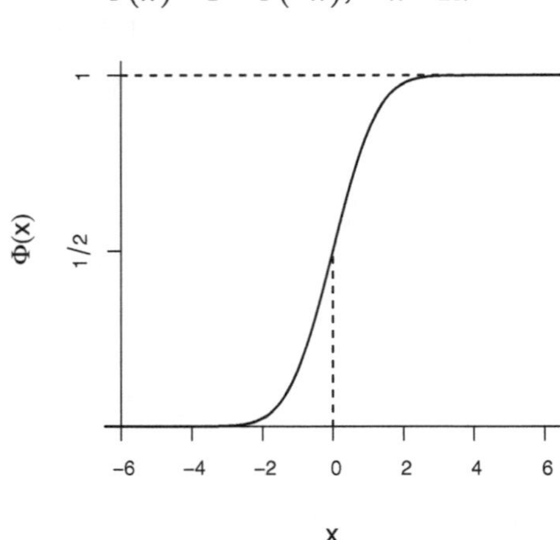

Six Sigma Qualität (Allen 2006, S. 212)

In der Ingenieursstatistik spielt vor allem die sogenannte Six Sigma Qualität eine große Rolle. In der Regel variieren angefertigte Teile in ihrer Größe und in der Qualitätssicherung muss sichergestellt werden, dass die Variation in bestimmten zulässigen Grenzen passiert. Sind die Grenzen durch USL (= upper specification limits) und LSL (= lower specification limits) gegeben und folgt die Verteilung der Größe der Teile einer Normalverteilung mit μ, so besitzt die Produktion die Six Sigma Qualität, wenn für den Parameter σ der Normalverteilung folgendes gilt:

$$\sigma \le \frac{1}{6} \min\{\text{USL} - \mu, \mu - \text{LSL}\}.$$

Damit gilt insbesondere

$$\mu - \text{LSL} \ge 6\,\sigma \quad \Longrightarrow \quad \text{LSL} \le \mu - 6\,\sigma \tag{12.1}$$

sowie

$$\text{USL} - \mu \ge 6\,\sigma \quad \Longrightarrow \quad \text{USL} \ge \mu + 6\,\sigma. \tag{12.2}$$

Aus (12.1) erhalten wir somit für eine Zufallsvariable X, die die Größe des Teils beschreibt, folgendes

$$P(X < \text{LSL}) \leq P(X < \mu - 6\sigma)$$

$$= P\left(\frac{X - \mu}{\sigma} < -6\right) = \Phi(-6) = 0.0000000009865876,$$

d. h. die Wahrscheinlichkeit, dass ein Teil produziert wird, dessen Größe die untere zulässige Grenze LSL unterschreitet, ist kleiner als 1 zu einer Milliarde (1 part per billion = PPB). Das gleiche gilt für das Überschreiten der obere Grenze ULS mittels (12.2):

$$P(X > \text{USL}) \leq P(X > \mu + 6\sigma)$$

$$= P\left(\frac{X - \mu}{\sigma} > 6\right) = 1 - \Phi(6) = 0.0000000009865876.$$

Da das vorgegebene μ in der Regel nicht genau eingehalten werden kann, schreibt man vor, dass die Differenz zwischen wahrem μ_T und vorgegebenen μ nicht größer als $1.5\,\sigma$ sein darf. Damit wird (12.1) zu

$$\text{LSL} \leq \mu - 6\,\sigma = \mu_T + \mu - \mu_T - 6\,\sigma \leq \mu_T + 1.5\,\sigma - 6\,\sigma = \mu_T - 4.5\,\sigma$$

und (12.2) zu

$$\text{USL} \geq \mu + 6\,\sigma = \mu_T + \mu - \mu_T + 6\,\sigma \geq \mu_T - 1.5\,\sigma + 6\,\sigma = \mu_T + 4.5\,\sigma,$$

und es gilt

$$P(X < \text{LSL}) \leq P\left(\frac{X - \mu_T}{\sigma} < -4.5\right) = \Phi(-4.5) = 0.000003398 < 0.0000034,$$

d. h. die Wahrscheinlichkeit, dass ein Teil produziert wird, dessen Größe die untere zulässige Grenze LSL unterschreitet, ist dann kleiner als 3.4 zu einer Million (3.4 part per million = PPM). Das gleiche gilt für das Überschreiten der oberen Grenze.

Beispiel Es sei z. B. vorgegeben, dass der innere Durchmesser von produzierten Schrauben zwischen den Grenzen 20.5 und 22.0 mm liegen soll. Folgt der Durchmesser der Schraube einer Normalverteilung mit $\mu = 21.3$, so besagt die Six Sigma Qualität, dass dann der Parameter σ dieser Normalverteilung kleiner als das Minimum von $\frac{1}{6}(22.0 - 21.3) = 0.1166667$ und $\frac{1}{6}(21.3 - 20.5) = 0.1333333$, d. h. kleiner als 0.1166667 sein muss. Ob das der Fall ist und ob das wahre μ_T weniger als $1.5 \cdot 0.1166667$ von 21.3 abweicht, muss mit Methoden der *Schließenden Statistik* geklärt werden.

12.2.8 Beispiel (t-Verteilung $\mathbf{t}_f$ mit f Freiheitsgraden)

- **Verteilungsname in R**: t mit Argument df für f, $f \in \mathbb{N}$
- **Träger:** $T_X = \mathbb{R}$
- **Dichte:** $f(x) = \dfrac{\Gamma(\frac{f+1}{2})}{\sqrt{f\pi}\,\Gamma(\frac{f}{2})}\left(1 + \dfrac{x^2}{f}\right)^{-(f+1)/2}$, $x \in \mathbb{R}$

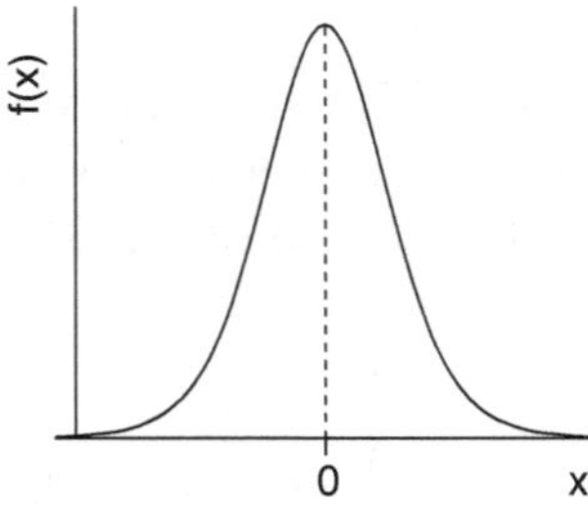

- **Verteilungsfunktion:** Nicht geschlossen darstellbar.

12.3   Erzeugung von Zufallszahlen mittels `runif`

Jede beliebige Verteilung kann aus der Rechteck-Verteilung R[0, 1] auf [0, 1] erzeugt werden, die in R durch `runif` gegeben ist. Für diskrete Verteilungen kann eine Einteilung des Intervalls [0, 1] vorgenommen werden, die den einzelnen Wahrscheinlichkeiten entspricht. Sind diese Wahrscheinlichkeiten durch $p_1 = \mathsf{P}(\{x_1\})$, $p_2 = \mathsf{P}(\{x_2\})$, $p_3 = \mathsf{P}(\{x_3\})$, ... gegeben, so wird [0, 1] in die Intervalle $[0, p_1]$, $[p_1, p_1+p_2]$, $[p_1+p_2, p_1+p_2+p_3]$, ... eingeteilt. Ergibt `runif` einen Wert in $[\sum_{i=1}^{j-1} p_i, \sum_{i=1}^{j} p_i]$, so wird als Zufallszahl x_j benutzt. Das gleiche Ergebnis erhält man, wenn man die Verteilungsfunktion F der Verteilung benutzt. In diesem Fall wird die Zufallszahl als $F^{-1}(u) := \inf\{z \in \mathbb{R};\ F(z) \geq u\}$ gesetzt, wenn `runif` den Wert u ergibt. Für stetige Verteilungen kann nur die zweite Methode benutzt werden.

12.4   Übungsaufgaben

Übung 12.1   Erzeugen Sie 1000 Zufallszahlen von folgenden Verteilungen:

1. Poisson-Verteilung mit Parameter $\lambda = 1$, $\lambda = 2$, $\lambda = 4$,
2. Exponentialverteilung mit Parameter $\lambda = \frac{1}{2}$, $\lambda = 1$, $\lambda = 2$,
3. Weibullverteilung mit Parameter $(\alpha, \beta) = (1, 1)$, $(\alpha, \beta) = (1, 2)$, $(\alpha, \beta) = (2, 1)$, $(\alpha, \beta) = (2, 2)$,
4. Gammaverteilung mit Parameter $(\alpha, \beta) = (1, 1)$, $(\alpha, \beta) = (1, 2)$, $(\alpha, \beta) = (2, 1)$, $(\alpha, \beta) = (2, 2)$,
5. χ^2-Verteilung mit 2, 3 und 10 Freiheitsgraden,
6. t-Verteilung mit 2, 3 und 10 Freiheitsgraden.

Stellen Sie die Zufallszahlen grafisch dar und stellen Sie diese Grafiken mit den grafischen Darstellungen der entsprechenden Dichten gegenüber.

Hinweis: Bei Zufallszahlen von einer stetigen Verteilung ist das Histogramm die richtige Darstellung, während bei Zufallszahlen von einer diskreten Verteilung ein Stabdiagramm gegeben durch `plot(x,type="h")` die angemessene Darstellung ist.

Literatur

Allen, T.T. (2006). Introduction to engineering statistics and Six Sigma. Statistical quality control and design of experiments and systems. Springer, London.

Zwei- und mehrdimensionale Wahrscheinlichkeitsverteilungen

13.1 Zweidimensionale Normalverteilung

Eine zweidimensionale stetige Wahrscheinlichkeitsverteilung von besonderer Bedeutung ist die **zweidimensionale Normalverteilung**. Sie besitzt in ihrer allgemeinsten Form fünf Parameter $\mu_1, \mu_2 \in \mathbb{R}$, $\sigma_1^2, \sigma_2^2 > 0$ und $\rho \in (-1, 1)$. Entsprechend wird sie bezeichnet mit $N_2(\mu_1, \mu_2, \sigma_1^2, \sigma_2^2, \rho)$. Ihre Dichtefunktion ist gegeben durch ($x, y \in \mathbb{R}$):

$$f(x, y) = \frac{1}{2\pi\sigma_1\sigma_2\sqrt{1-\rho^2}} \exp\left\{ -\frac{1}{2(1-\rho^2)}\left[\frac{(x-\mu_1)^2}{\sigma_1^2} - 2\rho\frac{(x-\mu_1)(y-\mu_2)}{\sigma_1\sigma_2} + \frac{(y-\mu_2)^2}{\sigma_2^2} \right] \right\}.$$

Gilt $\mu_1 = \mu_2 = 0$, $\sigma_1 = \sigma_2 = 1$ und $\rho = 0$, so heißt die entsprechende Verteilung **zweidimensionale Standardnormalverteilung**.

Die zweidimensionale Normalverteilung ist im Standardpaket von R nicht enthalten. Sie kann aber schnell selber geschrieben werden. Mit der Eingabe

```
> source("d2norm.asc")
```

kann diese Funktion als vorhandenes Programm eingelesen werden. Dazu müssen Sie nur die Datei d2norm.asc in den Ordner kopieren, auf das R zugreift. Mit der Eingabe

```
> fix(d2norm)
```

wird ein Fenster geöffnet, in der die selbstgeschriebene Funktion d2norm steht. Sie können in diesem Fenster auch die Funktion abändern, wobei die Änderung erhalten bleibt, wenn Sie speichern. Mit dem Befehl fix(Funktionsname) können neue Funktionen geschrieben und vorhandene selbstgeschriebene Funktionen abgeändert werden. Der Aufruf von fix(d2norm) ergibt folgendes:

C. Müller, L. Denecke, *Stochastik in den Ingenieurwissenschaften,*
Statistik und ihre Anwendungen, DOI 10.1007/978-3-642-38960-3_13,
© Springer-Verlag Berlin Heidelberg 2013

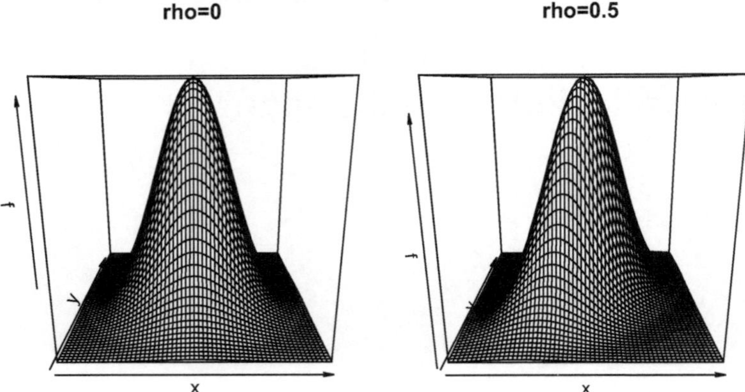

Abb. 13.1 Darstellung mit persp

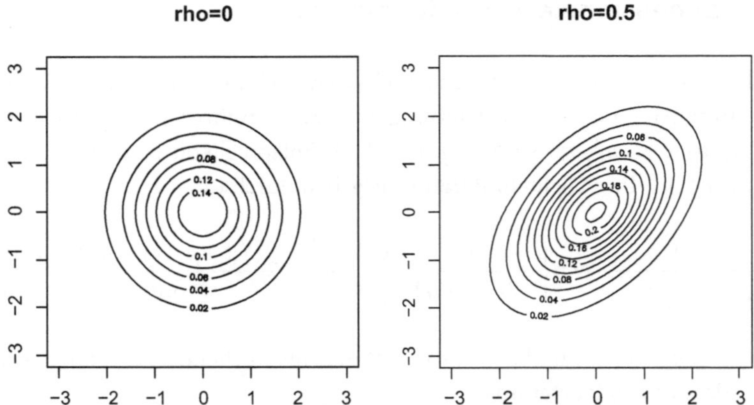

Abb. 13.2 Darstellung mit contour

```
function (x,y,m1=0,m2=0,sd1=1,sd2=1,rho=0)
{
# Dichte der zweidimensionalen Normalverteilung
f<-(1/(2*pi*sd1*sd2*sqrt(1-rho^2)))*exp((-1/(2*(1-rho^2)))*
   ((x-m1)^2/sd1^2-2*rho*(x-m1)*(y-m2)/(sd1*sd2)+(y-m2)^2/sd2^2))
f
}
```

Diese Funktion hat neben den Argumenten x und y die Parameter μ_1 = m1, μ_2 = m2, σ_1 = s1, σ_2 = s2 und ρ = rho, wobei die Parameter mit Voreinstellungen versehen sind, die die zweidimensionale Standardnormalverteilung ergeben. Die Dichte der zweidimensionalen Normalverteilung kann man sich als einen Berg vorstellen. Zur grafischen Darstellungen eines „Bergs" gibt es mehrere Möglichkeiten in R. Mit der R-Funktion persp erhält man eine perspektivische Darstellung (Abb. 13.1), mit contour eine Darstellung mit Höhen-

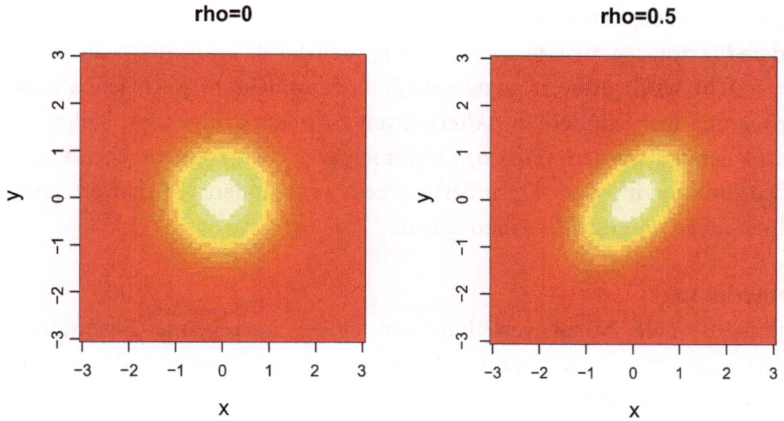

Abb. 13.3 Darstellung mit `image`

linien (Abb. 13.2) und mit `image` ein Bild, in dem helle Bereiche hohe Werte anzeigen (Abb. 13.3). Für die Anwendung dieser Funktionen muss ein Intervall von $\mathbb{R}^2$ gerastert werden. Mit Vektoren `x` und `y` kann diese Rasterung erzeugt werden. Dann muss eine Matrix mit den Funktionswerten an den Rasterpunkten erstellt werden. Hier wird diese Matrix `f` genannt, auch wenn sie in den R-Funktionen `z` genannt wird. Die Programm-Datei `dnorm_plot.asc` enthält die folgende Funktion, die die Dichtefunktion der Normalverteilung über dem Intervall $[-3, 3] \times [-3, 3]$ darstellt.

```
"d2norm.plot" <-
function (m1=0,m2=0,sd1=1,sd2=1,rho=0.5)
{
# Plottet die zweidimensionale Normalverteilung
par(pty="s")
x<-seq(-3,3,0.1)
y<-seq(-3,3,0.1)
I<-length(x)
J<-length(y)
f<-matrix(rep(0,I*J),ncol=J)
for(i in 1:I){
  for(j in 1:J){
   f[i,j]<-d2norm(x[i],y[j],m1=m1,m2=m2,sd1=sd1,sd2=sd2,rho=rho)
     }
  }
persp(x,y,f)
# contour(x,y,f)
# image(x,y,f)
title("rho=0.5")
}
```

`par(pty=ß")` erzeugt einen quadratischen Darstellungsbereich für die Grafik. Das ist insbesondere für `contour` und `image` wichtig, weil das Bild ansonsten verzerrt ist. Alles, was hinter # steht, wird ignoriert, so dass dahinter Kommentare geschrieben werden können. Hier werden insbesondere die Alternativen zu `persp` angezeigt. Sollen `contour` oder `image` benutzt werden, muss das Kommentarzeichen # entsprechend umgeändert werden. Die Funktion muss auch geändert werden, wenn andere Normalverteilungen über anderen Intervallen dargestellt werden sollen.

13.1.1 Bemerkung

Die zweidimensionale Normalverteilung hat einige interessante Eigenschaften. Gilt $(X, Y) \sim N_2(\mu_1, \mu_2, \sigma_1^2, \sigma_2^2, \rho)$, so sind z. B. beide Randverteilungen eindimensionale Normalverteilungen, d. h. es gilt:

$$f_X(x) = \frac{1}{\sqrt{2\pi}\sigma_1} \exp\left\{-\frac{(x-\mu_1)^2}{2\sigma_1^2}\right\}, \quad x \in \mathbb{R},$$

$$f_Y(y) = \frac{1}{\sqrt{2\pi}\sigma_2} \exp\left\{-\frac{(y-\mu_2)^2}{2\sigma_2^2}\right\}, \quad y \in \mathbb{R}.$$

13.2   Mehrdimensionale diskrete Verteilungen

Eine wichtige mehrdimensionale Verteilung ist die **Multinomialverteilung**, die die Binomialverteilung verallgemeinert.

- **Zähldichte:**

$$\text{Mult}(n_1, \ldots, n_r; n; p_1, \ldots, p_r) = \frac{n!}{n_1! n_2! \cdots n_r!} \prod_{i=1}^{r} p_i^{n_i}$$

  mit $n_1 + n_2 + \ldots + n_r = n$, $p_1 + p_2 + \ldots + p_r = 1$.
- **Träger:** $T_X = \{1, \ldots, n\}^r$
- **Anwendung:** Häufigkeiten von Zuständen, wenn mehr als zwei Zustände auftreten.

13.3   Mehrdimensionale stetige Verteilungen

Die wichtigste mehrdimensionale Verteilung ist die mehrdimensionale Normalverteilung. Diese hat im Fall von s Dimensionen als Parameter einen s-dimensionalen Vektor $\mu \in \mathbb{R}^s$ und eine symmetrische, positiv definite Matrix $\Sigma \in \mathbb{R}^{s \times s}$ ($A \in \mathbb{R}^{s \times s}$ ist positiv definit $:\Leftrightarrow$ $c^\top A c > 0$ für alle $c \in \mathbb{R}^s \setminus \{0\}$). Ist $x \in \mathbb{R}^s$, so ist die Dichte bei $x = (x_1, \ldots, x_s)^\top$ gegeben durch

$$f(x) = \frac{1}{\sqrt{(2\pi)^s \det(\Sigma)}} \exp\left\{-\frac{1}{2}(x-\mu)^\top \Sigma^{-1}(x-\mu)\right\},$$

dabei bezeichnet det die Determinante einer Matrix. Die zweidimensionale Normalverteilung ist ein Spezialfall der mehrdimensionalen Normalverteilung mit

$$\mu = \begin{pmatrix} \mu_1 \\ \mu_2 \end{pmatrix}, \quad \Sigma = \begin{pmatrix} \sigma_1^2 & \rho\sigma_1\sigma_2 \\ \rho\sigma_1\sigma_2 & \sigma_2^2 \end{pmatrix}.$$

13.4 Übungsaufgaben

Übung 13.1 Stellen Sie die folgenden Dichten von zweidimensionalen Normalverteilungen dar:

1. Mit `persp`, `contour`, `image` die Dichte der zweidimensionalen Normalverteilung mit μ_1 = m1 = 0, μ_2 = m2 = 1, σ_1 = sd1 = 1, σ_2 = sd2 = 1 und ρ = rho = 0.
2. Mit `contour` die Dichte der zweidimensionalen Normalverteilung mit μ_1 = m1 = 0, μ_2 = m2 = 1, σ_1 = sd1 = 1, σ_2 = sd2 = 2 und ρ = rho = 0.
3. Mit `contour` die Dichte der zweidimensionalen Normalverteilung mit μ_1 = m1 = 0, μ_2 = m2 = 1, σ_1 = sd1 = 1, σ_2 = sd2 = 1 und ρ = rho = 0.5.
4. Mit `contour` die Dichte der zweidimensionalen Normalverteilung mit μ_1 = m1 = 2, μ_2 = m2 = 1, σ_1 = sd1 = 1, σ_2 = sd2 = 1 und ρ = rho = 0.
5. Mit `contour` die Dichte der zweidimensionalen Normalverteilung mit μ_1 = m1 = 0, μ_2 = m2 = 1, σ_1 = sd1 = 1, σ_2 = sd2 = 1 und ρ = rho = −0.8.

Was bewirken die Änderungen der verschiedenen Parameter?

Bedingte Wahrscheinlichkeiten und stochastische Unabhängigkeit

14

14.1   Bedingte Wahrscheinlichkeiten

In vielen Situationen sind gewisse Vorinformationen bezüglich des Ereignisses A verfügbar. Beispielsweise ist bekannt, dass ein Ereignis B bereits eingetreten ist. Diese Zusatzinformation beeinflusst die Einschätzung der Wahrscheinlichkeiten.

14.1.1 Beispiel (Einfacher Würfelwurf $1, \ldots, 6$)
Beim einfachen Würfelwurf beträgt die Wahrscheinlichkeit eine vorgegebene Ziffer zu würfeln jeweils $\frac{1}{6}$. Ist bekannt, dass beim Wurf eine gerade Ziffer herausgekommen ist, so würde man mit Wahrscheinlichkeit $\frac{1}{3}$ erwarten, dass das Ergebnis eine 2 ist. Weiterhin würde niemand nach dieser Information auf eine ungerade Zahl setzen, d. h. die Wahrscheinlichkeit für eine ungerade Ziffer wäre Null.

Die im obigen Beispiel dargestellte Situation wird durch den Begriff der **bedingten Wahrscheinlichkeit** formalisiert.

14.1.2 Definition
Seien (Ω, P) ein Wahrscheinlichkeitsraum und B ein Ereignis mit $\mathrm{P}(B) > 0$. Dann wird die **bedingte Wahrscheinlichkeit eines Ereignisses A gegeben B** *definiert durch*

$$\mathrm{P}(A \mid B) = \frac{\mathrm{P}(A \cap B)}{\mathrm{P}(B)}.$$

Gelegentlich wird die Schreibweise $\mathrm{P}_B(A) = \mathrm{P}(A \mid B)$ benutzt. P_B heißt **bedingte Verteilung unter B**.

C. Müller, L. Denecke, *Stochastik in den Ingenieurwissenschaften*,
Statistik und ihre Anwendungen, DOI 10.1007/978-3-642-38960-3_14,
© Springer-Verlag Berlin Heidelberg 2013

14.1.3 Bemerkung

- P_B ist ein Wahrscheinlichkeitsmaß auf dem Grundraum B, d. h. P_B erfüllt die Kolmogorov-Axiome mit Grundraum B.

- In der Definition der bedingten Wahrscheinlichkeit wird für das Ereignis B positive Wahrscheinlichkeit vorausgesetzt. Im Folgenden sei dies grundsätzlich erfüllt, wenn bedingte Wahrscheinlichkeiten betrachtet werden.

14.1.4 Beispiel (Einfacher Würfelwurf $1, \ldots, 6$)

Im Beispiel 14.1.1 bezeichne B das Ereignis *gerade Zahl*, und A sei das Ereignis *es wird eine 2 gewürfelt*. Dann gilt $A \cap B = \{2\}$ und somit

$$P(A\,|\,B) = \frac{P(\{2\})}{P(\{2,4,6\})} = \frac{\frac{1}{6}}{\frac{1}{2}} = \frac{1}{3}.$$

Bezeichnet ferner C das Ereignis *ungerade Zahl*, so gilt offensichtlich $B \cap C = \varnothing$. Insgesamt gilt daher $P(C\,|\,B) = 0$.

Die Definition der bedingten Wahrscheinlichkeit $P(A\,|\,B)$ lässt sich auch in anderer Weise lesen:

$$P(A \cap B) = P(A\,|\,B) \cdot P(B).$$

Die Wahrscheinlichkeit des Schnittereignisses $A \cap B$ lässt sich also berechnen, wenn die bedingte Wahrscheinlichkeit von A gegeben B und die Wahrscheinlichkeit von B bekannt sind. Dies führt sogleich zu der Formel:

$$P(A) = P(A \cap B) + P(A \cap B^c) = P(A\,|\,B)P(B) + P(A\,|\,B^c)P(B^c).$$

Dies ist ein Spezialfall des **Satzes von der totalen Wahrscheinlichkeit**.

14.1.5 Satz (Satz von der totalen Wahrscheinlichkeit)

Seien $B_1, \ldots, B_I$ eine Zerlegung des Grundraums Ω, d. h. $B_1, \ldots, B_I$ sind paarweise disjunkt und $\bigcup_{i=1}^{I} B_i = \Omega$. Ferner gelte $P(B_i) > 0$, $i = 1, \ldots, I$. Dann gilt für die Wahrscheinlichkeit eines beliebigen Ereignisses A:

$$P(A) = \sum_{i=1}^{I} P(A\,|\,B_i)P(B_i).$$

Die sogenannten Wahrscheinlichkeitsbäume basieren genau auf diesem Prinzip. Folgende Grafik illustriert den Begriff *Zerlegung von Ω* für $I = 6$.

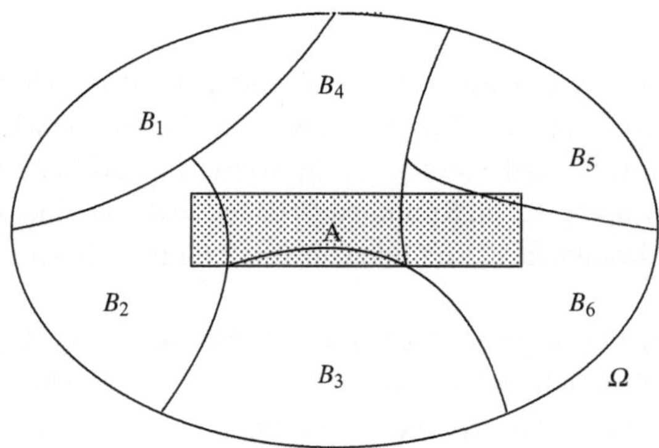

14.1.6 Beispiel (Maschinenteile)

Zwei Firmen V und W stellen ein Maschinenteil her. Sei B das Ereignis, dass das Maschinenteil von Firma V hergestellt wurde, und B^c das Ereignis, dass das Maschinenteil von Firma W hergestellt wurde. A sei das Ereignis, dass das Maschinenteil kaputt ist. Folgende Wahrscheinlichkeiten sind bekannt:

Wahrscheinlichkeit, dass das Maschinenteil von Firma V hergestellt wurde:	$P(B) = 0.04$
Wahrscheinlichkeit, dass das Maschinenteil kaputt ist, wenn es von Firma V hergestellt wurde:	$P(A\,|\,B) = 0.7$
Wahrscheinlichkeit, dass das Maschinenteil kaputt ist, wenn es von Firma W hergestellt wurde:	$P(A\,|\,B^c) = 0.01$

Zunächst folgt aus den Angaben $P(B^c) = 1 - P(B) = 0.96$, so dass

$$P(A) = P(A\,|\,B)P(B) + P(A\,|\,B^c)P(B^c) = 0.7 \cdot 0.04 + 0.01 \cdot 0.96 = 0.0376.$$

Daher beträgt die Wahrscheinlichkeit, dass das Maschinenteil kaputt ist, 3.76 %.

Eine weitere wichtige Regel für bedingte Wahrscheinlichkeiten ist die **Formel von Bayes**:

14.1.7 Satz (Formel von Bayes)

Seien $B_1, \ldots, B_I$ *eine Zerlegung des Grundraums* Ω, *d. h.* $B_1, \ldots, B_I$ *sind paarweise disjunkt und* $\bigcup_{i=1}^{I} B_i = \Omega$. *Ferner gelte* $P(B_i) > 0$, $i = 1, \ldots, I$, *und* $P(A) > 0$. *Dann gilt:*

$$P(B_i\,|\,A) = \frac{P(A\,|\,B_i)P(B_i)}{\sum_{j=1}^{I} P(A\,|\,B_j)P(B_j)}.$$

14.1.8 Bemerkung

- Bei der Bayesschen Formel wird von der **Wirkung** A auf die **Ursache** B_i zurückgeschlossen. A kann als Symptom interpretiert werden, das von verschiedenen Krankheiten $B_1, \ldots, B_I$ verursacht wird. Gesucht ist die Wahrscheinlichkeit, dass der Patient bei Beobachtung des Symptoms A an Krankheit B_i leidet. In dieser Situation ist man oft daran interessiert, die Krankheit B_i zu finden, die die größte Wahrscheinlichkeit $P(B_i \mid A)$ besitzt.
- $P(B_1), \ldots, P(B_I)$ heißen **A-priori-Wahrscheinlichkeiten**; $P(B_1 \mid A), \ldots, P(B_I \mid A)$ heißen **A-posteriori-Wahrscheinlichkeiten**. Die A-priori-Wahrscheinlichkeiten sind als subjektive Vorbewertung zu interpretieren, die durch zusätzliche Information (Eintreten des Ereignisses A) in die A-posteriori-Wahrscheinlichkeiten überführt werden. Dieser Zusammenhang wird durch die Bayessche Formel hergestellt.

14.1.9 Beispiel (Medizinische Labortests)

Die Formel von Bayes kann zur Analyse von medizinischen Labortests verwendet werden. Dabei sind prinzipiell zwei Situationen von Falschergebnissen zu unterscheiden: der Test erkennt eine Krankheit nicht, obwohl die Person erkrankt ist (*falsch negativ*), bzw. der Test ergibt eine Erkrankung, obwohl die Person tatsächlich gesund ist (*falsch positiv*). Als Beispiel sei der ELISA-Test zur Erkennung einer HIV-Infektion gewählt (siehe Henze 2010, S. 107–109).

Der ELISA-Test erkennt mit Wahrscheinlichkeit 0.997, dass eine erkrankte Person auch tatsächlich erkrankt ist. Die Wahrscheinlichkeit, dass eine gesunde Person als krank erkannt wird, beträgt 0.001.

Nimmt man nun an, dass die Wahrscheinlichkeit krank zu sein $q \in [0, 1]$ ist, so beträgt die Wahrscheinlichkeiten tatsächlich krank (Ereignis B) zu sein, wenn ein positiver Befund vorliegt (Ereignis A):

$$P(B \mid A) = \frac{P(A \mid B) \cdot P(B)}{P(A \mid B) \cdot P(B) + P(A \mid B^c) \cdot P(B^c)} = \frac{0.997 \cdot q}{0.997 \cdot q + 0.001(1 - q)}.$$

Für $q = 0.02$ (d. h. das Krankheitsrisiko liegt bei 2 %) ergibt sich $P(B \mid A) = 0.953$. Die Wahrscheinlichkeit bei positivem Befund auch tatsächlich erkrankt zu sein, liegt daher bei etwa 95 %. Bei einem Risikowert von 0.2 % liegt die Wahrscheinlichkeit bei ca. 67 %. Insbesondere ist ersichtlich, dass die Wahrscheinlichkeit bei positivem Testergebnis erkrankt zu sein, stark von der subjektiven Einschätzung des Risikos q abhängt.

Mit etwas unrealistischen bedingten Wahrscheinlichkeiten und höherer Krankheitswahrscheinlichkeit kann dieser Effekt auch grafisch veranschaulicht werden. Dazu sei $P(A \mid B) = 1/2$ die Wahrscheinlichkeit, dass der Test eine kranke Person auch als krank erkennt, und $P(A \mid B^c) = 1/3$ die Wahrscheinlichkeit, dass der Test eine gesunde Person als krank erkennt. Für $P(B) = 1/4$ und $P(B) = 1/2$ können die einzelnen Wahrscheinlichkeiten als Anteile eines Kreises dargestellt werden:

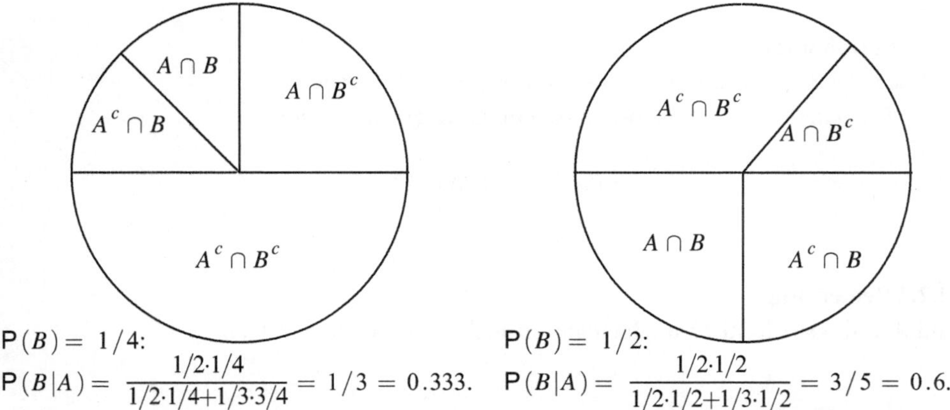

$$P(B) = 1/4:$$
$$P(B|A) = \frac{1/2 \cdot 1/4}{1/2 \cdot 1/4 + 1/3 \cdot 3/4} = 1/3 = 0.333.$$

$$P(B) = 1/2:$$
$$P(B|A) = \frac{1/2 \cdot 1/2}{1/2 \cdot 1/2 + 1/3 \cdot 1/2} = 3/5 = 0.6.$$

14.2 Stochastische Unabhängigkeit von Ereignissen

Im vorhergehenden Abschnitt wurde der Begriff der bedingten Wahrscheinlichkeit eingeführt. Dabei wurde der Einfluss eines Ereignisses B auf ein Ereignis A durch die Wahr-
scheinlichkeit $P(A|B)$ modelliert. Intuitiv würde man die Ereignisse A und B als unabhän-
gig betrachten, wenn die Wahrscheinlichkeit von A nicht davon abhängt, ob B eingetreten
ist oder nicht, d. h.

$$P(A|B) = P(A). \tag{14.1}$$

14.2.1 Beispiel (Urne)

Aus einer Urne mit zwei roten und drei schwarzen Kugeln werden mit Zurücklegen zwei
Kugeln entnommen. *A* bezeichne das Ereignis *2. Kugel schwarz*, *B* sei das Ereignis *1. Kugel
rot*. Dann gilt:

$$P(A) = \frac{3}{5}, \quad P(B) = \frac{2}{5}, \quad P(A \cap B) = \frac{6}{25}, \quad P(A|B) = \frac{3}{5} = P(A).$$

Dieser Sachverhalt spiegelt die Situation wider, dass die Ziehungen sich durch das Zurücklegen der Kugeln nicht beeinflussen. Wird das Experiment mittels Ziehen ohne Zurückle-
gen durchgeführt, so gilt $P(A|B) = 0.75 \neq 0.6 = P(A)$. Dies zeigt, dass die Wahrschein-
lichkeit ansteigt im zweiten Zug eine schwarze Kugel zu ziehen, wenn bekannt ist, dass im
ersten eine rote entnommen wurde.

In der Bedingung (14.1) wird vorausgesetzt, dass $P(B) > 0$ ist, da sonst die bedingte
Wahrscheinlichkeit nicht definiert ist. Um diese Schwierigkeit zu umgehen, wird die **stochastische Unabhängigkeit** zweier Ereignisse A und B definiert durch:

14.2.2 Definition

Seien (Ω, P) ein Wahrscheinlichkeitsraum und A, B Ereignisse.
*Dann heißen A und B **stochastisch unabhängig**, wenn gilt:*

$$\mathsf{P}(A \cap B) = \mathsf{P}(A) \cdot \mathsf{P}(B).$$

14.2.3 Bemerkung

Sind A und B stochastisch unabhängig, so auch A, B^c; A^c, B und A^c, B^c.

Ereignisse $A_1, \ldots, A_N$ heißen **paarweise stochastisch unabhängig**, falls $\mathsf{P}(A_n \cap A_m) = \mathsf{P}(A_n) \cdot \mathsf{P}(A_m)$ für alle $n \neq m$.

Ereignisse $A_1, \ldots, A_N$ heißen **gemeinsam stochastisch unabhängig**, falls für alle Auswahlen von Indizes $\{n_1, \ldots, n_s\} \subset \{1, \ldots, N\}$ gilt:

$$\mathsf{P}(A_{n_1} \cap A_{n_2} \cap \cdots \cap A_{n_s}) = \mathsf{P}(A_{n_1}) \cdot \mathsf{P}(A_{n_2}) \cdots \mathsf{P}(A_{n_s}).$$

Für $N = 3$ bedeutet dies: die Ereignisse A_1, A_2, A_3 sind gemeinsam stochastisch unabhängig, falls:

$$\mathsf{P}(A_1 \cap A_2) = \mathsf{P}(A_1)\mathsf{P}(A_2),\ \mathsf{P}(A_1 \cap A_3) = \mathsf{P}(A_1)\mathsf{P}(A_3),$$
$$\mathsf{P}(A_2 \cap A_3) = \mathsf{P}(A_2)\mathsf{P}(A_3),\ \mathsf{P}(A_1 \cap A_2 \cap A_3) = \mathsf{P}(A_1)\mathsf{P}(A_2)\mathsf{P}(A_3).$$

Zur paarweisen stochastischen Unabhängigkeit kommt daher noch eine zusätzlich Forderung dazu. Dies bedeutet insbesondere, dass die gemeinsame stochastische Unabhängigkeit von Ereignissen deren paarweise Unabhängigkeit impliziert. Die Umkehrung ist aber im Allgemeinen nicht richtig (siehe Beispiel 14.2.4). Wenn im Folgenden von stochastischer Unabhängigkeit mehrerer Ereignisse gesprochen wird, so meint dies immer gemeinsame stochastische Unabhängigkeit.

14.2.4 Beispiel (Stochastische Unabhängigkeit)

Seien $\Omega = \{1, 2, 3, 4\}$ und P die Laplace-Verteilung auf Ω. Die Ereignisse $A = \{1, 2\}$, $B = \{1, 3\}$, $C = \{2, 3\}$ sind dann paarweise stochastisch unabhängig, da

$$\mathsf{P}(A) = \mathsf{P}(B) = \mathsf{P}(C) = \frac{1}{2}, \quad \mathsf{P}(A \cap B) = \mathsf{P}(A \cap C) = \mathsf{P}(B \cap C) = \frac{1}{4}.$$

Wegen $A \cap B \cap C = \emptyset$ gilt jedoch:

$$P(A \cap B \cap C) = 0 \neq \frac{1}{8} = P(A)P(B)P(C),$$

d. h. A, B, C sind nicht gemeinsam stochastisch unabhängig.

14.2.5 Beispiel (Zweifacher Würfelwurf $1, \ldots, 6$, Fortsetzung von Beispiel 9.0.5)
In Beispiel 9.0.5 wurden beim zweifachen Würfelwurf die Ereignisse A = *erste Ziffer gerade*
und B = *Summe beider Ziffern ist gerade* betrachtet. Als Wahrscheinlichkeiten ergeben sich

$$P(A) = \frac{18}{36} = \frac{1}{2}, \quad P(B) = \frac{18}{36} = \frac{1}{2} \quad \text{und} \quad P(A \cap B) = \frac{9}{36} = \frac{1}{4}.$$

Daher gilt $P(A \cap B) = \frac{1}{4} = P(A)P(B)$, so dass die Ereignisse A und B stochastisch unabhängig sind. Die Ereignisse D = *Beide Ziffern sind gleich* und B sind hingegen nicht stochastisch
unabhängig.

14.2.6 Beispiel (Münzwurf)
Ein Münzwurf werde beliebig oft unabhängig durchgeführt, wobei die Wahrscheinlichkeit
für *Kopf* durch eine Zahl $p \in (0,1)$ gegeben sei. Die Zufallsvariable X beschreibe die Wartezeit bis zum ersten Mal *Kopf* auftritt. Da das erste Mal *Kopf* in einem beliebigen Wurf
$1, 2, 3, \ldots$ auftreten kann, sind für die Wartezeit bis zum Eintritt dieses Ereignisses die Werte $0, 1, 2, \ldots$ möglich. Bezeichne A_j, $j \in \mathbb{N}$, das Ereignis, dass im j-ten Wurf *Zahl* auftritt.
Dann gilt nach Voraussetzung $A_1, A_2, \ldots$ sind (gemeinsam) stochastisch unabhängig und
$P(A_j) = 1 - p$, $j \in \mathbb{N}$. Sei k die Wartezeit, dann gilt für

- $k = 0$: $P(X = 0) = P(A_1^c) = p$,
- $k = 1$: $P(X = 1) = P(A_1 \cap A_2^c) = P(A_1) \cdot P(A_2^c) = (1 - p)p$,
- $k \in \mathbb{N}$: $P(X = k) = P(A_1 \cap \cdots \cap A_k \cap A_{k+1}^c) = (\prod_{j=1}^{k} P(A_j))P(A_{k+1}^c) = (1 - p)^k p$.

Insgesamt gilt also $P(X = k) = p(1 - p)^k$, $k \in \mathbb{N}_0 = \mathbb{N} \cup \{0\}$. Diese Verteilung ist die
geometrische Verteilung mit Parameter p (siehe Beispiel 12.1.5).

14.3 Unabhängigkeit von Zufallsvariablen

In Abschn. 14.2 wurde die Unabhängigkeit zweier Ereignisse A und B definiert durch die
Eigenschaft:

$$P(A \cap B) = P(A) \cdot P(B).$$

Die Forderung dieser Produkteigenschaft wird nun auf Zufallsvariablen übertragen.

14.3.1 Definition (Stochastische Unabhängigkeit von Zufallsvariablen)

Seien X und Y Zufallsvariablen mit Verteilungsfunktionen F_X, F_Y und $F_{(X,Y)}$. Dann heißen X und Y stochastisch unabhängig, falls

$$F_{(X,Y)}(x,y) = F_X(x) \cdot F_Y(y) \quad \text{für alle } x, y \in \mathbb{R}.$$

Zufallsvariablen $X_1, \ldots, X_N$ heißen stochastisch unabhängig, falls

$$F_{(X_1,\ldots,X_N)}(x_1,\ldots,x_N) = P(X_1 \le x_1, \ldots, X_N \le x_N) = \prod_{n=1}^{N} F_{X_n}(x_n)$$

für alle $x_1, \ldots, x_N \in \mathbb{R}$.

14.3.2 Bemerkung

Die Unabhängigkeit von Zufallsvariablen lässt sich auch mittels der (Zähl-)Dichten überprüfen.

- **Diskreter Fall:** Äquivalent zur Definition 14.3.1 ist die Bedingung an die Zähldichten der Zufallsvariablen:

$$P(X = x_j, Y = y_k) = P(X = x_j) \cdot P(Y = y_k) \quad \text{für alle } j \text{ und } k.$$

Diese Bedingung erinnert an die ursprüngliche Definition der Unabhängigkeit von Ereignissen. Für Zufallsvariablen $X_1, \ldots, X_N$ lautet die Bedingung:

$$P(X_1 = x_1, \ldots, X_N = x_N) = \prod_{n=1}^{N} P(X_n = x_n) \quad \text{für alle } x_n \in T_{X_n}, n = 1, \ldots, N.$$

- **Stetiger Fall:** Äquivalent zur Definition 14.3.1 ist die Bedingung an die Dichten der Zufallsvariablen:

$$f_{(X,Y)}(x,y) = f_X(x) \cdot f_Y(y) \quad \text{für alle } x \text{ und } y.$$

Für Zufallsvariablen $X_1, \ldots, X_N$ lautet die Bedingung:

$$f_{(X_1,\ldots,X_N)}(x_1,\ldots,x_N) = \prod_{n=1}^{N} f_{X_n}(x_n) \quad \text{für alle } x_1, \ldots, x_N \in \mathbb{R}.$$

Je nach Fragestellung kann es einfacher sein die Definition zu benutzen oder auf diese äquivalenten Formulierungen zurückzugreifen.

14.3.3 Beispiel (Zweifacher Würfelwurf 1, 2, 3, Fortsetzung von Beispiel 11.2.1)
Ein Würfel, der die Ziffern 1, 2 und 3 jeweils zweimal enthält, wird zweimal geworfen, d. h.
$\Omega : \{(\omega_1, \omega_2); \omega_i \in \{1, 2, 3\}, i = 1, 2\}$. Wir definieren die Zufallsvariablen $X, Y, Z : \Omega \to \mathbb{R}$,
$X(\omega_1, \omega_2) := |\omega_1 - \omega_2|$, $Y(\omega_1, \omega_2) := \omega_1$ und $Z(\omega_1, \omega_2) := \omega_2$. Betrachten wir das Paar
(Y, Z) so erhalten wir für die gemeinsame Verteilung:

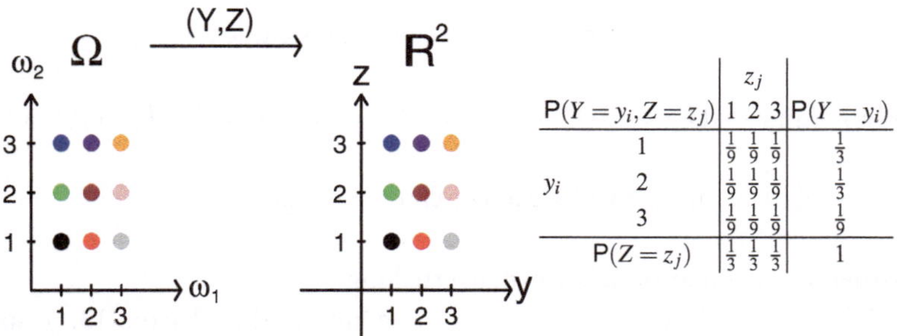

$P(Y = y_i, Z = z_j)$	z_j 1	2	3	$P(Y = y_i)$
1	$\frac{1}{9}$	$\frac{1}{9}$	$\frac{1}{9}$	$\frac{1}{3}$
y_i 2	$\frac{1}{9}$	$\frac{1}{9}$	$\frac{1}{9}$	$\frac{1}{3}$
3	$\frac{1}{9}$	$\frac{1}{9}$	$\frac{1}{9}$	$\frac{1}{9}$
$P(Z = z_j)$	$\frac{1}{3}$	$\frac{1}{3}$	$\frac{1}{3}$	1

Wir sehen schon an der Grafik, dass für alle $y_j, z_k = 1, 2, 3$ gilt $P(Y = y_j, Z = z_k) = P(Y = y_j)P(Z = z_k)$, da immer $P(Y = y_j, Z = z_k) = \frac{1}{9}$ und $P(Y = y_j) = P(Z = z_k) = \frac{1}{3}$ gilt. Somit sind Y und Z stochastisch unabhängig. Für das Paar (X, Y) hat dagegen die gemeinsame Verteilung die folgende Form:

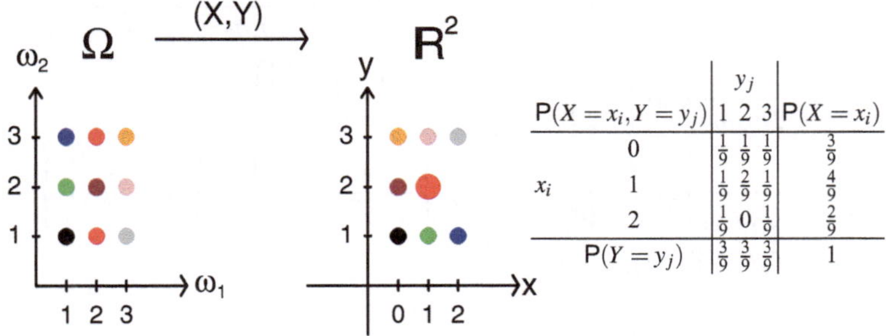

$P(X = x_i, Y = y_j)$	y_j 1	2	3	$P(X = x_i)$
0	$\frac{1}{9}$	$\frac{1}{9}$	$\frac{1}{9}$	$\frac{3}{9}$
x_i 1	$\frac{1}{9}$	$\frac{2}{9}$	$\frac{1}{9}$	$\frac{4}{9}$
2	$\frac{1}{9}$	0	$\frac{1}{9}$	$\frac{2}{9}$
$P(Y = y_j)$	$\frac{3}{9}$	$\frac{3}{9}$	$\frac{3}{9}$	1

Die Zufallsvariablen X und Y sind nicht stochastisch unabhängig, da z. B. $P(X = 2, Y = 2) = 0$ gilt, so dass bei stochastischer Unabhängigkeit $P(X = 2) \cdot P(Y = 2) = 0$ gelten müsste. Es ist aber $P(X = 2) = \frac{2}{9}$ und $P(Y = 2) = \frac{3}{9}$ und damit $P(X = 2, Y = 2) \neq P(X = 2)P(Y = 2)$.

14.3.4 Beispiel (Stochastische Unabhängigkeit)
In Beispiel 11.2.2 ergibt sich für das Produkt der Zähldichten p_j^X, $j \in \mathbb{N}_0$, und p_k^Y, $k = 0, \dots, K$:

$$p_j^X \cdot p_k^Y = \frac{1}{2^{j+1}} \cdot \binom{K}{k} \frac{1}{2^K} = \binom{K}{k} \frac{1}{2^{K+j+1}} = p_{jk}.$$

Daher ist die Produkteigenschaft für die Zähldichten erfüllt, und X und Y sind stochastisch unabhängig.

In Beispiel 11.2.3 kann die Produkteigenschaft der Verteilungsfunktionen zur Untersuchung der Unabhängigkeit verwendet werden. Wären die Zufallsvariablen X und Y stochastisch unabhängig, so müsste $F_{(X,Y)} = F_X(x) \cdot F_Y(y)$ für alle $x, y \in \mathbb{R}$ gelten. Wegen

$$F_X(x) \cdot F_Y(y) = (1 - e^{-x})(1 - e^{-y} - ye^{-y}) \text{ für } x, y \geq 0$$

und $F_{(X,Y)}(x, y) = 1 - e^{-y} - ye^{-y}$ für $0 \leq y < x$, gilt offensichtlich

$$F_X(x) \cdot F_Y(y) = (1 - e^{-x})(1 - e^{-y} - ye^{-y}) \neq 1 - e^{-y} - ye^{-y} = F_{(X,Y)}(x, y)$$

für $0 \leq y < x$, so dass X und Y nicht stochastisch unabhängig sind.

14.3.5 Beispiel (Zweidimensionale Normalverteilung)
Besitzt (X, Y) eine zweidimensionale Normalverteilung (siehe Abschn. 13.1), so sind X und Y genau dann stochastisch unabhängig, wenn $\rho = 0$ gilt. Denn es gilt $\rho = 0$ genau dann, wenn

$$
\begin{aligned}
f_{(X,Y)}(x, y) &= \frac{1}{2\pi\sigma_1\sigma_2\sqrt{1 - \rho^2}} \\
&\quad \cdot \exp\left\{ -\frac{1}{2(1 - \rho^2)} \left[\frac{(x - \mu_1)^2}{\sigma_1^2} - 2\rho\frac{(x - \mu_1)(y - \mu_2)}{\sigma_1\sigma_2} + \frac{(y - \mu_2)^2}{\sigma_2^2} \right] \right\} \\
&= \frac{1}{2\pi\sigma_1\sigma_2} \exp\left\{ -\frac{1}{2} \left[\frac{(x - \mu_1)^2}{\sigma_1^2} + \frac{(y - \mu_2)^2}{\sigma_2^2} \right] \right\} \\
&= \frac{1}{\sqrt{2\pi}\sigma_1} \exp\left\{ -\frac{1}{2\sigma_1^2}(x - \mu_1)^2 \right\} \frac{1}{\sqrt{2\pi}\sigma_2} \exp\left\{ -\frac{1}{2\sigma_2^2}(y - \mu_2)^2 \right\} \\
&= f_X(x) f_Y(y).
\end{aligned}
$$

Dabei sind nach Bemerkung 13.1.1 die Randdichten f_X und f_Y Dichten von eindimensionalen Normalverteilungen.

14.4   Verteilung von Funktionen von Zufallsvariablen

In diesem Abschnitt wird die Wahrscheinlichkeitsverteilung von Funktionen diskreter und stetiger Zufallsvariablen diskutiert.

Seien X und Y diskrete Zufallsvariablen mit Zähldichte $P(X = x_j, Y = y_k)$ und $h : \mathbb{R}^2 \to \mathbb{R}$ eine Funktion. Dann ist die Verteilung der Zufallsvariablen $h(X, Y)$

bestimmt durch

$$P(h(X, Y) = l) = \mathsf{P}^{(X,Y)}(\{(x_j, y_k);\, h(x_j, y_k) = l\})$$
$$= \sum_{(j,k):h(x_j,y_k)=l} P(X = x_j, Y = y_k).$$

14.4.1 Beispiel (0-1-Experiment)

Seien $h(x, y) = x \cdot y$, $X \sim \mathsf{Bin}(2, p)$, $p \in (0,1)$, und Y eine Zufallsvariable mit Zähldichte

$$P(Y = 1) = 1 - t, \quad P(Y = 2) = t, \quad t \in (0,1).$$

Ferner seien X und Y stochastisch unabhängig. Dann besitzt $h(j, k)$ für $j \in \{0, 1, 2\}$, $k \in \{1, 2\}$ offensichtlich die möglichen Werte $\{0, 1, 2, 4\}$. Damit gilt für $P(XY = l)$, $l = 0, 1, 2, 4$:

$$P(XY = 0) = P(X = 0 \text{ oder } Y = 0) = P(X = 0) = (1 - p)^2,$$
$$P(XY = 1) = P(X = 1, Y = 1) = P(X = 1)P(Y = 1) = 2p(1 - p)(1 - t),$$
$$P(XY = 2) = P(X = 1, Y = 2 \text{ oder } X = 2, Y = 1)$$
$$= P(X = 1, Y = 2) + P(X = 2, Y = 1)$$
$$= P(X = 1)P(Y = 2) + P(X = 2)P(Y = 1) = 2p(1 - p)t + p^2(1 - t),$$
$$P(XY = 4) = P(X = 2, Y = 2) = P(X = 2)P(Y = 2) = p^2 t.$$

14.4.2 Beispiel (Summe von $\mathsf{Bin}(1, p)$-verteilten Zufallsvariablen)

Seien $h(x, y) := x + y$ und X, Y stochastisch unabhängige Zufallsvariable mit $X, Y \sim$ $\mathsf{Bin}(1, p)$, $p \in (0,1)$. Dann gilt für die Verteilung von $X + Y$:

$$P(X + Y = 0) = P(X = 0, Y = 0) = P(X = 0)P(Y = 0) = (1 - p)^2,$$
$$P(X + Y = 1) = P(X = 0, Y = 1 \text{ oder } X = 1, Y = 0)$$
$$= P(X = 0, Y = 1) + P(X = 1, Y = 0)$$
$$= P(X = 0)P(Y = 1) + P(X = 1)P(Y = 0) = 2p(1 - p),$$
$$P(X + Y = 2) = P(X = 1, Y = 1) = P(X = 1)P(Y = 1) = p^2.$$

Damit gilt $X + Y \sim \mathsf{Bin}(2, p)$. Die Summe zweier stochastisch unabhängiger $\mathsf{Bin}(1, p)$-verteilter Zufallsvariablen ist also wiederum binomialverteilt, jedoch mit den Parametern 2 und p.

Allgemein gilt: Sind $X \sim \text{Bin}(n, p)$ und $Y \sim \text{Bin}(m, p)$ stochastisch unabhängig, so gilt $X + Y \sim \text{Bin}(n + m, p)$. Die ersten Parameter n und m werden also addiert, während der zweite Parameter unverändert bleibt.

Eine weitere Verallgemeinerung ist: Sind $X_1, \ldots, X_N \sim \text{Bin}(1, p)$ stochastisch unabhängig, so gilt:

$$\sum_{n=1}^{N} X_n \sim \text{Bin}(N, p).$$

Die Summe von N stochastisch unabhängigen Bernoulli-verteilten Zufallsvariablen ist daher binomialverteilt mit Parametern N und p.

14.4.3 Satz

$X_1, \ldots, X_n$ *seien stochastisch unabhängig.*

(a) Gilt $X_n \sim \text{Bin}(1, p)$ für $n = 1, \ldots, N$, so gilt

$$\sum_{n=1}^{N} X_n \sim \text{Bin}(N, p),$$

d. h. die Summe unabhängiger Bernoulli-verteilter Zufallsvariablen ist binomialverteilt.

(b) Gilt $X_n \sim \text{Poi}(\lambda)$ für $n = 1, \ldots, N$, so gilt

$$\sum_{n=1}^{N} X_n \sim \text{Poi}(N\lambda),$$

d. h. die Summe unabhängiger Poisson-verteilter Zufallsvariablen ist wieder Poisson-verteilt.

(c) Gilt $X_n \sim \text{N}(\mu, \sigma^2)$ für $n = 1, \ldots, N$, so gilt

$$\sum_{n=1}^{N} X_n \sim \text{N}(N\mu, N\sigma^2),$$

d. h. die Summe unabhängiger normalverteilter Zufallsvariablen ist wieder normalverteilt.

14.5 Übungsaufgaben

Übung 14.1 Eine Firma bezieht ein Bauteil von vier Lieferanten A, B, C, D in folgenden Anteilen:

$$A: 30\,\%, \quad B: 20\,\%, \quad C: 40\,\%, \quad D: 10\,\%.$$

Der Anteil der fehlerhaften gelieferten Bauteile beträgt bei

$$A: \frac{10}{100}, \quad B: \frac{5}{100}, \quad C: \frac{5}{100}, \quad D: \frac{90}{100}.$$

Die Firma baut zufällig eins von den gelieferten Bauteilen ein.

(a) Wie groß ist dann die Wahrscheinlichkeit, dass das eingebaute Bauteil fehlerhaft ist?

(b) Wie groß ist die Wahrscheinlichkeit, dass ein fehlerhaftes eingebautes Bauteil von der Firma A stammt?

Übung 14.2 Sei X eine Zufallsvariable mit Exponentialverteilung mit Parameter $\lambda = 1$. Bestimmen Sie folgende Wahrscheinlichkeiten:

$$P(X \geq 3), \quad P\left(X \geq \frac{1}{2}\right), \quad P(X \geq 1), \quad P\left(X \geq 1 \,\middle|\, X \geq \frac{1}{2}\right),$$

$$P(X \geq 2 \,|\, X \geq 1), \quad P(X \geq 4 \,|\, X \geq 1).$$

Welche Vermutung leiten Sie davon ab?

Übung 14.3 Die Zufallsvariablen X und Y beschreiben die Bewertungen eines Bauteils in zwei Tests. Die Verteilung von (X, Y) ist durch folgende unvollständige Tabelle gegeben:

$P(X = x_j, Y = y_k)$		y_k		$P(X = x_j)$
	1	2	3	
1	$\frac{1}{20}$	0		0.05
2	$\frac{3}{20}$		$\frac{1}{20}$	0.25
x_j 3	$\frac{3}{20}$		$\frac{1}{20}$	0.3
4	$\frac{1}{20}$	$\frac{1}{5}$		
$P(Y = y_k)$				

(a) Vervollständigen Sie die Tabelle.

(b) Sind X und Y stochastisch unabhängig oder gibt es einen Zusammenhang zwischen den Tests?

Übung 14.4 Während eines Flugs versage jedes Triebwerk eines Flugzeuges unabhängig von den anderen mit Wahrscheinlichkeit $p = 0.5$. Das Flugzeug bleibe flugfähig, wenn mindestens die Hälfte der Triebwerke funktioniert.

Vergleichen Sie die Zuverlässigkeit von Flugzeugen mit zwei bzw. vier Triebwerken, d. h. berechnen Sie die Wahrscheinlichkeit, dass das jeweilige Flugzeug funktionsfähig ist. Was ändert sich für $p = 0.6$?

Literatur

Henze, N. (2010). Stochastik für Einsteiger. Eine Einführung in die faszinierende Welt des Zufalls. Vieweg + Teubner, Wiesbaden.

Wie Zufallszahlen und damit auch Daten durch einige wenige Parameter wie arithmetisches Mittel, Standardabweichung, p-Quantil beschrieben werden können, können Wahrscheinlichkeitsverteilungen durch Verteilungsparameter beschrieben werden.

Die Analoga zu arithmetischem Mittel und empirischer Varianz sind Erwartungswert und Varianz.

15.1 Diskrete Wahrscheinlichkeitsverteilungen

Sei X eine diskrete Zufallsvariable mit Träger $T_X = \{x_1, x_2, \dots\}$ und Zähldichte $p_j = P(X = x_j)$. Alle im Folgenden auftretenden Grenzwerte werden als existent vorausgesetzt.

15.1.1 Definition
*Der **Erwartungswert** der Zufallsvariablen X ist definiert durch*

$$E(X) = \sum_{x_j \in T_X} x_j P(X = x_j) = \begin{cases} \sum_{j=1}^{J} x_j p_j, & T_X = \{x_1, \dots, x_J\}, \\ \sum_{j=1}^{\infty} x_j p_j, & T_X = \{x_1, x_2, \dots\}. \end{cases}$$

*Die **Varianz** der Zufallsvariablen X ist definiert durch*

$$\mathrm{var}(X) = E\left((X - E(X))^2\right) = \sum_{x_j \in T_X} (x_j - E(X))^2 P(X = x_j)$$

$$= \begin{cases} \sum_{j=1}^{J} (x_j - E(X))^2 p_j, & T_X = \{x_1, \dots, x_J\}, \\ \sum_{j=1}^{\infty} (x_j - E(X))^2 p_j, & T_X = \{x_1, x_2, \dots\}. \end{cases}$$

*Die **Standardabweichung** der Zufallsvariablen X ist definiert durch $\sqrt{\mathrm{var}(X)}$.*

C. Müller, L. Denecke, *Stochastik in den Ingenieurwissenschaften*, Statistik und ihre Anwendungen, DOI 10.1007/978-3-642-38960-3_15, © Springer-Verlag Berlin Heidelberg 2013

Ist $h : \mathbb{R} \to \mathbb{R}$ eine Funktion, so gilt für den Erwartungswert der transformierten Zufallsgröße $h(X)$:

$$E\left(h(X)\right) = \sum_{x_j \in T_X} h(x_j)P(X = x_j) = \begin{cases} \sum_{j=1}^{J} h(x_j)p_j, & T_X = \{x_1, \ldots, x_J\}, \\ \sum_{j=1}^{\infty} h(x_j)p_j, & T_X = \{x_1, x_2, \ldots\}. \end{cases}$$

Speziell für $h(x) = x^k$ erhält man das **k-te Moment** von X: $m_k = E(X^k)$, $k \in \mathbb{N}$.

Im Folgenden werden für einige Verteilungen Erwartungswerte und Varianzen berechnet.

15.1.2 Beispiel (Erwartungswert und Varianz)

1. Sei X eine diskrete Zufallsvariable mit Verteilung

k	2	4	10	15	20
$P(X = k)$	0.1	0.5	0.3	0.08	0.02

Dann gilt für den Erwartungswert

$$E(X) = 2 \cdot 0.1 + 4 \cdot 0.5 + 10 \cdot 0.3 + 15 \cdot 0.08 + 20 \cdot 0.02 = 0.2 + 2 + 3 + 1.2 + 0.4 = 6.8.$$

Für die Varianz erhält man

$$\begin{aligned} \mathrm{var}(X) &= (2 - 6.8)^2 \cdot 0.1 + (4 - 6.8)^2 \cdot 0.5 + (10 - 6.8)^2 \cdot 0.3 \\ &\quad + (15 - 6.8)^2 \cdot 0.08 + (20 - 6.8)^2 \cdot 0.02 \\ &= 23.536. \end{aligned}$$

2. **Einpunktverteilung $X \sim \varepsilon_a$:** Da $T_X = \{a\}$ gilt, folgt sofort aus Beispiel 12.1.1:

$$E(X) = \sum_{j=1}^{1} a\,P(X = a) = a, \quad \mathrm{var}(X) = \sum_{j=1}^{1}(a - E(X))^2 P(X = a) = 0.$$

3. **Diskrete Gleichverteilung $X \sim \mathbf{G}(x_1, \ldots, x_J)$:** Da $P(X = x_j) = \frac{1}{J}$ gilt (siehe Beispiel 12.1.2), folgt:

$$E(X) = \sum_{j=1}^{J} x_j P(X = x_j) = \frac{1}{J}\sum_{j=1}^{J} x_j = \overline{x}, \quad \mathrm{var}(X) = \frac{1}{J}\sum_{j=1}^{J}(x_j - \overline{x})^2 = \frac{J-1}{J}s_x^2.$$

4. **Poisson-Verteilung** $X \sim \textbf{Poi}(\lambda)$: Für den Erwartungswert der Poisson-Verteilung (siehe Beispiel 12.1.6) gilt:

$$E(X) = \sum_{j=0}^{\infty} j\, P(X = j) = \sum_{j=1}^{\infty} j\, e^{-\lambda} \frac{\lambda^j}{j!} = \sum_{j=1}^{\infty} e^{-\lambda} \frac{\lambda^j}{(j-1)!}$$

$$= \lambda \sum_{j=1}^{\infty} e^{-\lambda} \frac{\lambda^{j-1}}{(j-1)!} = \lambda e^{-\lambda} \sum_{j=0}^{\infty} \frac{\lambda^j}{j!} = \lambda.$$

Wobei bei der letzten Umformung die Reihendarstellung der Exponentialfunktion benutzt wurde, $e^x = \sum_{j=0}^{\infty} \frac{x^j}{j!}$.

15.1.3 Bemerkung

1. Ist der Träger T_X der Zufallsvariablen X endlich, so entspricht der Erwartungswert $E(X)$ in der deskriptiven Statistik dem gewichteten arithmetischen Mittel der Trägerpunkte $x_1, \ldots, x_J$ bzgl. der Häufigkeitsverteilung $f_j = P(X = x_j)$. Eine analoge Aussage gilt für die Varianz.
2. Der Erwartungswert $E(X)$ kann bei einem Glücksspiel als durchschnittliche Auszahlung pro Spiel interpretiert werden, wenn das Spiel sehr oft durchgeführt wird.
   Vereinbart man beim einfachen Würfelwurf eine Auszahlung in EUR in Höhe der gewürfelten Augenzahl, so ergibt sich ein Erwartungswert von $E(X) = 3.5$ [EUR]. Daher ist dieses Spiel fair, wenn der Einsatz 3.5 EUR beträgt. Liegt der Einsatz niedriger, etwa bei 3 EUR, so liegt der **erwartete Gewinn** eines Spielers bei $3.5 - 3 = 0.5$ EUR. Ist der Einsatz höher, etwa 4 EUR, so ist der erwartete Gewinn $3.5 - 4 = -0.5$ EUR. Der Spieler erzielt also einen **erwarteten Verlust** von 0.5 EUR.

15.2 Stetige Wahrscheinlichkeitsverteilungen

Sei X eine stetige Zufallsvariable mit Dichtefunktion f. Alle im Folgenden auftretenden Integrale werden als existent vorausgesetzt.

15.2.1 Definition

*Der **Erwartungswert** der Zufallsvariablen X ist definiert durch*

$$E(X) = \int_{-\infty}^{\infty} t \cdot f(t)\, dt.$$

*Die **Varianz** der Zufallsvariablen X ist definiert durch*

$$\mathsf{var}(X) = \mathsf{E}(X - \mathsf{E}(X))^2 = \int_{-\infty}^{\infty} (t - \mathsf{E}(X))^2 \cdot f(t)\,\mathrm{d}t.$$

*Die **Standardabweichung** der Zufallsvariablen X ist definiert durch $\sqrt{\mathsf{var}(X)}$.*

Ist $h : \mathbb{R} \to \mathbb{R}$ eine Funktion, so gilt für den Erwartungswert der transformierten Zufallsvariablen $h(X)$:

$$\mathsf{E}(h(X)) = \int_{-\infty}^{\infty} h(t) \cdot f(t)\,\mathrm{d}t.$$

Speziell für $h(x) = x^k$ erhält man das k-te Moment von X: $m_k = \mathsf{E}(X^k)$, $k \in \mathbb{N}$.

Im Folgenden werden für einige Verteilungsbeispiele Erwartungswerte und Varianzen berechnet.

15.2.2 Beispiel (Erwartungswert und Varianz)

1. **Rechteckverteilung $X \sim \mathbf{R}[a, b]$** (siehe Beispiel 12.2.1):

$$\mathsf{E}(X) = \int_a^b t \cdot \frac{1}{b-a}\,\mathrm{d}t = \frac{1}{b-a}\frac{1}{2}t^2 \Big|_a^b = \frac{b^2 - a^2}{2(b-a)} = \frac{b+a}{2},$$

$$\mathsf{var}(X) = \int_a^b \left(t - \frac{b+a}{2}\right)^2 \cdot \frac{1}{b-a}\,\mathrm{d}t = \frac{1}{b-a}\frac{1}{3}\left(t - \frac{b+a}{2}\right)^3 \Big|_a^b$$

$$= \frac{1}{b-a}\left(\frac{1}{3}\left(\frac{b-a}{2}\right)^3 - \frac{1}{3}\left(\frac{a-b}{2}\right)^3\right) = \frac{1}{12}(b-a)^2.$$

2. **Exponentialverteilung $X \sim \mathbf{Exp}(\lambda)$** (siehe Beispiel 12.2.2):

$$\mathsf{E}(X) = \int_0^\infty t \cdot \lambda \mathrm{e}^{-\lambda t}\,\mathrm{d}t = -t\mathrm{e}^{-\lambda t}\Big|_0^\infty + \int_0^\infty \mathrm{e}^{-\lambda t}\,\mathrm{d}t = \frac{1}{\lambda}.$$

3. Für die **Normalverteilung $\mathbf{N}(\mu, \sigma^2)$** (siehe Beispiel 12.2.7) gilt:

$$\mathsf{E}(X) = \mu, \quad \mathsf{var}(X) = \sigma^2.$$

15.3 Eigenschaften des Erwartungswerts und der Varianz

In diesem Abschnitt werden Eigenschaften von Erwartungswerten und Varianzen betrachtet. Hierbei ist eine Unterscheidung in diskrete und stetige Verteilungen nicht notwendig. **Die Eigenschaften gelten unabhängig vom Verteilungstyp!**

Eigenschaften von Erwartungswerten

Seien $X, Y, X_1, \ldots, X_N$ Zufallsvariablen.

1. $E(X + Y) = E(X) + E(Y)$.
2. $E(aX + b) = aE(X) + b$ für $a, b \in \mathbb{R}$.
3. $E\left(\sum_{n=1}^{N} a_n X_n + b\right) = \sum_{n=1}^{N} a_n E(X_n) + b$ für $a_1, \ldots, a_N, b \in \mathbb{R}$.
4. Sind X und Y stochastisch unabhängig, so gilt: $E(XY) = E(X) \cdot E(Y)$.
5. Sind alle Trägerpunkte $x \in T_X$ nicht-negativ, d. h. $x \geq 0$ für $x \in T_X$ (kurz: $X \geq 0$), so gilt: $E(X) \geq 0$.

Eigenschaften von Varianzen

Seien $X, Y, X_1, \ldots, X_N$ Zufallsvariablen.

1. $\mathrm{var}(X) \geq 0$.
2. $\mathrm{var}(X) = 0$ genau dann, wenn $X \sim \varepsilon_a$ für ein $a \in \mathbb{R}$.
3. $\mathrm{var}(aX + b) = a^2 \mathrm{var}(X)$ für alle $a, b \in \mathbb{R}$.
4. Sind X und Y stochastisch unabhängig, so gilt: $\mathrm{var}(X + Y) = \mathrm{var}(X) + \mathrm{var}(Y)$.
5. Sind $X_1, \ldots, X_N$ stochastisch unabhängig, so gilt

$$\mathrm{var}\left(\sum_{n=1}^{N} a_n X_n + b\right) = \sum_{n=1}^{N} a_n^2 \mathrm{var}(X_n) \quad \text{für } a_1, \ldots, a_N, b \in \mathbb{R}.$$

6. **Steinersche Regel:** $E(X - a)^2 = \mathrm{var}(X) + (E(X) - a)^2$ für beliebige $a \in \mathbb{R}$.
7. $\mathrm{var}(X) = E(X^2) - (E(X))^2$.
8. **Tschebyscheff-Ungleichung:**

$$P(|X - E(X)| \geq \varepsilon) \leq \frac{\mathrm{var}(X)}{\varepsilon^2}.$$

Mittels der Varianz kann daher eine einfache Abschätzung für die Wahrscheinlichkeit angegeben werden, dass die Zufallsvariable X um mehr als ε von ihrem Erwartungswert $E(X)$ abweicht.

15.3.1 Beispiel (Binomialverteilung)

Für eine $\mathrm{Bin}(1, p)$-verteilte Zufallsvariable X_1 erhalten wir

$$E(X_1) = 0 \cdot (1 - p) + 1 \cdot p = p, \quad \mathrm{var}(X_1) = p(1 - p).$$

Nach Satz 14.4.3 (a) gilt für stochastisch unabhängige Zufallsvariablen $X_1, \dots, X_N$ mit $X_n \sim \mathrm{Bin}(1, p)$, $1 \le n \le N$: $\sum_{n=1}^{N} X_n \sim \mathrm{Bin}(N, p)$, d. h. wir erhalten eine binomialverteilte Zufallsgröße als Summe von stochastisch unabhängigen Bernoulli-verteilten Zufallsvariablen. Unter Ausnutzung der Linearität des Erwartungswerts und der Varianz (bei Unabhängigkeit!) folgt:

$$E(X) = E\left(\sum_{n=1}^{N} X_n \right) = \sum_{n=1}^{N} E(X_n) = Np,$$

$$\mathrm{var}(X) = \mathrm{var}\left(\sum_{n=1}^{N} X_n \right) = \sum_{n=1}^{N} \mathrm{var}(X_n) = Np(1 - p).$$

Mittels der Rechenregeln lassen sich die Verteilungsparameter daher leicht berechnen.

Erwartungswert und Varianz einiger Verteilungen

Diskrete Verteilungen

Verteilung	Bezeichnung	Träger	$E(X)$	$\mathrm{var}(X)$
Einpunktverteilung	ε_a	$\{a\}$	a	0
Diskr. Gleichverteilung	$\mathrm{G}(x_1, \dots, x_J)$	$\{x_1, \dots, x_J\}$	$\overline{x}$	$\frac{J-1}{J} s_x^2$
Binomialverteilung	$\mathrm{Bin}(N, p)$	$\{0, \dots, N\}$	Np	$Np(1 - p)$
Bernoulli-Verteilung	$\mathrm{Bin}(1, p)$	$\{0, \dots, 1\}$	p	$p(1 - p)$
Hypergeometrische Verteilung	$\mathrm{Hyp}(R, S, N)$	$\{\max\{0, N - S\}, \dots, \min\{R, N\}\}$	$N\frac{R}{R+S}$	$N\frac{R}{R+S}\frac{S}{R+S}\frac{R+S-N}{R+S-1}$
Geometrische Verteilung	$\mathrm{Geo}(p)$	$\mathbb{N}_0$	$\frac{1-p}{p}$	$\frac{1-p}{p^2}$
Poisson-Verteilung	$\mathrm{Poi}(\lambda)$	$\mathbb{N}_0$	λ	λ

Stetige Verteilungen

Verteilung	Bez.	Träger	$E(X)$	$var(X)$
Rechteckverteilung	$R[a,b]$	$[a,b]$	$\frac{a+b}{2}$	$\frac{(b-a)^2}{12}$
Exponentialverteilung	$Exp(\lambda)$	$[0,\infty)$	$\frac{1}{\lambda}$	$\frac{1}{\lambda^2}$
Weibull-Verteilung	$W(\alpha,\beta)$	$[0,\infty)$	$\beta\frac{1}{\alpha}\,\Gamma\!\left(\frac{1}{\alpha}\right)$	$\beta^2\left(\frac{2}{\alpha}\Gamma\!\left(\frac{2}{\alpha}\right)-\left(\frac{1}{\alpha}\Gamma\!\left(\frac{1}{\alpha}\right)\right)^2\right)$
Gamma-Verteilung	$\Gamma(\alpha,\beta)$	$[0,\infty)$	$\frac{\alpha}{\beta}$	$\frac{\alpha}{\beta^2}$
χ^2-Verteilung	χ^2_f	$[0,\infty)$	f	$2f$
F-Verteilung	F_{f_1,f_2}	$[0,\infty)$	$\frac{f_2}{f_2-2}\ (f_2>2)$	$\frac{2f_2^2(f_1+f_2-2)}{f_1(f_2-2)^2(f_2-4)}\ (f_2>4)$
Normalverteilung	$N(\mu,\sigma^2)$	$\mathbb{R}$	μ	σ^2
t-Verteilung	t_f	$\mathbb{R}$	0	$\frac{f}{f-2}\ (f>2)$

15.4 Gesetz der großen Zahlen

In diesem Abschnitt wird das schwache und das starke Gesetz der großen Zahlen vorgestellt. Die beiden Gesetze unterscheiden sich nur in der Art der Konvergenz. Die Aussage ist bei beiden dieselbe: Wiederholt man ein und dasselbe Zufallsexperiment immer und immer wieder (unendlich oft), dann nähert sich der Mittelwert der gemessen Werte dem Erwartungswert der zugrunde liegenden Zufallsvariable beliebig nah an. Diese Eigenschaft werden wir zunächst für die Simulation von Erwartungswert und Varianz ausnutzen und später für das Schätzen der Parameter von Verteilungen verwenden.

15.4.1 Satz (Gesetz der großen Zahlen)

Sind $X_1, X_2, \ldots$ stochastisch unabhängige Zufallsvariablen, die alle die gleiche Verteilung mit endlicher Varianz besitzen, dann konvergiert das arithmetische Mittel $\frac{1}{N}\sum_{n=1}^{N} X_n$ mit wachsendem N gegen den Erwartungswert $E(X_1)$. Die Konvergenz gilt dabei in einem der folgenden Sinne

$$\lim_{N\to\infty} P\left(\left|\frac{1}{N}\sum_{n=1}^{N} X_n - E(X_1)\right| > \epsilon\right) = 0 \; \textit{für alle } \epsilon > 0$$

oder

$$P\left(\left\{\omega;\ \lim_{N\to\infty}\frac{1}{N}\sum_{n=1}^{N} X_n(\omega) = E(X_1)\right\}\right) = 1.$$

Im ersten Fall spricht man von dem schwachen Gesetz der großen Zahlen und im zweiten vom starken Gesetz der großen Zahlen.

Die Zufallsvariablen $X_1, X_2 \ldots$ können auch Indikatorfunktionen von folgender Form sein

$$X_n(\omega) = 1_A(Y_n(\omega)) = \begin{cases} 1, & \text{falls } Y_n(\omega) \in A, \\ 0, & \text{falls } Y_n(\omega) \notin A. \end{cases}$$

Dann ist das arithmetische Mittel $\frac{1}{N}\sum_{n=1}^{N} X_n(\omega)$ die relative Häufigkeit der Ereignisse, dass $Y_n(\omega)$ in A fällt. Sind $Y_1, Y_2, \ldots$ stochastisch unabhängig und besitzen sie die gleiche Verteilung, so gilt nach Satz 15.4.1, dass diese relative Häufigkeit von Y_n in A gegen $\mathsf{E}(X_1) = \mathsf{P}(Y_1 \in A) = \mathsf{P}^{Y_1}(A)$ konvergiert. Da Zufallszahlen gerade die Realisierungen der Zufallsvariablen $Y_1, Y_2, \ldots$ bei einem speziellen ω darstellen, erhalten wir die am Anfang von Teil II gegebene Motivation von Wahrscheinlichkeit. Dabei ist Y_n das Ergebnis des n-ten Würfelwurfs und $A = \{6\}$, so dass X_n angibt, ob eine Sechs gewürfelt wurde, und $\frac{1}{N}\sum_{n=1}^{N} X_n(\omega)$ ist die relative Häufigkeit der Sechs. Nach dem Gesetz der großen Zahlen strebt diese Häufigkeit für große N gegen $\mathsf{E}(X_1) = \mathsf{P}(Y_1 \in \{6\}) = \mathsf{P}(Y_1 = 6) = \frac{1}{6}$, falls der Würfel fair ist. Abbildung 8.3 zeigt genau diese Konvergenz.

15.5 Stochastische Simulation von Erwartungswert und Varianz

Können Erwartungswert oder Varianz nicht explizit berechnet werden, können sie per Simulation bestimmt werden. Dazu erzeugt man von der Verteilung genügend viele Zufallszahlen $x_1, x_2, \ldots, x_N$. Der Erwartungswert wird dann nach dem Gesetz der großen Zahlen (Satz 15.4.1) durch das arithmetische Mittel $\overline{x}$ der Zufallszahlen approximiert.

Da die Varianz ein spezieller Erwartungswert ist, kann auch die Varianz durch

$$\frac{1}{N}\sum_{n=1}^{N}(x_n - \mathsf{E}(X))^2$$

approximiert werden, wenn der Erwartungswert $\mathsf{E}(X)$ bekannt ist. Ist dieser aber unbekannt, kann dieser durch das arithmetische Mittel der Zufallszahlen ersetzt werden, so dass folgende Approximation benutzt werden kann:

$$\frac{1}{N}\sum_{n=1}^{N}(x_n - \overline{x})^2.$$

Das ist bis auf den Faktor $\frac{1}{N}$ die empirische Varianz der Zufallszahlen, bei der der Faktor $\frac{1}{N-1}$ benutzt wird. Bei sehr großem N, was bei Simulationen der Fall sein sollte, ist es egal ob $\frac{1}{N}$ oder $\frac{1}{N-1}$ benutzt wird. Somit kann die Varianz durch die empirische Varianz der Zufallszahlen approximiert werden. Für kleine Datensätzen ist der Faktor $\frac{1}{N-1}$ und damit die empirische Varianz sogar besser.

15.6 Übungsaufgaben

Übung 15.1 Sei die Verteilung von (X, Y) durch die Tabelle in Übungsaufgabe 14.3 gegeben. Bestimmen Sie $E(X)$, $E(Y)$, $\mathrm{var}(X)$ und $\mathrm{var}(Y)$.

Übung 15.2 Die Dreiecks-Verteilung ist eine stetige Wahrscheinlichkeitsverteilung, deren Dichte auf dem Träger eine Dreiecksgestalt hat. Bestimmen Sie die Dichte der Dreiecksverteilung für den Träger $[0, 4]$. Sei X eine Zufallsvariable, die diese Dreiecksverteilung besitzt. Bestimmen Sie auch $E(X)$ und $\mathrm{var}(X)$.

Übung 15.3 Simulieren Sie die Auszahlungen im Spiel aus Bemerkung 15.1.3, d. h. simulieren Sie den Würfelwurf. Hierzu können Sie die Funktion `wuerfel` oder die Funktion `sample` nutzen. Berechnen Sie das arithmetische Mittel der Augenzahlen für

- $N = 10$
- $N = 100$
- $N = 10\,000$.

Welchen Wert erwarten Sie? Was beobachten Sie?

Weitere wahrscheinlichkeitstheoretische Kennzahlen　16

In diesem Kapitel werden analog zu den statistischen Kennzahlen aus dem ersten Teil des Buchs die p-Quantile und Abhängigkeitsmaße für Wahrscheinlichkeitsverteilungen definiert.

16.1　p-Quantile

In Abschn. 8.2 wurden p-Quantile für Zufallszahlen vorgestellt. Ein Analogon kann auch für Wahrscheinlichkeitsverteilungen definiert werden. Diese p-Quantile spielen innerhalb der induktiven Statistik eine grundlegende Rolle.

16.1.1 Definition (p-Quantil)

Sei X eine Zufallsvariable mit Verteilungsfunktion F.

*Für eine Zahl $p \in (0,1)$ wird das **p-Quantil** $\mathbb{Q}_p = \mathbb{Q}_p(X)$ der durch die Verteilungsfunktion $F = F_X$ festgelegten Verteilung P^X definiert als der kleinste Wert $x \in \mathbb{R}$, für den gilt:*

$$F(x) \geq p.$$

*Das 0.5-Quantil heißt **Median**, das 0.25-Quantil **unteres Quartil** und das 0.75-Quantil **oberes Quartil**.*

16.1.2 Bemerkung

1. Die obige Definition stimmt nicht ganz mit der in Abschn. 5.3 überein. Sie könnte aber genauso gegeben werden. Der Vorteil der obigen Definition ist aber, dass dadurch das

C. Müller, L. Denecke, *Stochastik in den Ingenieurwissenschaften,*
Statistik und ihre Anwendungen, DOI 10.1007/978-3-642-38960-3_16,
© Springer-Verlag Berlin Heidelberg 2013

p-Quantil immer eindeutig ist und wie folgt über die Verteilungsfunktion F bestimmt werden kann.

(a) Ist F eine Treppenfunktion, d.h. die zugrunde liegende Verteilung ist diskret (etwa mit Träger $T_X = \{x_1, x_2, \dots\}$), so ist ein Trägerpunkt gleich dem p-Quantil. Es werden zwei Situationen unterschieden, wobei $x_1 < x_2 < \dots$ gelte:
- Es gibt **einen** Trägerpunkt x_j mit $F(x_j) = p$. Dann ist x_j das p-Quantil: $\mathbb{Q}_p = x_j$.
- Es gibt **keinen** Trägerpunkt x_j mit $F(x_j) = p$. Dann gibt es zwei Fälle:
  1. $F(x_1) > p$: Dann ist $\mathbb{Q}_p = x_1$;
  2. $F(x_1) < p$: Dann gibt es Trägerpunkte x_{j-1} und x_j mit $F(x_{j-1}) < p$ und $F(x_j) > p$, und es gilt: $\mathbb{Q}_p = x_j$.

Sei nun $X \sim \mathsf{Bin}(3, 0.5)$. Dann gilt:

x_j	0	1	2	3
$\mathsf{P}(X = x_j)$	0.125	0.375	0.375	0.125
$F(x_j)$	0.125	0.5	0.875	1

Ist $p = 0.5$, so wird der Wert von der Verteilungsfunktion an der Stelle $x = 1$ angenommen. Daher ist $x = 1$ der Median oder das 0.5-Quantil $\mathbb{Q}_{0.5}$. Ist $p = 0.1$, so ist $F(x_1) = F(0) = 0.125 > 0.1$ und $\mathbb{Q}_{0.1} = 0$. Ist $p = 0.9$, so gilt $F(x_3) = F(2) = 0.875 < 0.9$ und $F(x_4) = F(3) = 1 > 0.9$, so dass $\mathbb{Q}_{0.9} = 3$ gilt.

(b) Bei stetigen Verteilungen ist das p-Quantil der kleinste x-Wert mit $F(x) = p$. Ist insbesondere F eine streng monotone Funktion, so ist $\mathbb{Q}_p$ die **eindeutig bestimmte Lösung der Gleichung** $F(x) = p$.

Sei $X \sim \mathsf{Exp}(\lambda)$, d.h. X hat die Verteilungsfunktion

$$F(x) = \begin{cases} 0, & x < 0 \\ 1 - e^{-\lambda x}, & x \geq 0. \end{cases}$$

Die Gleichung $F(x) = p$ besitzt für $p \in (0, 1)$ eine eindeutige Lösung:

$$\mathbb{Q}_p = -\frac{1}{\lambda} \log(1 - p).$$

2. Die Verteilungsfunktion der Standardnormalverteilung ist zwar streng monoton steigend, jedoch nicht in expliziter Form verfügbar. Daher müssen in diesem Fall die p-Quantile numerisch bestimmt werden.

   Soll etwa $\mathbb{Q}_{0.1}$ bestimmt werden, so kann benutzt werden, dass die Dichtefunktion der Standardnormalverteilung symmetrisch um den Nullpunkt ist. Für die Verteilungsfunktion gilt daher: $\Phi(x) = 1 - \Phi(-x)$. Für ein p-Quantil mit $p < 0.5$ nutzt man daher die Beziehung

$$\mathbb{Q}_p = -\mathbb{Q}_{1-p}.$$

Für das 0.1-Quantil erhält man daher $\mathbb{Q}_{0.1} = -\mathbb{Q}_{0.9} = -1.28$. Der Median ist $\mathbb{Q}_{0.5} = 0$.

3. p-Quantile von Wahrscheinlichkeitsverteilungen erhält man in R aber ganz einfach über q*Verteilung*, wobei *Verteilung* für den Verteilungsnamen steht. So liefert z. B. `qnorm(0.1)` das 0.1-Quantil der Standardnormalverteilung.

```
> qnorm(0.1)
[1] -1.281552
```

16.2 Abhängigkeitsmaße

Wenn zwei Zufallsvariablen X und Y nicht stochastisch unabhängig sind, können bedingte Wahrscheinlichkeiten berechnet werden. Man kann aber die Abhängigkeit auch durch eine Kennzahl erfassen. Dazu gibt es mehrere Möglichkeiten. Hier wird nur die Kovarianz und die Korrelation behandelt.

Sei $\mathsf{P}^{(X,Y)}$ die gemeinsame Verteilung von X und Y. Sind X und Y diskret, so bezeichne $p_{jk} = \mathsf{P}(X = x_j, Y = y_k)$ die Zähldichte von $\mathsf{P}^{(X,Y)}$. Sind X und Y stetig, so bezeichne $f_{(X,Y)}$ die zugehörige Dichtefunktion. Für den Erwartungswert des Produkts $X \cdot Y$ gilt dann:

$$\mathsf{E}(XY) = \begin{cases} \sum_{j,k} x_j \cdot y_k \cdot \mathsf{P}(X = x_j, Y = y_k), & X, Y \text{ diskret}, \\ \int_{-\infty}^{\infty} \int_{-\infty}^{\infty} x \cdot y \cdot f_{(X,Y)}(x,y) \, \mathrm{d}y \, \mathrm{d}x, & X, Y \text{ stetig}. \end{cases}$$

In analoger Weise wird der Erwartungswert von $h(X, Y)$ definiert, wobei $h : \mathbb{R}^2 \to \mathbb{R}$ eine Funktion ist:

$$\mathsf{E}(h(X,Y)) = \begin{cases} \sum_{j,k} h(x_j, y_k) \cdot \mathsf{P}(X = x_j, Y = y_k), & X, Y \text{ diskret}, \\ \int_{-\infty}^{\infty} \int_{-\infty}^{\infty} h(x,y) \cdot f_{(X,Y)}(x,y) \, \mathrm{d}y \, \mathrm{d}x, & X, Y \text{ stetig}. \end{cases}$$

Basierend auf dieser Definition werden nun Kovarianz und Korrelation der Zufallsvariablen X und Y definiert.

16.2.1 Definition (Kovarianz, Korrelation)
Seien X und Y Zufallsvariablen. Dann heißt

$$\mathrm{kov}(X, Y) = \mathsf{E}[(X - \mathsf{E}(X)) \cdot (Y - \mathsf{E}(Y))]$$

Kovarianz von X und Y. Die Größe

$$\mathrm{korr}(X, Y) = \frac{\mathrm{kov}(X, Y)}{\sqrt{\mathrm{var}(X) \cdot \mathrm{var}(Y)}}$$

*heißt **Korrelation** von X und Y.*

16.2.2 Bemerkung

1. Kovarianz und Korrelation sind symmetrisch, d. h. es gilt: $\mathrm{kov}(X, Y) = \mathrm{kov}(Y, X)$ und $\mathrm{korr}(X, Y) = \mathrm{korr}(Y, X)$.
2. $\mathrm{kov}(X, Y) = \mathrm{E}(XY) - \mathrm{E}(X) \cdot \mathrm{E}(Y)$.
3. $-1 \leq \mathrm{korr}(X, Y) \leq 1$, wobei $\mathrm{korr}(X, Y) = 1$ genau dann gilt, wenn es Zahlen $a > 0$ und $b \in \mathbb{R}$ gibt mit $\mathrm{P}(Y = aX + b) = 1$. $\mathrm{korr}(X, Y) = -1$ ist genau dann erfüllt, wenn es Zahlen $a < 0$ und $b \in \mathbb{R}$ gibt mit $\mathrm{P}(Y = aX + b) = 1$. Y ist in beiden Fällen mit Wahrscheinlichkeit 1 eine lineare Funktion von X.
4. Gilt $\mathrm{korr}(X, Y) < 0$, so heißen die Zufallsvariablen X und Y **negativ korreliert**. Gilt $\mathrm{korr}(X, Y) > 0$, so heißen die Zufallsvariablen X und Y **positiv korreliert**.
5. Gilt $\mathrm{korr}(X, Y) = 0$, so heißen die Zufallsvariablen X und Y **unkorreliert**. Es gilt: Sind X und Y stochastisch unabhängig, so sind sie auch unkorreliert. **Die Umkehrung ist im Allgemeinen aber nicht richtig!** Eine Ausnahme ist die zweidimensionale Normalverteilung.
6. $\mathrm{var}(X + Y) = \mathrm{var}(X) + \mathrm{var}(Y) + 2\mathrm{kov}(X, Y)$, d. h. die Formel $\mathrm{var}(X + Y) = \mathrm{var}(X) + \mathrm{var}(Y)$ gilt auch für unkorrelierte Zufallsvariablen.
7. $\mathrm{kov}(aX + b, cY + d) = ac \cdot \mathrm{kov}(X, Y)$ für alle $a, b, c, d \in \mathbb{R}$.
8. $\mathrm{kov}(X, X) = \mathrm{var}(X)$, $\mathrm{kov}(Y, Y) = \mathrm{var}(Y)$.

16.2.3 Beispiel (Erwartungswert, Varianz und Kovarianz)

Seien X und Y Zufallsvariablen mit folgender Zähldichte:

		y_k			
$\mathrm{P}(X = x_j, Y = y_k)$		0	1	2	$\mathrm{P}(X = x_j)$
	-1	$\frac{1}{10}$	$\frac{1}{5}$	$\frac{1}{10}$	$\frac{2}{5}$
x_j	1	$\frac{1}{4}$	$\frac{1}{4}$	$\frac{1}{10}$	$\frac{3}{5}$
$\mathrm{P}(Y = y_k)$		$\frac{7}{20}$	$\frac{9}{20}$	$\frac{1}{5}$	1

Dann gilt:

$$\mathrm{E}(X) = (-1) \cdot \frac{2}{5} + 1 \cdot \frac{3}{5} = \frac{1}{5} = 0.2$$

$$\mathrm{E}(X^2) = (-1)^2 \cdot \frac{2}{5} + 1^2 \cdot \frac{3}{5} = 1$$

$$\text{var}(X) = E(X^2) - (E(X))^2 = 1 - \frac{1}{25} = \frac{24}{25} = 0.96$$

$$E(Y) = 0 \cdot \frac{7}{20} + 1 \cdot \frac{9}{20} + 2 \cdot \frac{1}{5} = \frac{17}{20} = 0.85$$

$$E(Y^2) = 0^2 \cdot \frac{7}{20} + 1^2 \cdot \frac{9}{20} + 2^2 \cdot \frac{1}{5} = \frac{5}{4} = 1.25$$

$$\text{var}(Y) = E(Y^2) - (E(Y))^2 = \frac{5}{4} - \frac{17^2}{20^2} = \frac{211}{400} = 0.5275$$

$$E(XY) = (-1) \cdot 0 \cdot \frac{1}{10} + (-1) \cdot 1 \cdot \frac{1}{5} + (-1) \cdot 2 \cdot \frac{1}{10} + 1 \cdot 0 \cdot \frac{1}{4} + 1 \cdot 1 \cdot \frac{1}{4} + 1 \cdot 2 \cdot \frac{1}{10}$$

$$= \frac{1}{20} = 0.05$$

$$\text{kov}(X, Y) = E(XY) - E(X)\,E(Y) = \frac{1}{20} - \frac{1}{5} \cdot \frac{17}{20} = -\frac{3}{25} = -0.12$$

$$\text{korr}(X, Y) = \frac{\text{kov}(X, Y)}{\sqrt{\text{var}(X) \cdot \text{var}(Y)}} = \frac{-\frac{3}{25}}{\sqrt{\frac{24}{25} \cdot \frac{211}{400}}} = -\sqrt{\frac{6}{211}} = -0.169.$$

16.2.4 Beispiel (Normalverteilung)

Ist $(X, Y) \sim N_2(\mu_1, \mu_2, \sigma_1^2, \sigma_2^2, \rho)$, so gilt

$$\text{korr}(X, Y) = \rho,$$

und X und Y sind stochastisch unabhängig genau dann, wenn $\text{korr}(X, Y) = \rho = 0$.

16.2.5 Beispiel (Zweifacher Würfelwurf 1, 2, 3)

Dass im Allgemeinen aus $\text{kov}(X, Y) = 0$ nicht folgt, dass X und Y stochastisch unabhängig sind, zeigt das folgende Beispiel. Wir betrachten den zweifachen Wurf eines Würfels mit sechs Seiten, auf dem die Zahlen 1, 2, 3 jeweils doppelt vorkommen, siehe Beispiel 11.0.4 und Beispiel 14.3.3. X ist der absolute Abstand der Würfelergebnisse und Y das Ergebnis des ersten Wurfs. Wir haben bereits gezeigt, dass die Verteilung von X und Y durch folgende Tabelle gegeben ist:

		y_k			
$P(X = x_j, Y = y_k)$		1	2	3	$P(X = x_j)$
	0	$\frac{1}{9}$	$\frac{1}{9}$	$\frac{1}{9}$	$\frac{3}{9}$
x_j	1	$\frac{1}{9}$	$\frac{2}{9}$	$\frac{1}{9}$	$\frac{4}{9}$
	2	$\frac{1}{9}$	0	$\frac{1}{9}$	$\frac{2}{9}$
$P(Y = y_k)$		$\frac{3}{9}$	$\frac{3}{9}$	$\frac{3}{9}$	1

Damit erhalten wir $E(X) = \frac{8}{9}$, $E(Y) = 2$, $E(XY) = \frac{16}{9}$, also

$$\text{kov}(X, Y) = \frac{16}{9} - 2 \cdot \frac{8}{9} = 0.$$

Nach Beispiel 14.3.3 sind X und Y aber nicht stochastisch unabhängig.

16.3　Übungsaufgaben

Übung 16.1　Die Zufallsvariable X besitze die diskrete Gleichverteilung auf $1, 2, \ldots, 6$. Bestimmen Sie das 0.25-Quantil $Q_{0.25}(X)$ und das 0.75-Quantil $Q_{0.75}(X)$.

Übung 16.2　Bestimmen Sie mit R die folgenden Quantile:

- 0.05-Quantil der $N(0, 1)$-Verteilung,
- 0.95-Quantil der $N(0, 1)$-Verteilung,
- 0.05-Quantil der $N(2, 1)$-Verteilung,
- 0.95-Quantil der $N(2, 1)$-Verteilung,
- 0.05-Quantil der $N(0, 2)$-Verteilung,
- 0.95-Quantil der $N(0, 2)$-Verteilung.

Übung 16.3　Sei die Verteilung von (X, Y) durch die Tabelle in Übungsaufgabe 14.3 gegeben. Bestimmen Sie $\text{kov}(X, Y)$ und $\text{korr}(X, Y)$.

Zuverlässigkeitstheorie

Die Zuverlässigkeitstheorie befasst sich mit der Bestimmung des Ausfallrisikos eines Systems. Dabei wird im Allgemeinen vorausgesetzt, dass das Ausfallverhalten der einzelnen Komponenten dieses Systems bekannt ist. Wir setzen voraus, dass diese Komponenten unabhängig von einander sind und dass auch die Ausfallwahrscheinlichkeiten von einander unabhängig sind. Es werden nur die beiden Zustände „System arbeitet" und „System ist ausgefallen" betrachtet.

Als **Zuverlässigkeit** wird die Wahrscheinlichkeit bezeichnet, dass ein System in einem Zeitintervall der Länge $[0, t]$ nicht ausfällt. Es werden hier zwei Systemtypen unterschieden: Das **Reihensystem** und das **Parallelsystem**. Natürlich können auch Kombinationen aus beiden betrachtet werden. Beim Reihensystem fällt mit dem Ausfall einer Komponente das komplette System aus, während beim Parallelsystem nur der Ausfall aller Komponenten zum Ausfall des Systems führt. Ein Beispiel für ein Reihensystem ist das Fahrrad mit den zwei Komponenten, den Rädern. Ist ein Rad defekt, so ist das ganze Fahrrad nicht mehr fahrtüchtig. Die Rechner im Spaceshuttle waren dagegen als Parallelsystem angelegt. Fällt ein Rechner aus, so können die anderen Rechner seine Aufgaben übernehmen.

Der einfachste Fall sind Komponenten, die eine feste Ausfallwahrscheinlichkeit haben, die von der Zeit unabhängig ist. Haben wir ein System mit Komponenten $K_1, \ldots, K_N$, die jeweils eine Ausfallwahrscheinlichkeit p_i, $i = 1, \ldots, N$ haben und unabhängig voneinander sind, können wir die Zuverlässigkeit r_S des Systems berechnen.

Bei der Reihenschaltung fällt das System aus, wenn eine der Komponenten ausfällt. Das heißt, die Wahrscheinlichkeit r_S, dass das System arbeitet, berechnet sich wie folgt:

$$r_S = (1 - p_1) \cdot \ldots \cdot (1 - p_N).$$

Das System arbeitet, wenn die erste Komponente nicht ausfällt (die Wahrscheinlichkeit hierfür ist $1 - p_1$) **und** die zweite Komponente nicht ausfällt (Wahrscheinlichkeit $1 - p_2$) …**und** die N-te Komponente nicht ausfällt $(1 - p_N)$.

C. Müller, L. Denecke, *Stochastik in den Ingenieurwissenschaften*, Statistik und ihre Anwendungen, DOI 10.1007/978-3-642-38960-3_17, © Springer-Verlag Berlin Heidelberg 2013

Sind die Komponenten dagegen parallel geschaltet, fällt das System nur aus, wenn alle Komponenten ausfallen. Daher erhalten wir dann für die Zuverlässigkeit:

$$r_S = 1 - p_1 \dots p_N.$$

Das System arbeitet, solange nicht alle Komponenten ausgefallen sind, d. h. solange nicht Komponente 1 **und** Komponente 2 **und** … **und** Komponente N ausfallen. Siehe dazu auch Kap. 14. Damit lassen sich nun auch kleinere gemischte Systeme betrachten. Es sei zum Beispiel das folgende System mit den drei Komponenten K_1, K_2 und K_3, jeweils mit Ausfallwahrscheinlichkeit p_i, $i = 1, 2, 3$, gegeben:

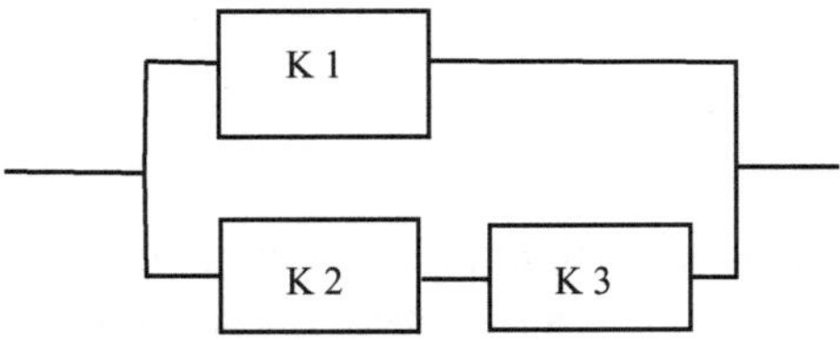

Die Zuverlässigkeit des Systems lässt sich dann wie folgt berechnen. Das System funktioniert, solange Komponente 1 und Komponente 2 oder 3 funktionstüchtig sind. Also

$$r_S = (1 - p_1)(1 - p_2 \cdot p_3).$$

17.1   Lebenszeitverteilungen

Die Zuverlässigkeit soll die Wahrscheinlichkeit angeben, mit der ein System/eine Komponente bis zum Zeitpunkt t nicht ausfällt. Sei dazu T die Zufallsvariable, die den Ausfallzeitpunkt des Systems beschreibt.

Es gilt $T \geq 0$ und die **Zuverlässigkeitsfunktion** (Reliabilty-/Survival-/Überlebensfunktion) ist dann definiert als

$$R(t) := \mathsf{P}(T > t) = 1 - \mathsf{P}(T \leq t) = 1 - F(t), \qquad t > 0,$$

wenn F die Verteilungsfunktion von T bezeichnet. In anderen Zusammenhängen spricht man eher von der Survivalfunktion statt Zuverlässigkeitsfunktion und bezeichnet sie mit $S(t)$ statt $R(t)$.

Häufige Verteilungsannahmen für die Verteilungsfunktion sind hierbei die Exponentialverteilung (siehe Beispiel 12.2.2) und die Weibull-Verteilung (siehe Beispiel 12.2.3). Ab-

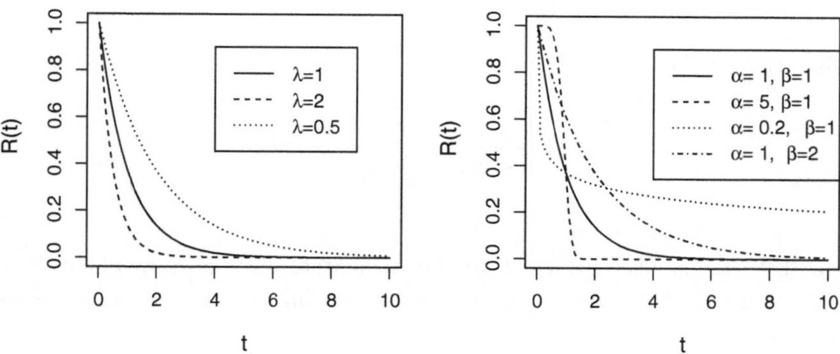

Abb. 17.1 Zuverlässigkeitsfunktionen der Exponential- (*links*) und Weibullverteilung (*rechts*)

bildung 17.1 zeigt die Zuverlässigkeitsfunktionen der Exponentialverteilung für verschiedene Parameter λ und die Zuverlässigkeitsfunktionen der Weibullverteilung für verschiedene Parameter α und β. Die beiden Verteilungen eignen sich gut zur Modellierung der Zuverlässigkeitsfunktion, wie wir im Folgenden noch feststellen werden. An der Grafik lässt sich gut erkennen, wie sich die einzelnen Parameter auswirken. Bei der Exponentialverteilung bewirkt eine Vergrößerung von λ, dass die Zuverlässigkeitsfunktion schneller abfällt. Eine Änderung des Formparameters bei der Weibullverteilung bewirkt eine Änderung der Form der Zuverlässigkeitsfunktion, ein größeres α führt zu einer schneller fallenden Zuverlässigkeitsfunktion. Die Änderung des Skalen-Parameters β bewirkt lediglich eine leichte Verschiebung.

17.2 Ausfallrisiken

Oft ist nicht (nur) die Zuverlässigkeit eines Systems interessant, sondern auch das Risiko, dass das System direkt nach einem bestimmten Zeitpunkt $t > 0$ ausfällt.

Das **Ausfallrisiko**/die **Ausfallrate** wird meist mit λ bezeichnet und ist für stetige Zufallsvariablen wie folgt definiert:

$$\lambda(t) := \lim_{\Delta t \searrow 0} \frac{P(t \leq T < t + \Delta t \mid T \geq t)}{\Delta t}, \quad t \geq 0.$$

$\Delta t \searrow 0$ bedeutet, dass Δt „von oben" gegen Null geht, also nur positive Werte annimmt. Das heißt, das Ausfallrisiko ist die Wahrscheinlichkeit für einen Ausfall in einem kleinen Zeitraum nach t unter der Bedingung, dass bis zum Zeitpunkt t der Ausfall noch nicht eingetreten ist, geteilt durch die Länge des Zeitraums. Für stetige

Zufallsvariablen T gilt

$$\lambda(t) = \frac{f(t)}{1 - F(t)} = \frac{f(t)}{R(t)}, \quad t \geq 0,$$

wobei f die Dichte von T sei.

Für diskrete Zufallsvariablen T ist die Ausfallrate die Wahrscheinlichkeit für einen Ausfall zum Zeitpunkt t gegeben, dass der Ausfall bis t noch nicht eingetreten ist: $\lambda(t) := P(T = t \mid T \geq t)$.

Dabei ist $P(t \leq T < t + \Delta t \mid T \geq t)$ eine Kurzschreibweise für die bedingte Wahrscheinlichkeit (siehe Abschn. 14.1) für $P(A \mid B)$ mit

$$A = \{\omega \in \Omega; T(\omega) \geq t \text{ und } T(\omega) < t + \Delta t\},$$
$$B = \{\omega \in \Omega; T(\omega) \geq t\}.$$

Analog ist $P(T = t \mid T \geq t) = P(C \mid B)$ mit

$$C = \{\omega \in \Omega; T(\omega) = t\}.$$

Mithilfe der Ausfallrate kann die **kumulierte Ausfallrate** definiert werden.

- Für stetige Lebenszeiten $T > 0$ ist die kumulierte Ausfallrate definiert als $\Lambda(t) := \int_0^t \lambda(u)\, du$ für $t \geq 0$.
- Für diskrete Lebenszeiten $T > 0$ ist die kumulierte Ausfallrate definiert als $\Lambda(t) := \sum_{t_j \leq t} \lambda(t_j)$, für $t \geq 0$ und $t_1 < t_2 < \ldots$ den Trägerpunkten der Verteilung von T.

17.2.1 Beispiel (Exponentialverteilung)

Für die Exponentialverteilung berechnet sich das Ausfallrisiko wie folgt:

$$\lambda(t) = \frac{f(t)}{R(t)}$$
$$= \frac{\lambda e^{-\lambda t}}{e^{-\lambda(t)}} = \lambda.$$

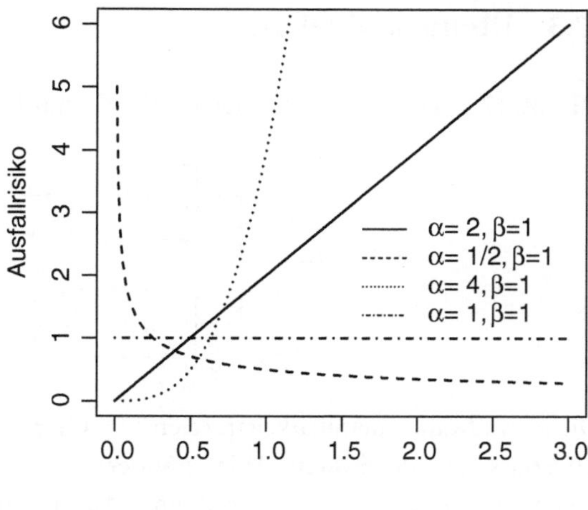

Abb. 17.2 Ausfallraten für die Weibull-Verteilung mit verschiedenen Parametern

Damit ist für die Exponentialverteilung das Ausfallrisiko zu jeder Zeit gleich. Das heißt, es gibt keinen Verschleiß, das Risiko für einen Ausfall ist zu jeder Zeit genauso groß wie direkt nach Inbetriebnahme. Für die kumulierte Ausfallrate gilt

$$\int_0^t \lambda(u)\,\mathrm{d}u = \int_0^t \lambda\,\mathrm{d}u = \lambda t.$$

In Abb. 17.2 sind die Ausfallraten der Weibull-Verteilung für verschiedenen α und β dargestellt. Beachten Sie, dass für $\alpha = \beta = 1$ die Weibull-Verteilung mit der Exponentialverteilung übereinstimmt. Hier sieht man noch einmal, warum oft die Weibullverteilung zur Modellierung genutzt wird. Mit ihr lassen sich

- fallende Ausfallrisiken, d. h. je länger das System in Betrieb ist, desto kleiner wird das Risiko, dass es ausfällt (z. B. in der Anlaufphase eines Prozesses),
- steigende Ausfallrisiken, d. h. je länger das System in Betrieb ist, desto größer wird die Wahrscheinlichkeit, dass es ausfällt (z. B. durch Verschleiß) und
- konstante Ausfallrisiken, d. h. egal wie lange das System in Betrieb ist, das Ausfallrisiko ändert sich nicht,

darstellen.

17.3 Übungsaufgaben

Übung 17.1 Die drei Komponenten K_1, K_2 und K_3 bilden wie folgt das System S.

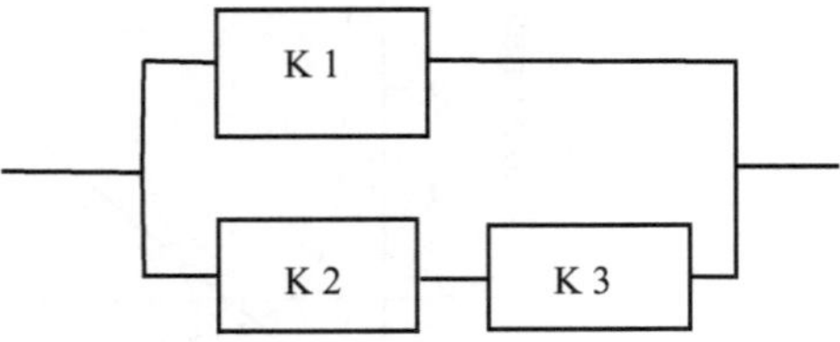

Die Ausfallwahrscheinlichkeiten seien $p_1 = 0.1$, $p_2 = 0.01$ und $p_3 = 0.02$. Berechnen Sie die Zuverlässigkeit des Systems. Wie verändert sich die Zuverlässigkeit, wenn Komponente K_1 gegen eine neue Komponente mit einer Ausfallwahrscheinlichkeit von 0.05 ausgetauscht wird?

Übung 17.2 Geben Sie die Formel für das Ausfallrisiko für die Weibullverteilung mit Parametern α und β ($W(\alpha, \beta)$) an.

Markovketten 18

Ein wichtiges Thema der Wahrscheinlichkeitstheorie ist das Studium von stochastischen Prozessen, d. h. von Familien von Zufallsvariablen, die meist die zeitliche, gelegentlich die räumliche, Entwicklung eines Zufallsgeschehens beschreiben. Neben den Folgen von unabhängigen Zufallsvariablen, die bisher betrachtet wurden, ist eine Klasse von Prozessen besonders wichtig, die man Markovsche Ketten oder Markov-Ketten nennt. Sie sind durch eine spezielle übersichtliche Form der Abhängigkeit der Variablen charakterisiert. Markov-Ketten werden zum Beispiel zur Simulation von Warteschlangen oder im Bereich der Qualitätssicherung in der Fertigungskontrolle benutzt.

18.0.1 Definition (Stochastischer Prozess)

*Eine Familie $\{X_t; t \in T\}$ von Zufallsvariablen mit Werten in I heißt **stochastischer Prozess mit Parameterbereich** T und **Zustandsraum** I.*

18.0.2 Definition (Markov-Kette)

*Eine **Markov-Kette** ist ein stochastischer Prozess $\{X_n; n \in \mathbb{N} \cup \{0\}\}$ mit abzählbarem Zustandsraum I, der die folgende **Markovsche Eigenschaft** besitzt: Für alle $n \in \mathbb{N} \cup \{0\}$ und alle $i_0, i_1, \ldots, i_{n+1} \in I$ mit $P(X_0 = i_0, X_1 = i_1, \ldots, X_n = i_n) > 0$ gilt*

$$P(X_{n+1} = i_{n+1} \mid X_0 = i_0, X_1 = i_1, \ldots, X_n = i_n) = P(X_{n+1} = i_{n+1} \mid X_n = i_n).$$

C. Müller, L. Denecke, *Stochastik in den Ingenieurwissenschaften,*
Statistik und ihre Anwendungen, DOI 10.1007/978-3-642-38960-3_18,
© Springer-Verlag Berlin Heidelberg 2013

Dabei sind $P(X_{n+1} = i_{n+1} \mid X_0 = i_0, X_1 = i_1, \ldots, X_n = i_n)$ und $\mathsf{P}(X_{n+1} = i_{n+1} \mid X_n = i_n)$ bedingte Wahrscheinlichkeiten (siehe Abschn. 14.1) der Form $P(A \mid B)$ bzw. $P(A \mid C)$ mit

$$A = \{\omega \in \Omega; X_{n+1}(\omega) = i_{n+1}\},$$
$$B = \{\omega \in \Omega; X_0(\omega) = i_0, X_1(\omega) = i_1, \ldots, X_n(\omega) = i_n\},$$
$$C = \{\omega \in \Omega; X_n(\omega) = i_n\}.$$

Die Zufallsvariable X_n wird als Zustand eines Systems zur Zeit n interpretiert. Der Prozess hat die Markovsche Eigenschaft, wenn die Wahrscheinlichkeit zur Zeit $n + 1$ in einen beliebigen Zustand zu gelangen, nur vom Zustand zur Zeit n und von n abhängt, aber nicht davon, in welchen Zuständen das System früher (also vor dem Zeitpunkt n) war. Hängt die Wahrscheinlichkeit, dass das System zur Zeit $n + 1$ in einen beliebigen Zustand gelangt, nur vom **Zustand** zur Zeit n und nicht von n ab, so heißt die Markov-Kette **homogen** oder Kette mit **stationären Übergangswahrscheinlichkeiten**. Für homogene Markov-Ketten gilt für alle $i, j \in I$ und alle $n \in \mathbb{N} \cup \{0\}$

$$\mathsf{P}(X_{n+1} = i \mid X_n = j) = p_{ij}.$$

Ist der Zustandsraum I endlich, so kann mit den Übergangswahrscheinlichkeiten $\mathsf{P}(X_{n+1} = i \mid X_n = j)$ eine Matrix $\mathcal{P}_{n,n+1} = (\mathsf{P}(X_{n+1} = i \mid X_n = j))_{i,j \in I}$ gebildet werden. Diese Matrix wird **Übergangsmatrix** genannt und ist eine **stochastische Matrix**, d. h. es gilt

$$\mathsf{P}(X_{n+1} = i \mid X_n = j) \geq 0 \text{ für alle } i, j \in I \text{ und}$$
$$\sum_{i \in I} \mathsf{P}(X_{n+1} = i \mid X_n = j) = 1 \text{ für alle } j \in I.$$

Kennt man die Wahrscheinlichkeiten der Zustände $j \in I$ zum Zeitpunkt n, so können bei einer Markov-Kette mit dem Satz von der totalen Wahrscheinlichkeit (Satz 14.1.5) die Wahrscheinlichkeiten der Zustände zum Zeitpunkt $n + 1$ berechnet werden:

$$\mathsf{P}(X_{n+1} = i) = \sum_{j \in I} \mathsf{P}(X_{n+1} = i \mid X_n = j)\, \mathsf{P}(X_n = j).$$

Diese Beziehung kann auch mit der Übergangsmatrix $\mathcal{P}_{n,n+1}$ ausgedrückt werden, wenn generell p_n der Vektor mit den Wahrscheinlichkeiten $\mathsf{P}(X_n = i)$ ist, d. h. $p_n = (\mathsf{P}(X_n = i))_{i \in I}$:

$$p_{n+1} = \mathcal{P}_{n,n+1}\, p_n. \tag{18.1}$$

Da bei einer homogenen Markov-Kette die Übergangswahrscheinlichkeiten nicht von der Zeit n abhängen, hängt auch die Übergangsmatrix nicht von n ab und es kann $\mathcal{P} = \mathcal{P}_{n,n+1} = (p_{ij})_{i,j \in I}$ gesetzt werden. Damit vereinfacht sich (18.1) zu

$$p_{n+1} = \mathcal{P}\, p_n.$$

Wiederholtes Anwenden ergibt

$$p_{n+m} = \mathcal{P}^m \, p_n \text{ für } m \in \mathbb{N}.$$

Ist p_n ein Eigenvektor von $\mathcal{P}$ zum Eigenwert 1 (d. h. es gilt $\mathcal{P}\,p_n = p_n$), so ändert sich die Wahrscheinlichkeitsverteilung bei $n + m$ nicht mehr, denn dann gilt

$$p_{n+m} = \mathcal{P}^m \, p_n = \mathcal{P}^{m-1} \, p_n = \ldots = \mathcal{P}\,p_n = p_n.$$

18.0.3 Definition
*Sei die homogene Markovkette gegeben durch die Übergangsmatrix $\mathcal{P}$. Eine Wahrscheinlichkeitsverteilung gegeben durch $\pi = (\pi_i)_{i \in I}$ heißt **invariante Wahrscheinlichkeitsverteilung** der homogenen Markovkette, falls gilt*

$$\pi = \mathcal{P}\,\pi.$$

18.0.4 Satz
Ist die homogene Markovkette gegeben durch die Übergangsmatrix $\mathcal{P}$ und gibt es $l \in \mathbb{N}$, so dass die Matrix $\mathcal{P}^l$ nur echt positive Einträge hat, so gilt für alle p_n:

$$\mathcal{P}^M \, p_n \text{ konvergiert mit } M \to \infty \text{ gegen die}$$
$$\text{invariante Wahrscheinlichkeitsverteilung } \pi.$$

18.0.5 Bemerkung

- Die Bedingung, dass es $l \in \mathbb{N}$ gibt, so dass die Matrix $\mathcal{P}^l$ nur echt positive Einträge hat, impliziert, dass mit positiver Wahrscheinlichkeit von jedem Zustand j nach endlich vielen Schritten zu jedem Zustand i gelangt werden kann. Man sagt auch, dass die Zustände i und j kommunizieren. Allerdings gilt nicht allgemein, dass es ein l gibt, so dass $\mathcal{P}^l$ nur echt positive Einträge hat, wenn alle Zustände miteinander kommunizieren. Ein Gegenbeispiel erhält man mit zwei Zuständen 0 und 1 und $p_{01} = 1$, $p_{10} = 1$.
- Satz 18.0.4 gilt auch, wenn p_n durch ein Einpunkt-Maß gegeben ist, d. h. wenn p_n ein Vektor ist, der eine Eins und ansonsten lauter Nullen enthält. Das kann so interpretiert werden, dass zum Zeitpunkt n in einem bestimmten Zustand, nämlich der Zustand, der die Wahrscheinlichkeit 1 hat, gestartet wird.
- Generell wird eine Markovkette wie folgt realisiert: Man startet zur Zeit $n = 0$ in einem Zustand $i_0 \in I$. Mit der Wahrscheinlichkeitsverteilung $\mathsf{P}(X_1 = i \mid X_0 = i_0)$, $i \in I$, wird ein

Zustand i_1 zur Zeit $n = 1$ realisiert. Ausgehend von diesem Zustand i_1 wird mit der Wahrscheinlichkeitsverteilung $P(X_2 = i \mid X_1 = i_1)$, $i \in I$, ein Zustand i_2 zur Zeit $n = 2$ realisiert und so weiter. Im Ganzen erhält man eine Folge von Zuständen $i_0, i_1, i_2, i_3, \ldots$ Man kann nun auch noch zeigen, dass unter den Voraussetzungen des Satzes 18.0.4 die relativen Häufigkeiten der Zustände $i \in I$ innerhalb der Folge $i_0, i_1, i_2, i_3, \ldots, i_N$ mit $N \to \infty$ gegen die Wahrscheinlichkeiten π_i, $i \in I$, der invarianten Wahrscheinlichkeitsverteilung konvergieren. Dies soll anhand der Fragestellung von Beispiel 1.0.8 demonstriert werden.

18.0.6 Beispiel (Anzahl kaputter Fahrzeuge, siehe Beispiel 1.0.8)
Wenn von sechs Fahrzeugen pro Tag nur ein Fahrzeug repariert werden kann und die Fahrzeuge unabhängig voneinander kaputt gehen, so können am Ende eines Tages 0, 1, 2, 3, 4, 5, 6 Fahrzeuge kaputt sein. Beobachtet man die Anzahl X_n der kaputten Fahrzeuge über mehrere Tage n, so haben wir einen stochastischen Prozess mit einem Zustandsraum $I = \{0, 1, 2, 3, 4, 5, 6\}$ und einem Parameterraum, der durch die Tage n gegeben ist. Dieser stochastische Prozess ist eine Markov-Kette, da die Anzahl der kaputten Fahrzeuge an einem Tag nur davon abhängt, wie viele Fahrzeuge am Tag davor kaputt waren. Es ist auch eine homogene Markov-Kette, da die Übergangswahrscheinlichkeiten von einem Tag zum nächsten Tag nicht vom speziellen Tag abhängen (Sonntage und Feiertage werden hier nicht berücksichtigt). Ist p die Wahrscheinlichkeit, dass ein Fahrzeug an einem Tag kaputt geht, so werden die Übergangswahrscheinlichkeiten wie folgt bestimmt (dabei wird angenommen, dass jedes Fahrzeug mit gleicher Wahrscheinlichkeit p kaputt geht und dass die Reparatur eines Fahrzeuges nur am Morgen eines Tages vor Inbetriebnahme der Fahrzeuge erfolgt):

1. Ist am Abend des Vortages **kein** Fahrzeug kaputt, so muss am Morgen des Folgetages kein Fahrzeug repariert werden und im Laufe des Tages können 0, 1, 2, 3, 4, 5, 6 Fahrzeuge kaputt gehen. Die Wahrscheinlichkeiten dieser sieben Zustände sind durch die Binomialverteilung $\mathrm{Bin}(6, p)$ gegeben:

$$P(X_{n+1} = i \mid X_n = 0) = \binom{6}{i} p^i (1 - p)^{6-i} \text{ für } i = 0, 1, 2, 3, 4, 5, 6.$$

2. Ist am Abend des Vortages **ein** Fahrzeug kaputt, so wird dieses am Morgen des folgenden Tages repariert und im Laufe des Tages können 0, 1, 2, 3, 4, 5, 6 Fahrzeuge kaputt gehen. In diesem Fall liegt wieder eine $\mathrm{Bin}(6, p)$-Verteilung vor:

$$P(X_{n+1} = i \mid X_n = 1) = \binom{6}{i} p^i (1 - p)^{6-i} \text{ für } i = 0, 1, 2, 3, 4, 5, 6.$$

3. Sind am Abend des Vortages j Fahrzeuge kaputt ($j = 2, 3, 4, 5$), so sind nach der Reparatur eines Fahrzeuges am Morgen des folgenden Tages $j - 1$ Fahrzeuge kaputt und im Laufe des Tages können noch $0, 1, \ldots, 6 - j + 1$ weitere Fahrzeuge kaputt gehen, was gemäß

einer $\text{Bin}(6-j+1,p)$-Verteilung eintritt. Am Ende des Tages können dann $j-1, j, \ldots, 6$ Fahrzeuge kaputt sein. Es gelten also folgende Übergangswahrscheinlichkeiten:

$$P(X_{n+1}=i \mid X_n=j) = \binom{6-j+1}{i-j+1}p^{i-j+1}(1-p)^{6-i} \text{ für } i=j-1, j, \ldots, 6,$$

$$P(X_{n+1}=i \mid X_n=j) = 0 \text{ für } i=0,1,\ldots,j-2.$$

4. Sind am Abend des Vortages **6** Fahrzeuge kaputt, so sind nach der Reparatur eines Fahrzeugs am Morgen des folgenden Tages 5 Fahrzeuge weiterhin kaputt und im Laufe des Tages können noch 0 oder 1 Fahrzeug kaputt gehen, was gemäß einer $\text{Bin}(1,p)$-Verteilung eintritt. Am Ende des Tages können dann 5 oder 6 Fahrzeuge kaputt sein. Diese 2 Zustände treten mit folgenden Wahrscheinlichkeiten auf:

$$P(X_{n+1}=5 \mid X_n=6)=1-p, \; P(X_{n+1}=6 \mid X_n=6)=p.$$

Ansonsten gilt

$$P(X_{n+1}=i \mid X_n=6)=0$$

für $i=0,1,2,3,4$.

Es ist klar, dass $X_1, X_2, \ldots$ eine homogene Markovkette bildet, die kommunizierende Zustände besitzt, da man von jeder Anzahl von kaputten Fahrzeugen in endliche vielen Tagen mit positiver Wahrscheinlichkeit zu einer anderen Anzahl kaputter Fahrzeuge gelangen kann.

Die Datei `UeMatFahrzeuge.asc` enthält die Funktion, die die Übergangsmatrix erzeugt:

```
UeMatFahrzeuge" <-
function (p=0.4,k=6)
{
# Berechnet Übergangsmatrix mit Übergangswahrscheinlichkeiten
# für das Fahrzeuge Beispiel
uemat<-dbinom(0:k,size=k,prob=p)
uemat<-c(uemat,uemat)
for(j in 2:k) {
uemat<-c(uemat, rep(0,j-1), dbinom(0:(6-j+1),size=6-j+1,prob=p))
  }
uemat<-matrix(uemat,ncol=(k+1), byrow=F)
uemat
}
```

Folgender Aufruf der Funktion `UeMatFahrzeuge` liefert z. B. die Übergangsmatrix für $p = 0.4$:

```
> UeMatFahrzeuge(p=0.4)
          [,1]      [,2]      [,3]     [,4]    [,5]   [,6]   [,7]
[1,]  0.046656  0.046656  0.00000  0.0000  0.000  0.00   0.0
[2,]  0.186624  0.186624  0.07776  0.0000  0.000  0.00   0.0
[3,]  0.311040  0.311040  0.25920  0.1296  0.000  0.00   0.0
[4,]  0.276480  0.276480  0.34560  0.3456  0.216  0.00   0.0
[5,]  0.138240  0.138240  0.23040  0.3456  0.432  0.36   0.0
[6,]  0.036864  0.036864  0.07680  0.1536  0.288  0.48   0.6
[7,]  0.004096  0.004096  0.01024  0.0256  0.064  0.16   0.4
```

Die Übergangsmatrix ist also

$$\mathcal{P} = \begin{pmatrix}
0.0467 & 0.0467 & 0.0000 & 0.0000 & 0.000 & 0.00 & 0.0 \\
0.1866 & 0.1866 & 0.0778 & 0.0000 & 0.000 & 0.00 & 0.0 \\
0.3110 & 0.3110 & 0.2592 & 0.1296 & 0.000 & 0.00 & 0.0 \\
0.2765 & 0.2765 & 0.3456 & 0.3456 & 0.216 & 0.00 & 0.0 \\
0.1382 & 0.1382 & 0.2304 & 0.3456 & 0.432 & 0.36 & 0.0 \\
0.0369 & 0.0369 & 0.0768 & 0.1536 & 0.288 & 0.48 & 0.6 \\
0.0041 & 0.00401 & 0.0102 & 0.0256 & 0.064 & 0.16 & 0.4
\end{pmatrix}.$$

Mit der Funktion `MarkovKette` in der Datei `MarkovKette.asc` kann nun eine homogene Markovkette zu einer beliebigen Übergangsmatrix erzeugt werden:

```
"MarkovKette" <-
function (uemat, N=4, start=1)
{
# Simuliert eine Markovkette mit der Übergangsmatrix uemat
# für die Zustände 0,1,...,ncol(uemat)-1
# Startwert:
i<- start
mk<-i-1
for(n in 1:N){
  u<-runif(1)
  for(l in 1:ncol(uemat)){
    if(i == l){
        psum<-cumsum(uemat[,l])
        for(k in 1:nrow(uemat)){
            if(k==1){
                if(u<=psum[1])
                {j<-1}
            }
            else{
                if(psum[k-1]<u & u<=psum[k])
                {j<-k}
```

```
        }
      }
    }
  }
  i<-j
  mk<-c(mk,i-1)
}
list(Markovkette=mk)
}
```

Wendet man diese Funktion auf die Übergangsmatrix für das Fahrzeug-Beispiel an, so erhält man z. B. folgende Markovketten:

```
> MarkovKette(UeMatFahrzeuge(p=0.4),N=30)$Markovkette
0 3 4 3 2 5 6 5 4 4 4 4 4 4 4 4 6 6 6 5 4 5 4 3 3 2 3 3 4 5 5
> MarkovKette(UeMatFahrzeuge(p=0.2),N=30)$Markovkette
0 1 2 2 2 3 3 2 1 0 3 2 4 4 3 3 4 3 3 2 2 3 4 3 3 2 3 3 4 4 5
```

Die invariante Wahrscheinlichkeitsverteilung π kann über drei Methoden bestimmt werden:

1. Durch Bestimmung eines Eigenvektors von $\mathcal{P}$ zum Eigenwert 1, der nur positive Einträge hat und normiert ist.
2. Durch Approximation über $\mathcal{P}^M\, p_n$ mit großem M, wobei für $p_n = \left(\frac{1}{k}, \ldots, \frac{1}{k}\right)$ benutzt werden kann, wenn $p_n \in \mathbb{R}^k$ gilt.
3. Durch Ermittlung der relativen Häufigkeiten der Zustände in einer langen simulierten Markovkette.

Diese drei Möglichkeiten werden in der Funktion `InvariantesP`, die in der Datei `InvariantesP.asc` gegeben ist, durchgeführt und die Ergebnisse für die bestimmten invarianten Wahrscheinlichkeitsverteilungen werden mithilfe von Balkendiagrammen gegenübergestellt.

```
"InvariantesP" <-
function (UeMat=UeMatFahrzeuge(0.4),epsilon=0.00001,M=100,N=100)
{
# Bestimmt die invariante Verteilung der
# Markovkette gegen durch die Uebergangsmatrix UeMat
# 1. durch Approximation mit maximal M Schritten und
#    Genauigkeit epsilon
# 2. exakt über Bestimmung des Eigenvektors zum Eigenwert 1
# 3. durch Simulation der Markovkette über N Perioden
k<-ncol(UeMat)
par(mfrow=c(1,3))
# Approximation der invarianten Verteilung
p<-rep(1,k)/k
```

```
p1<-UeMat%*%p
m<-1
while(sum((p-p1)^2)>epsilon & m<M){
    p<-p1
    p1<-UeMat%*%p1
    m<-m+1
}
cat("Anzahl der Durchlaeufe bis Abbruch: ",m,"\n")
p1<-as.vector(p1)
names(p1)<-as.character(((1:k)-1))
barplot(p1,main="Approx.  invariante Verteilung")
# Berechnung der exakten invarianten Verteilung
Qeigen<-eigen(UeMat)
q<-eigen(UeMat)$vectors[,Qeigen$values<=1+epsilon
                        &Qeigen$values>=1-epsilon]
q<-q/sum(q)
names(q)<-as.character(((1:k)-1))
barplot(q,main="Invariante Verteilung")
# Simulation der invarianten Verteilung
r<-table(MarkovKette(UeMat,N))/N
barplot(r,main="Simulierte invariante Verteilung")
list(Approximiert=p1,Exakt=q,Simuliert=r)
}
```

Die Abb. 18.1, die die Ergebnisse der drei Methoden zur Bestimmung der invarianten
Wahrscheinlichkeitsverteilung zeigt, wurde mit folgendem Aufruf erzeugt:

```
> InvariantesP(UeMat=UeMatFahrzeuge(0.4),epsilon=0.00001,M=100,
+             N=1000)
Anzahl der Durchlaeufe bis Abbruch:  10
$Approximiert
            0             1             2             3             4
0.0001174179 0.0022831675 0.0227945837 0.1221133099 0.3273884327
            5             6
0.3833037689   0.1419993192


$Exakt
            0             1             2             3             4
0.0001041711 0.0021285766 0.0220150754 0.1204806640 0.3269297519
            5             6
0.3852140366   0.1431277245


$Simuliert
    0     1     2     3     4     5     6
0.002 0.003 0.027 0.111 0.326 0.402 0.130
```

Somit ist die invariante Verteilung durch

$$\pi = (\pi_0, \pi_1, \ldots, \pi_6)^\top \approx (0.0001, 0.0021, 0.0220, 0.1205, 0.3269, 0.3852, 0.1431)^\top$$

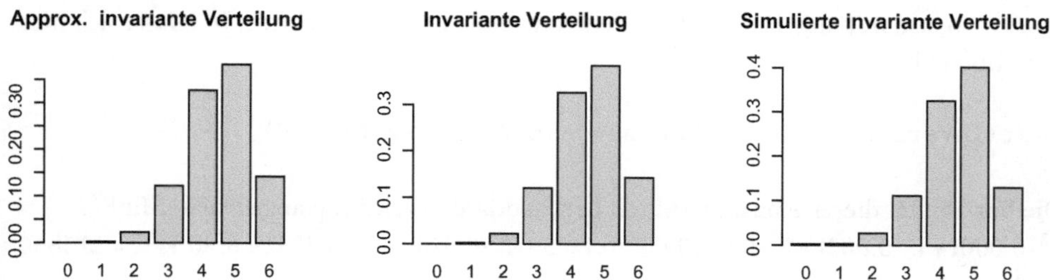

Abb. 18.1 Verschiedene Methoden zur Bestimmung der invarianten Wahrscheinlichkeitsverteilung

gegeben. Nachrechnen der Definition der invarianten Verteilung ergibt:

$$\mathcal{P}\pi = \begin{pmatrix} 0.0467 & 0.0467 & 0.0000 & 0.0000 & 0.000 & 0.00 & 0.0 \\ 0.1866 & 0.1866 & 0.0778 & 0.0000 & 0.000 & 0.00 & 0.0 \\ 0.3110 & 0.3110 & 0.2592 & 0.1296 & 0.000 & 0.00 & 0.0 \\ 0.2765 & 0.2765 & 0.3456 & 0.3456 & 0.216 & 0.00 & 0.0 \\ 0.1382 & 0.1382 & 0.2304 & 0.3456 & 0.432 & 0.36 & 0.0 \\ 0.0369 & 0.0369 & 0.0768 & 0.1536 & 0.288 & 0.48 & 0.6 \\ 0.0041 & 0.00401 & 0.0102 & 0.0256 & 0.064 & 0.16 & 0.4 \end{pmatrix} \cdot \begin{pmatrix} 0.0001 \\ 0.0021 \\ 0.0220 \\ 0.1205 \\ 0.3269 \\ 0.3852 \\ 0.1431 \end{pmatrix}$$

$$\approx \begin{pmatrix} 0.0001 \\ 0.0021 \\ 0.0220 \\ 0.1205 \\ 0.3269 \\ 0.3852 \\ 0.1431 \end{pmatrix} = \pi.$$

Das Ergebnis der invarianten Verteilung kann dazu benutzt werden, zu ermitteln, wie groß die Wahrscheinlichkeit ist, dass eine bestimmte Anzahl von Fahrzeugen pro Tag kaputt ist. So ist die Wahrscheinlichkeit für einen Tag ohne kaputte Fahrzeuge mit $\pi_0 = 0.0001$ sehr klein. Die Wahrscheinlichkeit für einen Tag, bei dem alle sechs Fahrzeuge kaputt sind, ist dagegen $\pi_6 = 0.1431$. Man kann auch bestimmen, mit wie viel kaputten Fahrzeugen man pro Tag im Mittel rechnen muss. Dazu sei X eine Zufallsvariable, die die invariante Verteilung als Verteilung hat, d. h. $P(X = i) = \pi_i$ für $i = 0, 1, \ldots, 6$. Dann ist deren Erwartungswert die Anzahl der kaputten Fahrzeuge, mit denen man pro Tag im Mittel rechnen muss. Wegen

$$E(X) = 0 \cdot 0.0001 + 1 \cdot 0.0021 + 2 \cdot 0.0220 + 3 \cdot 0.1205 + 4 \cdot 0.3269 + 5 \cdot 0.3852 + 6 \cdot 0.1431$$
$$= 4.4998$$

muss man also mit ungefähr 4.5 kaputten Fahrzeugen pro Tag rechnen. In R lässt sich dies berechnen über

```
>sum(InvariantesP(UeMatFahrzeuge(p=0.4))$Exakt*1:6)
```

Die Variabilität dieser Anzahl wird mit der Standardabweichung angegeben. Mit $E(X^2) = 0^2 \cdot 0.0001 + 1^2 \cdot 0.0021 + 2^2 \cdot 0.0220 + 3^2 \cdot 0.1205 + 4^2 \cdot 0.3269 + 5^2 \cdot 0.3852 + 6^2 \cdot 0.1431 = 21.1866$ ergibt sich eine Varianz von

$$\text{var}(X) = E(X^2) - E(X)^2 = 21.1866 - 4.4998^2 = 0.9384$$

und somit eine Standardabweichung von $\sqrt{\text{var}(X)} = 0.9687105$. Also man muss mit ungefähr 4.5 kaputten Fahrzeugen plus/minus einem kaputten Fahrzeug pro Tag rechnen, bzw. 4.5 ± 1 ist die erwartete Anzahl von kaputten Fahrzeugen pro Tag.

18.0.7 Bemerkung

In Beispiel 18.0.6 wurde gezeigt, dass alle drei Methoden zur Bestimmung der invarianten Wahrscheinlichkeitsverteilung sehr ähnliche Ergebnisse liefern. Dabei ist die Methode, die die Markovkette simuliert, die aufwändigste Methode. Allerdings ist diese Methode eine sinnvolle Methode, wenn die Übergangsmatrix sehr groß ist. Sie ist sogar die einzige mögliche Methode, wenn die Übergangsmatrix nicht explizit angegeben werden kann, da man gar nicht alle möglichen Zustände kennt. Das ist zum Beispiel bei den sogenannten **Markovketten-Monte-Carlo-Verfahren** der Fall.

18.1   Übungsaufgaben

Übung 18.1 Simulieren Sie die Markovkette für das Fahrzeugbeispiel aus Beispiel 18.0.6 für folgende Wahrscheinlichkeiten p:

$$p = 0.1 \text{ und } p = 0.3.$$

Bestimmen Sie für beide Fälle die invariante Verteilung und zwar über Approximation mit $M = 100$, exakt und über Simulation einer Markovkette mit $N = 1000$. Stellen Sie die Ergebnisse grafisch dar.

(a) Wie groß ist die Wahrscheinlichkeit bei den gewonnenen invarianten Verteilungen, dass an einem Tag alle Fahrzeuge kaputt sind?

(b) Wie groß ist die erwartete Anzahl kaputter Fahrzeuge pro Tag? Wie stark streut diese erwartete Anzahl?

Übung 18.2 Ein Verkäufer hat in seinem Lager Platz für m Waschmaschinen von einem bestimmten Typ. Pro Woche gibt es Y_n Kaufanfragen von Kunden, die diese Waschmaschine kaufen und sofort abholen wollen. Wollen mehr Kunden diese Waschmaschine kaufen, als der Verkäufer davon auf Lager hat, muss der Verkäufer sie abweisen. Wenn der Verkäufer am Ende der Woche weniger als k Waschmaschinen von diesem Typ im Lager hat, bestellt er so viele nach, dass sein Lager wieder voll ist, d. h. er wieder m Waschmaschinen von diesem Typ bei Beginn der nächsten Woche auf Lager hat. Sind noch mindestens k dieser Waschmaschinen am Ende der Woche im Lager vorhanden, bestellt er nichts nach.

1. Wie groß ist die Wahrscheinlichkeit, dass der Verkäufer am Ende der Woche keine Waschmaschine des Typs auf Lager hat und eventuell weitere Kunden nicht bedienen kann?
2. Wie groß ist die erwartete Anzahl von Waschmaschinen dieses Typs, die der Verkäufer am Ende der Woche im Lager hat? Wie stark streut diese Anzahl?

Beantworten Sie diese Frage unter der Annahme, dass $m = 3$, $k = 2$ ist und dass die Verteilung der Kaufanfragen in jeder Woche n folgende Verteilung hat:

$$\mathsf{P}(Y_n = 0) = 0.2, \quad \mathsf{P}(Y_n = 1) = 0.3, \quad \mathsf{P}(Y_n = 2) = 0.3, \quad \mathsf{P}(Y_n \geq 3) = 0.2.$$

Bestimmen Sie dazu die Übergangsmatrix der zugehörigen Markovkette und stellen Sie fest, welche der folgenden Verteilungen die invariante Verteilung $\pi = (\pi_0, \pi_1, \pi_2, \pi_3)^\top$ der Markovkette am besten annähert:

$$\pi^1 = (0.2, 0.3, 0.3, 0.2)^\top, \qquad \pi^2 = (0.55, 0.58, 0.53, 0.28)^\top,$$
$$\pi^3 = (0.15, 0.30, 0.27, 0.28)^\top, \quad \pi^4 = (0.3, 0.2, 0.2, 0.3)^\top,$$
$$\pi^5 = (0.28, 0.30, 0.27, 0.15)^\top, \quad \pi^6 = (0.28, 0.30, 0.15, 0.27)^\top$$

(dabei ist π_i die Wahrscheinlichkeit, dass am Ende der Woche i Waschmaschinen im Lager sind).

Im letzten Teil des Buchs werden wir die Erkenntnisse der ersten beiden Teile nutzen, um mithilfe verschiedener Methoden aus beobachteten Daten Rückschlüsse auf die zu Grunde liegende Verteilung zu treffen. Dabei werden wir drei wesentliche Methoden unterscheiden, die Punktschätzungen, die statistischen Tests und die Vertrauensbereiche oder auch Intervallschätzungen.

Der dritte Teil gliedert sich wie folgt. Nach einer Einführung in die Fragestellungen der Schließenden Statistik folgt ein Kapitel zu den Punktschätzungen. Hier werden Mindestanforderungen an Punktschätzungen vorgestellt, ebenso wie Verfahren zur Entwicklung von Schätzfunktionen, die eben diese Anforderungen erfüllen. Das Kapitel schließt mit einem Abschnitt, in dem für die wichtigsten Verteilungen, die wir im zweiten Teil kennengelernt haben, Punktschätzungen für die Parameter der jeweiligen Verteilungen vorgestellt werden.

Die folgenden vier Kapitel beschäftigen sich mit den Hypothesentests. Nach der allgemeinen Definition von statistischen Tests in Kap. 21, wird in Kap. 22 der t-Test eingeführt als ein Test für Hypothesen über den Mittelwert bei normalverteilten Daten. Auch das folgende Kap. 23 setzt normalverteilte Daten voraus. Neben Tests für den Erwartungswert und die Varianz werden auch Tests für den Vergleich von zwei Stichproben vorgestellt. Ebenso umfasst das Kapitel die Relevanz- und Äquivalenztests, die z. B. zur Überprüfung der Six Sigma Qualität eingesetzt werden können. Das Kapitel schließt nach Tests für den Zusammenhang zwischen zwei Stichproben mit Methoden zur Überprüfung der Normalverteilungsannahme. Können wir nicht von normalverteilten Daten ausgehen, so hilft uns Kap. 24. Hier lernen wir Methoden für die eben angesprochenen Testprobleme kennen, die nicht auf der Normalverteilung der Daten beruhen.

Das nun folgende Kap. 25 führt uns in die Theorie der Konfidenzintervalle ein. Es werden Methoden zur Bestimmung von Konfidenzbereichen für Erwartungswert, Varianz, Standardabweichung sowie zum Vergleich der Mittelwerte zweier Stichproben eingeführt.

Das letzte Kapitel greift die Erkenntnisse des dritten Teils auf und zeigt wie sie im Bereich der Qualitätssicherung genutzt werden können. Hierbei wird auf die Lebensdaueranalyse eingegangen, außerdem lernen wir einige Methoden der Fertigungsüberwachung und Annahmeprüfung kennen. Im Abschnitt über Fertigungsüberwachung werden insbesondere die sogenannten Kontrollkarten zur Prozessüberwachung vorgestellt.

Viele Bücher geben Einführungen in die Schließende Statistik, wie zum Beispiel Genschel und Becker (2005), Hartung et al. (2009), Mosler und Schmid (2011), Schlittgen (1996) oder Krengel (1998). Speziell an Ingenieure und Naturwissenschaftler wenden sich Cramer und Kamps (2007), Storm (2007), Stoyan (1993), Beichelt (1995), Beucher (2007), Beyer und Erfurth (1999), Linder (1964), Papula (2008) und Sachs und Hedderich (2012). Die Methoden der Qualitätssicherung werden unter anderem in den Büchern von Kahle und Liebscher (2013), Allen (2006), Rinne und Mittag (1995), Weihs und Jessenberger (1997), Storm (2007) sowie Cano et al. (2012) behandelt.

Wir haben gesehen, dass die Zufallszahlen die Eigenschaften der Verteilung widerspiegeln, von der sie erzeugt werden. Wenn man nun in der Statistik Daten erhebt, so folgen diese auch einer Verteilung. Der Unterschied ist nur, dass die Verteilung nun unbekannt ist und dass man in der Regel nur wenige Daten hat. Das heißt, man hat Daten $x_1, \ldots, x_N$ oder Datenpaare $(x_1, y_1), \ldots, (x_N, y_N)$, bei denen N recht klein ist. Auf jeden Fall ist N im Allgemeinen nicht so groß, wie das bei den Zufallszahlen der Fall ist, wo N ja ohne weiteres als 1000 oder sogar 10 000 gewählt werden kann. Wie nun trotzdem mit relativ kleinen Datensätzen auf die zu Grunde liegende Wahrscheinlichkeitsverteilung geschlossen werden kann, ist Aufgabe der „Schließenden Statistik". Ein anderer Name für „Schließende Statistik" ist „Inferenz-Statistik".

Wir werden hier vor allem den Fall betrachten, dass die Daten $x_1, \ldots, x_N$ eindimensional sind.

Dabei werden wir immer annehmen, dass die Daten $x_1, \ldots, x_N$ Realisierungen von unabhängigen Zufallsvariablen $X_1, \ldots, X_N$ sind, die alle die gleiche Verteilung X_0 besitzen.

Das heißt, $x_1, \ldots, x_N$ könnten auch Zufallszahlen von der Verteilung X_0 sein. Die Annahme, dass die Zufallsvariablen $X_1, \ldots, X_N$ stochastisch unabhängig und identisch verteilt sind, ist so häufig, dass diese Eigenschaft abgekürzt wird:

Sind $X_1, \ldots, X_N$ stochastisch unabhängig und identisch verteilt, so wird kurz auch **u. i. v.** (unabhängig und identisch verteilt) oder noch kürzer **iid** (independent and identically distributed) geschrieben.

C. Müller, L. Denecke, *Stochastik in den Ingenieurwissenschaften,*
Statistik und ihre Anwendungen, DOI 10.1007/978-3-642-38960-3_19,

$X = (X_1, \ldots, X_N)$ ist dann ein Zufallsvektor, der als Realisierung den Stichprobenvektor $x = (x_1, \ldots, x_N)$ besitzt. Sind $X_1, \ldots, X_N$ iid, so wird X auch kurz zufällige iid Stichprobe bzw. noch kürzer **iid Stichprobe** genannt.

In der Regel ist nicht das Ziel, die ganze unbekannte zu Grunde liegende Verteilung P^{X_0} zu bestimmen, sondern man ist nur an bestimmten Kennzahlen der Wahrscheinlichkeitsverteilung interessiert.

Ist die Verteilung P^{X_0} bis auf Parameter bekannt, so spricht man von einer **parametrischen Verteilungsannahme.**

Beispiele:

- $P^{X_0} \sim \mathsf{Bin}(n, p)$ mit $n \in \mathbb{N}$ bekannt, $p \in (0, 1)$ unbekannt,
- $P^{X_0} \sim \mathsf{Poi}(\lambda)$ mit $\lambda > 0$ unbekannt,
- $P^{X_0} \sim \mathsf{Exp}(\lambda)$ mit $\lambda > 0$ unbekannt,
- $P^{X_0} \sim \mathsf{N}(\mu, \sigma^2)$ mit
  - μ unbekannt, σ^2 bekannt,
  - μ bekannt, σ^2 unbekannt,
  - μ unbekannt, σ^2 unbekannt.

Das letzte Beispiel zeigt, dass durchaus einige Parameter als bekannt bzw. unbekannt angenommen werden können. Je nachdem, welche Annahmen getroffen werden, erhält man ein anderes Modell. Daher sind dies drei verschiedene Modelle, obwohl jeweils eine $\mathsf{N}(\mu, \sigma^2)$-Verteilung unterstellt wird.

Werden keine solchen Annahmen (in Form von Parametern) an die Verteilung P^{X_0} getroffen, so spricht man von einer **nicht-parametrischen Verteilungsannahme.**

19.0.1 Beispiel

Von den Daten $x_1, \ldots, x_N$ wisse man, dass sie im Prinzip jeden Wert in $\mathbb{R}$ annehmen können, d. h. die zu Grunde liegende Wahrscheinlichkeitsverteilung ist eine stetige Verteilung. Zum Beispiel könnten $x_1, \ldots, x_N$ Schraubendurchmesser sein. Von diesen Schraubendurchmessern aber interessiert eventuell nicht die ganze Verteilung, sondern nur der Erwartungswert und die Varianz, d. h. die Frage, ob die Schraubendurchmesser eine vorgegebene Zielgröße im Mittel einhalten und nicht zu sehr um diese Zielgröße streuen. Sind

$x_1, \ldots, x_N$ Realisierungen von unabhängigen Zufallsvariablen $X_1, \ldots, X_N$, die alle die gleiche Verteilung besitzen, so interessiert also $\mu = \mathsf{E}(X_1) = \ldots = \mathsf{E}(X_N)$ sowie $\sigma^2 = \mathsf{var}(X_1) = \ldots = \mathsf{var}(X_N)$. Diese sind unbekannt und anhand der Daten $x_1, \ldots, x_N$ soll eine Aussage über μ und σ^2 gemacht werden.

In vieler Hinsicht vereinfacht sich das Problem, wenn man aus irgendwelchem Grunde weiß, dass die Schraubendurchmesser eine Normalverteilung $\mathsf{N}(\mu, \sigma^2)$ besitzen. Dann sind μ und σ^2 die Parameter der Normalverteilung und die Verteilung wird durch diese beiden Parameter vollständig bestimmt. Allerdings bleibt das Problem, dass μ und σ^2 unbekannt sind und anhand von $x_1, \ldots, x_N$ bestimmt werden müssen.

In der Schließenden Statistik lassen sich drei wichtige Grundtypen von Verfahren angegeben, die für unterschiedliche Arten von Aussagen verwendet werden können:

- **Punktschätzungen:** Hierbei soll ein spezieller Wert, der für die zu Grunde liegende Wahrscheinlichkeitsverteilung charakteristisch ist, geschätzt werden (etwa mittlerer Schraubendurchmesser μ oder Streuung σ). Die in Teil I behandelten statistischen Kennzahlen für die Lage, die Streuung und den Zusammenhang sind solche Punktschätzungen für die wahrscheinlichkeitstheoretischen Analoga. Zum Beispiel ist das arithmetische Mittel von $x_1, \ldots, x_N$ eine Punktschätzung für den Erwartungswert μ.
- **Hypothesentests:** In vielen Fällen sollen konkrete Hypothesen bzgl. des untersuchten Parameters untersucht werden. Kennzeichnend für ihr Konstruktionsprinzip ist, dass richtige Hypothesen nur mit einer kleinen Wahrscheinlichkeit abgelehnt werden sollen. Im obigen Beispiel kann etwa die Hypothese, dass die Streuung σ der zu Grunde liegenden Verteilung nicht größer als ein vorgegebener Wert σ_0 ist, untersucht werden.
- **Intervallschätzungen:** Da Punktschätzungen i. Allg. nur sehr ungenaue Prognosen liefern (eben nur einen Punkt), werden oft **Konfidenzintervalle** angegeben. Diese Bereiche werden so konstruiert, dass die Wahrscheinlichkeit, dass der untersuchte (unbekannte) Parameter in dem angegebenen Bereich liegt, einer vorgebenen (hohen) Wahrscheinlichkeit entspricht. In obigem Beispiel bedeutet dies etwa, ein Intervall $[\hat{\mu}_1, \hat{\mu}_2]$ anzugeben mit $\mathsf{P}(\mu \in [\hat{\mu}_1, \hat{\mu}_2]) \geq 0.95$.

Punktschätzungen, Hypothesentests und Intervallschätzungen werden im Folgenden für verschiedene Modellannahmen untersucht. Dabei wird immer wieder auf Resultate aus der Wahrscheinlichkeitstheorie zurückgegriffen.

20.1 Punktschätzungen und ihre Verteilungen

In diesem Abschnitt sollen Punktschätzungen in verschiedenen Modellannahmen hergeleitet werden. Dabei wird immer ein zufälliger Stichprobenvektor $X = (X_1, \ldots, X_N)$ unterstellt, der aus stochastisch unabhängigen identisch verteilten Zufallsvariablen $X_1, \ldots, X_N$ mit Verteilung P^{X_0} besteht. Das heißt, $X_1, \ldots, X_N$ sind iid Wiederholungen eines Zufallsexperiments X_0 bzw. X ist eine iid Stichprobe.

> Eine beliebige Funktion $g(X_1, \ldots, X_N)$ der Stichprobenvariablen $X_1, \ldots, X_N$ heißt **Statistik.**

Wichtige Beispiele für Statistiken sind

- das **arithmetische Mittel:** $\overline{X} = \frac{1}{N} \sum_{n=1}^{N} X_n$,
- die **empirische Varianz:** $s(X)^2 = \frac{1}{N-1} \sum_{n=1}^{N} (X_n - \overline{X})^2$,
- die **mittlere quadratische Abweichung bzgl.** μ: $\sigma_\mu^2 = \frac{1}{N} \sum_{n=1}^{N} (X_n - \mu)^2$,
- die **mittlere quadratische Abweichung:** $S_X^2 = \frac{1}{N} \sum_{n=1}^{N} (X_n - \overline{X})^2$.

Diese Statistiken werden im Folgenden von großer Bedeutung sein. Es ist zu bemerken, dass Statistiken als Funktionen von Zufallsvariablen wiederum Zufallsvariablen sind. Diese besitzen nach den Überlegungen aus der Wahrscheinlichkeitstheorie eine Verteilung.

20.1.1 Beispiel (Verteilung von arithmetischem Mittel und empirischer Varianz)
Sei $X = (X_1, \ldots, X_N)$ ein Zufallsvektor von iid Stichprobenvariablen mit Normalverteilung $N(\mu, \sigma^2)$. Dann gilt:

C. Müller, L. Denecke, *Stochastik in den Ingenieurwissenschaften,*
Statistik und ihre Anwendungen, DOI 10.1007/978-3-642-38960-3_20,
© Springer-Verlag Berlin Heidelberg 2013

- das arithmetische Mittel ist normalverteilt: $\overline{X} \sim \mathrm{N}(\mu, \frac{\sigma^2}{N})$,
- die empirische Varianz dividiert durch σ^2 und multipliziert mit $N - 1$ ist χ^2-verteilt:

$$\frac{N-1}{\sigma^2} s(X)^2 \sim \chi^2_{N-1}.$$

Ist X $\mathrm{Bin}(1, p)$-verteilt, so besitzt das Stichprobenmittel multipliziert mit N eine Binomialverteilung:

$$N\overline{X} \sim \mathrm{Bin}(N, p).$$

20.1.2 Definition (Punktschätzung)

Sei X_0 eine Zufallsvariable mit einer Verteilung, die bis auf einen Parameter ϑ bekannt sei. $X = (X_1, \ldots, X_N)$ bezeichne eine iid Stichprobe. Jede Funktion

$$\widehat{\vartheta} = \widehat{\vartheta}(X) = g(X_1, \ldots, X_N)$$

*heißt **Schätzfunktion** oder **Punktschätzung** für ϑ. Ist $x = (x_1, \ldots, x_N)$ ein Stichprobenergebnis, so heißt $\widehat{\vartheta}(x) = g(x_1, \ldots, x_N)$ numerischer **Schätzwert** für ϑ. Schätzfunktionen oder auch (Punkt-) Schätzer für einen Parameter ϑ werden im folgenden durch ein Dach $\frown$ gekennzeichnet.*

20.1.3 Beispiel (Binomialverteilung)

Sei $X_n \sim \mathrm{Bin}(1, p)$, $n = 1, \ldots, N$, mit $p \in (0, 1)$ unbekannt. In Definition 20.1.2 wurden die unbekannten Parameter mit ϑ bezeichnet. Hier gilt daher $\vartheta = p$ und $X = (X_1, \ldots, X_N)$ ist ein Zufallsvektor von iid Stichprobenvariablen. Dann sind nach Definition 20.1.2 folgende Funktionen Punktschätzungen für die unbekannte Wahrscheinlichkeit p:

- $\widehat{p}_1(X) = 0.5$ (es kann auch jede andere feste Zahl gewählt werden!),
- $\widehat{p}_2(X) = X_1$,
- $\widehat{p}_3(X) = X_1 \cdot X_N$,
- $\widehat{p}_4(X) = \frac{1}{N} \sum_{n=1}^{N} X_n$.

Für eine Stichprobe vom Umfang $N = 5$ wurden folgende Werte beobachtet:

$$1, 0, 0, 1, 0.$$

Unter Verwendung der obigen Schätzer liefert dies folgende numerische Schätzwerte:

$$\widehat{p}_1(x) = 0.5, \quad \widehat{p}_2(x) = 1, \quad \widehat{p}_3(x) = 0, \quad \widehat{p}_4(x) = \frac{2}{5}.$$

Obwohl $\widehat{p}_1, \ldots, \widehat{p}_4$ nach Definition 20.1.2 Schätzfunktionen für p sind, so erscheint nicht notwendig jeder dieser Schätzer auch sinnvoll zu sein. Zur Beurteilung der Qualität müssen daher Kriterien definiert werden, die Schätzer sinnvollerweise erfüllen sollten.

20.2 Anforderungen an Punktschätzungen

Ein wichtiges Kriterium ist die **Erwartungstreue** eines Schätzers $\widehat{\vartheta}$: Da der untersuchte Parameter ϑ nicht bekannt ist, soll ein „vernünftiger" Schätzer für ϑ zumindest im Mittel den richtigen Wert liefern.

20.2.1 Definition

*Ein Schätzer $\widehat{\vartheta}$ heißt **erwartungstreu** für den Parameter ϑ, falls gilt:*

$$\mathsf{E}_\vartheta\big(\widehat{\vartheta}(X)\big) = \vartheta \quad \textit{für jeden zulässigen Parameter } \vartheta.$$

Damit der Schätzer $\widehat{\vartheta}$ numerisch berechenbar ist, darf $\widehat{\vartheta}$ natürlich nicht von dem unbekannten Parameter ϑ abhängen! Der Erwartungswert hängt aber von diesem unbekannten Parameter ϑ ab, weshalb dieser Parameter als Index an den Erwartungswert geschrieben wird. Da ϑ unbekannt ist, ist es ganz wichtig, dass $\mathsf{E}_\vartheta\big(\widehat{\vartheta}(X)\big) = \vartheta$ wirklich für alle in Frage kommenden ϑ gilt.

Erwartungstreue eines Schätzers bedeutet, dass, wenn sehr viele Leute die gleiche Punktschätzung auf eigene Datensätze anwenden, jeder eine andere Schätzung erhalten wird, aber der Mittelwert der Schätzung desto näher am wahren Wert ϑ liegen wird, desto mehr Leute die Punktschätzung benutzen. Dies kann am besten per stochastischer Simulation überprüft werden: Es werden M Datensätze $x^m = (x_1^m, \ldots, x_N^m)$, $m = 1, \ldots, M$, zum Stichprobenumfang N erzeugt und für jeden Datensatz x^m der Schätzwert $\widehat{\vartheta}(x^m)$ berechnet. Aus diesen M Schätzwerten wird dann der Mittelwert gebildet

$$\frac{1}{M} \sum_{m=1}^{M} \widehat{\vartheta}(x^m).$$

Nach dem Gesetz der großen Zahlen (siehe Abschn. 15.4) strebt $\frac{1}{M} \sum_{m=1}^{M} \widehat{\vartheta}(x^m)$ mit $M \to \infty$ gegen den Erwartungswert $\mathsf{E}_\vartheta\big(\widehat{\vartheta}(X^m)\big)$ und dieser sollte bei Erwartungstreue ϑ sein, wenn ϑ der wahre Parameter ist. Das heißt, der Mittelwert $\frac{1}{M} \sum_{m=1}^{M} \widehat{\vartheta}(x^m)$ wird für großes M nahe bei dem wahren Parameter liegen.

20.2.2 Satz

Sind $X_1, \ldots, X_N$ iid, so gilt:

1. *Das arithmetische Mittel $\overline{X}$ ist eine erwartungstreue Schätzung für $\mathsf{E}(X_1)$.*
2. *Die empirische Varianz $\frac{1}{N-1} \sum_{n=1}^{N} (X_n - \overline{X})^2$ ist eine erwartungstreue Schätzung für* $\mathrm{var}(X_1)$.
3. $\frac{1}{N} \sum_{n=1}^{N} (X_n - \overline{X})^2$ *ist keine erwartungstreue Schätzung für* $\mathrm{var}(X_1)$.

20.2.3 Beispiel (Binomialverteilung, Fortsetzung von Beispiel 20.1.3)
Für die betrachteten Schätzer ergibt sich für $p \in (0,1)$:

$$\mathsf{E}_p\left(\widehat{p}_1(X)\right) = 0.5, \quad \mathsf{E}_p\left(\widehat{p}_2(X)\right) = p, \quad \mathsf{E}_p\left(\widehat{p}_3(X)\right) = p^2, \quad \mathsf{E}_p\left(\widehat{p}_4(X)\right) = p.$$

Damit sind die Schätzer $\widehat{p}_2$ und $\widehat{p}_4$ erwartungstreu. Die Schätzer $\widehat{p}_1$ und $\widehat{p}_3$ erweisen sich als nicht erwartungstreu, da sie nicht für einen beliebigen Wert $p \in (0,1)$ diesen Wert als Erwartungswert liefern.

In obigem Beispiel sind die Schätzer $\widehat{p}_2$ und $\widehat{p}_4$ erwartungstreu. Es ist daher zu fragen, ob beide Schätzer gleich gut sind. Da $\widehat{p}_2$ nur die Werte 0 oder 1 liefern kann, ist seine Qualität zu bezweifeln. Ein Kriterium zum Vergleich erwartungstreuer Schätzer ist der Vergleich der Varianzen der betrachteten Schätzfunktionen. Die Schätzfunktion mit der kleineren Varianz ist vorzuziehen. Im Beispiel erhält man:

$$\mathsf{var}_p\left(\widehat{p}_2(X)\right) = p(1-p), \qquad \mathsf{var}_p\left(\widehat{p}_4(X)\right) = \frac{p(1-p)}{N}.$$

Daher ist die Varianz von $\widehat{p}_4$ für $N \geq 2$ immer kleiner als die Varianz von $\widehat{p}_2$. Der Schätzer $\widehat{p}_4$ ist daher zu bevorzugen. Er erfüllt zudem die Eigenschaft, dass die Varianz für einen immer größeren Stichprobenumfang N gegen Null tendiert. Da er die Voraussetzungen des Gesetzes der großen Zahlen erfüllt, nähert er den gesuchten Wert des Parameters p für wachsenden Stichprobenumfang N immer besser an. Diese Eigenschaft, die **Konsistenz** genannt wird, ist eine zweite wichtige Eigenschaft eines sinnvollen Schätzers. Da der Stichprobenumfang hierbei nicht fest ist, sondern wächst, schreiben wir an die Schätzung noch den Stichprobenumfang, d. h. wir benutzen $\widehat{\vartheta}_N$ an Stelle von $\widehat{\vartheta}$.

20.2.4 Definition
*Ein Schätzer $\widehat{\vartheta}_N$ heißt **konsistent** für den Parameter ϑ, falls gilt:*

$$\widehat{\vartheta}_N(X_1, \ldots, X_N) \to \vartheta \quad \textit{für } N \to \infty \textit{ für jeden zulässigen Parameter } \vartheta.$$

Wegen $p = \mathsf{E}(X_n)$ ist der Schätzer $\widehat{p}_4$ eine konsistente und erwartungstreue Schätzung für den Erwartungswert $\mathsf{E}(X_n)$. Die Konsistenz und Erwartungstreue für den Erwartungswert $\mathsf{E}(X_n)$ gilt aber nicht nur für den Schätzer $\widehat{p}_4$, sondern allgemein für jedes arithmetische Mittel. Es gilt nämlich der folgende mathematische Satz.

20.2.5 Satz
Sind $X_1, \ldots, X_N$ iid, so gilt:

1. Das arithmetische Mittel $\overline{X}$ ist eine konsistente Schätzung für $\mathsf{E}(X_1)$.

2. Die empirische Varianz $\frac{1}{N-1} \sum_{n=1}^{N} (X_n - \overline{X})^2$ ist eine konsistente Schätzung für $\mathsf{var}(X_1)$.

3. $\frac{1}{N} \sum_{n=1}^{N} (X_n - \overline{X})^2$ ist eine konsistente Schätzung für $\mathsf{var}(X_1)$.

20.2.6 Beispiel (Arithmetisches Mittel und empirische Varianz)
Sei $X_n \sim \mathsf{N}(\mu, \sigma^2)$ mit $\mu \in \mathbb{R}$, $\sigma^2 \in \mathbb{R}^+$ für $n = 1, \ldots, N$. Das arithmetische Mittel ist dann eine erwartungstreue und konsistente Schätzung für $\mu = \mathsf{E}(X_n)$. Die empirische Varianz ist eine erwartungstreue und konsistente Schätzung für $\sigma^2 = \mathsf{var}(X_n)$.

20.3 Maximum-Likelihood-Schätzungen

Ehe weitere Punktschätzer in verschiedenen Modellsituationen vorgestellt werden, soll noch kurz auf die Frage eingegangen werden, wie „gute" Schätzfunktionen hergeleitet werden können. Es gibt verschiedene Konstruktionsprinzipien, die zu Schätzfunktionen führen: Maximum-Likelihood-Methode, Momentenmethode, Methode der kleinsten Quadrate, Bayesmethode, etc. Hier soll nur das Prinzip der Maximum-Likelihood-Methode (das englische Wort *Likelihood* bedeutet nichts anderes als Wahrscheinlichkeit) an einem Beispiel näher erläutert werden:

20.3.1 Beispiel (Maximum-Likelihood-Methode)
Sei $X_1, X_2 \sim \mathsf{Bin}(1, p)$ eine iid Stichprobe vom Umfang $N = 2$ mit $p \in (0, 1)$ unbekannt. Dann besitzt X_n, $n = 1, 2$, die Zähldichte

$$\mathsf{P}(X_n = 0) = 1 - p, \quad \mathsf{P}(X_n = 1) = p, \quad n = 1, 2.$$

Da X_1, X_2 stochastisch unabhängig sind, gilt für die gemeinsame Zähldichte:

$$\mathsf{P}(X_1 = x_1, X_2 = x_2) = p^{x_1}(1-p)^{1-x_1} p^{x_2}(1-p)^{1-x_2} = p^{x_1+x_2}(1-p)^{2-x_1-x_2} = h(p).$$

Die Maximum-Likelihood-Methode wählt nun denjenigen Wert für p, der die größte Wahrscheinlichkeit zur Realisierung der Werte x_1, x_2 besitzt. Auswerten liefert das Ergebnis $\widehat{p}(x) = \frac{1}{2}(x_1 + x_2)$. Um das zu sehen, werden die drei Fälle $x_1 = x_2 = 0$, $x_1 = 0$, $x_2 = 1$ und $x_1 = x_2 = 1$ betrachtet. Der Fall $x_1 = 1$, $x_2 = 0$ verhält sich wie der Fall $x_1 = 0$, $x_2 = 1$. Die Funktion $h(p)$ besitzt dann jeweils die in Abb. 20.1 dargestellten Graphen.

Das Maximum der Funktion $h(p)$ liegt im ersten Fall an der Stelle $p = 0$, im zweiten an der Stelle $p = \frac{1}{2}$. Im dritten Fall erhält man $p = 1$ als Lösung. Zusammenfassend lässt

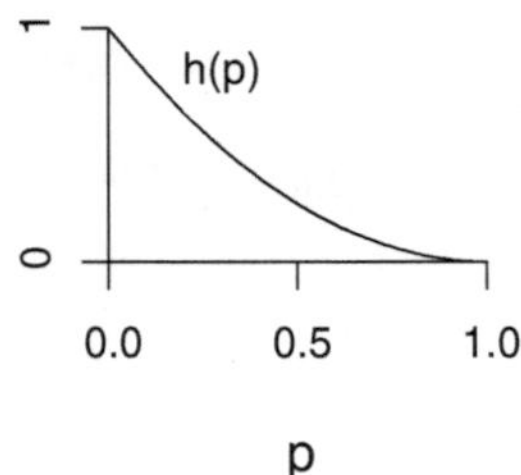

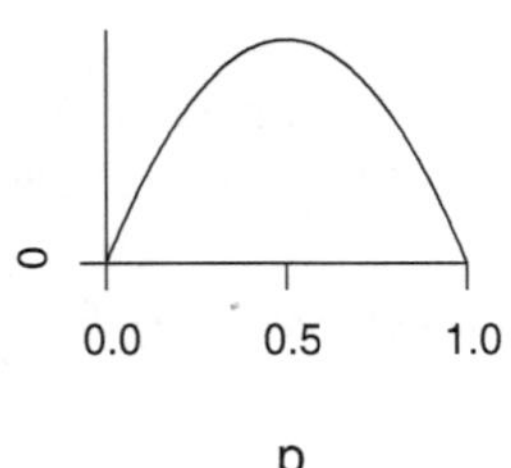

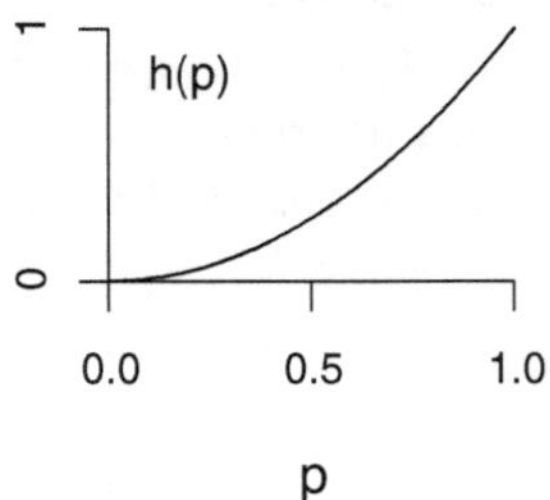

Abb. 20.1 Graphen von $h(p)$

sich dies schreiben als $\widehat{p}(x) = \frac{1}{2}(x_1 + x_2)$. Damit wäre in der betrachteten Situation $\widehat{p} = \frac{1}{2}(X_1 + X_2)$ der **Maximum-Likelihood-Schätzer** für p.

Wird von einer Stichprobe vom Umfang N, d. h. $X_1, \ldots, X_N$ iid, ausgegangen, so erhält man den Maximum-Likelihood-Schätzer

$$\widehat{p}(X) = \frac{1}{N} \sum_{n=1}^{N} X_n.$$

Der in Beispiel 20.1.3 vorgeschlagene Schätzer $\widehat{p}_4$ ist also der Maximum-Likelihood-Schätzer für p.

Allgemein wird zur Herleitung eines Maximum-Likelihood-Schätzers für ϑ die gemeinsame (Zähl-) Dichte der Zufallsvariablen $X_1, \ldots, X_N$ bzgl. des Parameters ϑ maximiert (bei vorliegender Beobachtung $x_1, \ldots, x_N$):

$$\mathsf{P}_\vartheta(X_1 = x_1, \ldots, X_N = x_N) \to \max_\vartheta \quad \text{(diskrete Zufallsvariablen)}$$

$$f_{\vartheta, X_1, \ldots, X_N}(x_1, \ldots, x_N) \to \max_\vartheta \quad \text{(stetige Zufallsvariablen)}$$

Die Lösungen der Maximierungsprobleme sind die Maximum-Likelihood-Schätzer.

20.3.2 Definition (Maximum-Likelihood-Schätzung)
$\widehat{\vartheta}(x)$ ist die Maximum-Likelihood-Schätzung für ϑ, wenn $\widehat{\vartheta}(x)$ der Parameter ϑ ist, für den $\mathsf{P}_\vartheta(X_1 = x_1, \ldots, X_N = x_N)$ (diskreter Fall) bzw. $f_{\vartheta, X_1, \ldots, X_N}(x_1, \ldots, x_N)$ (stetiger Fall) maximal wird.

20.3.3 Bemerkung
Maximum-Likelihood-Schätzungen sind in der Regel konsistent aber manchmal nicht erwartungstreu.

20.4 Punktschätzungen bei speziellen Verteilungen

Im Folgenden werden nun für einige wichtige Verteilungen die jeweiligen Maximum-Likelihood-Schätzer für die Parameter der Verteilungen vorgestellt.

Binomialverteilung $X_n, n = 1, \ldots, N$, seien $\mathsf{Bin}(1, p)$-verteilt mit unbekanntem Parameter $p \in (0, 1)$. Der Maximum-Likelihood-Schätzer für p gegeben eine iid Stichprobe $X_1, \ldots, X_N$ ist:

$$\widehat{p}(X) = \frac{1}{N} \sum_{n=1}^{N} X_n.$$

20.4.1 Beispiel (Computerchips)

Eine Firma produziert Computerchips und möchte wissen, wie groß die Wahrscheinlichkeit ist, dass ein produzierter Chip defekt ist. Somit ist der Zustand des Chips $\mathsf{Bin}(1, p)$ verteilt, wobei 1 für einen defekten Chip steht und 0 für einen intakten Chip. Von Interesse für die Firma ist die Größe p, die die Wahrscheinlichkeit für einen defekten Chip angibt. Bei einer Überprüfung von 1000 Computerchips waren 24 Chips defekt. Damit sind $x_1, \ldots, x_{1000}$ Realisierungen von $X_1 \ldots, X_{1000} \sim \mathsf{Bin}(1, p)$ und man kann annehmen, dass $X_1 \ldots, X_{1000}$ iid sind. Es gilt $\sum_{n=1}^{N} x_n = 24$, so dass

$$\widehat{p} = \frac{24}{1000} = 0.024$$

eine Maximum-Likelihood-Schätzung für p ist.

Poisson-Verteilung $X_n, n = 1, \ldots, N$, seien $\mathsf{Poi}(\lambda)$-verteilt mit unbekanntem Parameter $\lambda > 0$. Der Maximum-Likelihood-Schätzer für λ gegeben eine iid Stichprobe $X_1, \ldots, X_N$ ist:

$$\widehat{\lambda}(x) = \frac{1}{N} \sum_{n=1}^{N} X_n.$$

20.4.2 Beispiel (Todesfälle in Folge von Huftritten)

In der Monographie von von Bortkewitsch (1898) werden die Häufigkeiten von Todesfällen in Folge eines Huftritts in 10 preußischen Regimentern während eines Zeitraums von 20 Jahren aufgeführt. Dabei wurden folgende Häufigkeiten beobachtet:

Anzahl j von Todesfällen (pro Jahr und Regiment)	0	1	2	3	4	>4
Anzahl der Regimenter mit j Todesfällen im Jahr	109	65	22	3	1	0

Der Stichprobenumfang beträgt daher $N = 200$, wobei 109mal kein Todesfall beobachtet wurde, 65mal ein Todesfall etc. Als Schätzung für λ erhält man daraus den Wert

$$\widehat{\lambda}(x) = \frac{109 \cdot 0 + 65 \cdot 1 + 22 \cdot 2 + 3 \cdot 3 + 1 \cdot 4}{200} = \frac{122}{200} = 0.61.$$

Vergleicht man die beobachteten relativen Häufigkeiten mit den geschätzen Wahrscheinlichkeiten (bei Einsetzen von $\widehat{\lambda} = 0.61$ in die Poisson-Verteilung), so erhält man eine hervorragende Anpassung:

Anzahl Todesfälle	0	1	2	3	4	> 4
beobachtete relative Häufigkeiten	0.545	0.325	0.110	0.015	0.005	0.000
geschätzte Wahrscheinlichkeiten	0.544	0.331	0.101	0.021	0.003	0.000

Da λ auch der Erwartungswert der Poisson-Verteilung ist, erhält man mittels $\widehat{\lambda}$ einen Schätzwert für die erwartete Anzahl von Todesfällen in einem Regiment und Jahr: $\widehat{\lambda} = 0.61$.

Exponentialverteilung Es seien $T_1 \ldots, T_N$ iid exponentialverteilt mit Parameter λ. Der Maximum-Likelihood-Schätzer für den Parameter der Exponentialverteilung ist gegeben durch

$$\widehat{\lambda} = \frac{1}{\overline{T}}.$$

20.4.3 Beispiel (Exponentialverteilung)
Die Lebensdauer eines Bauteils werde als exponentialverteilt mit Parameter λ angenommen. Um einen Schätzwert für die mittlere Lebensdauer zu erhalten, wird die Lebensdauer von 6 Bauteilen [in Monaten] notiert: $10, 13, 6, 25, 19, 17$. Dies ergibt einen Schätzwert von $\widehat{\lambda} = \frac{1}{15}$. Die geschätze mittlere Lebensdauer für ein Bauteil beträgt daher $1/\widehat{\lambda} = 15$ Monate.

Weibull-Verteilung Es seien $T_1 \ldots, T_N$ iid mit Weibull-Verteilung $W(\alpha, \beta)$ und $t = (t_1, \ldots, t_N)$ eine Realisierung von $T = (T_1, \ldots, T_N)$. Die Maximum-Likelihood-Schätzer für α und β sind gegeben durch die folgenden zwei Gleichungen:

$$\beta = \left(\frac{1}{N} \sum_{n=1}^{N} T_n \right)^{\frac{1}{\alpha}},$$

$$\left(\frac{1}{\alpha} + \frac{1}{N} \sum_{n=1}^{N} \ln(T_n) \right) \sum_{n=1}^{N} T_n^{\alpha} = \sum_{n=1}^{N} T_n^{\alpha} \ln(T_n), \tag{20.1}$$

wobei die letzte Gleichung für α numerisch gelöst werden muss (siehe z. B. Rinne 2009). Die erhaltene Lösung ist dann die Maximum-Likelihood-Schätzung für α. Diese wird in die obere Gleichung eingesetzt und damit die Schätzung für β bestimmt. Ein Beispiel zur Berechnung des Maximum-Likelihood-Schätzers für die Parameter der Weibull-Verteilung findet sich in Abschn. 26.1.

Normalverteilung X_n sei $N(\mu, \sigma^2)$-verteilt mit unbekannten Parametern $\mu \in \mathbb{R}$ und $\sigma^2 > 0$ für $n = 1, \ldots, N$. Die Maximum-Likelihood-Schätzer für μ und σ^2 sind gegeben durch

$$\widehat{\mu}(X) = \overline{X} \quad \text{und} \quad \widehat{\sigma}^2 = \frac{1}{N} \sum_{n=1}^{N} (X_n - \overline{X})^2.$$

Zur Schätzung von σ^2 wird im Allgemeinen aber nicht der Maximum-Likelihood-Schätzer $\frac{1}{N} \sum_{n=1}^{N} (X_n - \overline{X})^2$ verwendet, da er nicht erwartungstreu ist. An seiner Stelle wird als erwartungstreue Variante die empirische Varianz $s(X)^2 = \frac{1}{N-1} \sum_{n=1}^{N} (X_n - \overline{X})^2$ als Schätzfunktion benutzt. Für große Stichprobenumfänge ist diese Modifikation aber vernachlässigbar.

20.4.4 Bemerkung

Wir haben hier vorausgesetzt, dass beide Parameter μ und σ^2 unbekannt sind. In den anderen Fällen können die zu verwendenden Schätzfunktionen der folgenden Tabelle entnommen werden. Dabei ist zu berücksichtigen, dass bekannte Parameter nicht geschätzt werden!

	μ bekannt	μ unbekannt
σ^2 bekannt		$\widehat{\mu} = \overline{X}$
σ^2 unbekannt		$\widehat{\mu} = \overline{X}$
	$\widehat{\sigma}^2 = \sigma_\mu^2 = \frac{1}{N} \sum_{n=1}^{N} (X_n - \mu)^2$	$\widehat{\sigma}^2 = s(X)^2 = \frac{1}{N-1} \sum_{n=1}^{N} (X_n - \overline{X})^2$

20.5 Übungsaufgaben

Übung 20.1 Ein Würfel mit unbekannter Anzahl $k \in \mathbb{N}$ von Seiten mit den Ziffern $1, \ldots, k$ wird sieben mal geworfen mit folgendem Ergebnis: $8, 6, 8, 5, 7, 3, 6$. Geben Sie zwei verschiedene sinnvolle Punktschätzfunktionen für die Anzahl der Seiten an. Welche Schätzungen ergeben sich für das Datenbeispiel? Sind die Schätzfunktionen erwartungstreu?

Übung 20.2 Wir betrachten die iid Zufallsgrößen $X_1 \ldots, X_N$ mit $N > 1$ und die Statistiken $\widehat{\vartheta}_1, \widehat{\vartheta}_2, \widehat{\vartheta}_3, \widehat{\vartheta}_4 : \mathbb{R}^N \to \mathbb{R}$ gegeben durch

(a) $\widehat{\vartheta}_1(x_1, \ldots, x_N) = \frac{1}{N} \sum_{n=1}^{N} x_n,$
(b) $\widehat{\vartheta}_2(x_1, \ldots, x_N) = \frac{1}{N} \left(1 + \sum_{n=1}^{N} (x_n - \overline{x})^2\right),$
(c) $\widehat{\vartheta}_3(x_1, \ldots, x_N) = \frac{1}{N-1} \sum_{n=1}^{N} (x_n - \overline{x})^2,$
(d) $\widehat{\vartheta}_4(x_1, \ldots, x_N) = x_1.$

Welche der Schätzfunktionen sind sinnvolle Schätzfunktionen für den Erwartungswert $E(X_1)$ bzw. die Varianz $\text{var}(X_1)$? Untersuchen Sie auch, ob die Schätzungen erwartungstreu und konsistent sind.

Literatur

Rinne, H. (2009). The Weibull distribution – a handbook. CRC Press, Boca Raton, FL.
von Bortkewitsch, L. (1898). Das Gesetz der kleinen Zahlen. Teubner, Leipzig.

Bis auf entartete Fälle wird das arithmetische Mittel zum Beispiel von Schraubendurchmessern nicht mit einer vorgegebenen Zielgröße μ_0 übereinstimmen. Es stellt sich die Frage, wie weit das arithmetische Mittel von μ_0 abweichen muss, damit man schließen kann, dass der Produktionsprozess der Schrauben die vorgegebene Zielgröße nicht erfüllt, d. h. dass man den Produktionsprozess stoppen muss.

Eine weitere Fragestellung ist, ob zwei Zufallsvariablen X_0 und Y_0 stochastisch unabhängig sind. Auch wenn X_0 und Y_0 stochastisch unabhängig sind, so wird die empirische Kovarianz von Zufallszahlenpaaren $(x_1, y_1), \ldots, (x_N, y_N)$, die gemäß der Verteilung von (X_0, Y_0) erzeugt wurden, ungleich 0 sein, obwohl $\mathrm{kov}(X_0, Y_0) = 0$ gilt. Die Abweichung von 0 wird umso größer sein, je kleiner die Anzahl N ist. Hier stellt sich die Frage, wie sehr die empirische Kovarianz von 0 abweichen muss, damit man schließen kann, dass X_0 und Y_0 nicht stochastisch unabhängig sind.

Solche Fragen beantworten die **statistischen Tests**.

Generell hat man eine

$$\textbf{Nullhypothese oder Hypothese } H_0,$$

und eine

$$\textbf{Alternativ-Hypothese oder Alternative } H_1,$$

wie zum Beispiel:

$$H_0 : \mathrm{E}(X_0) = \mu_0, \text{ d. h. die Produktion hält die Zielgröße } \mu_0 \text{ ein.}$$

$$H_1 : \mathrm{E}(X_0) \neq \mu_0, \text{ d. h. die Zielgröße } \mu_0 \text{ wird nicht eingehalten.}$$

C. Müller, L. Denecke, *Stochastik in den Ingenieurwissenschaften,*
Statistik und ihre Anwendungen, DOI 10.1007/978-3-642-38960-3_21,
© Springer-Verlag Berlin Heidelberg 2013

oder

$$H_0 : X_0 \text{ und } Y_0 \text{ sind stochastisch unabhängig.}$$

$$H_1 : \text{Es gibt einen Zusammenhang zwischen } X_0 \text{ und } Y_0.$$

Um solche Fragen zu beantworten, wird aus dem Datensatz $x = (x_1, \ldots, x_N)$ eine **Teststatistik** $T(x)$ berechnet, die in der Regel durch die Schätzung für die entsprechende Fragestellung gegeben ist. Da der Datensatz ein zufälliges Ergebnis ist, ist auch $T(x)$ ein zufälliges Ergebnis. $T(x)$ ist damit die Realisierung eines Zufallsprozesses bzw. einer Zufallsvariable $T(X)$. Man betrachtet nun die Wahrscheinlichkeit, dass die Zufallsvariable $T(X)$ einen höheren Wert als $T(x)$ oder den gleichen Wert wie $T(x)$ annimmt, der beim Datensatz x beobachtet wurde, falls die Nullhypothese gilt. Diese Wahrscheinlichkeit ist der P-**Wert**, der von Statistik-Programmen ausgegeben wird.

21.0.1 Definition (P-Wert)
Der P-Wert ist die maximale Wahrscheinlichkeit unter der Nullhypothese, dass die Zufallsvariable $T(X)$ einen Wert größer gleich $T(x)$ annimmt, der beim Datensatz x beobachtet wurde, d. h. der P-Wert ist also

$$P_{H_0}(T(X) \geq T(x)).$$

Ist ϑ ein Parameter, der die Verteilung von $T(X)$ eindeutig charakterisiert und $H_0 : \vartheta \in \Theta_0, H_1 : \vartheta \in \Theta \setminus \Theta_0$, wobei Θ_0 eine Teilmenge der Menge Θ aller möglichen Parameter ist, so gilt

$$P_{H_0}(T(X) \geq T(x)) = \max_{\vartheta \in \Theta_0} P_\vartheta(T(X) \geq T(x)).$$

Der P-Wert ist klein, wenn $T(x)$ einen sehr hohen (extremen) Wert angenommen hat. Ist diese Wahrscheinlichkeit zu klein, wird die Nullhypothese abgelehnt. Dabei muss von vornherein festgelegt werden, was als zu klein betrachtet wird.

Dazu wählt man $\alpha \in (0,1)$ fest und spricht dann von einem **Test zum Niveau** α, wenn gilt

$$P_{H_0}(T(X) \geq T(x)) \leq \alpha \Rightarrow H_0 \text{ wird abgelehnt bzw. die Daten sprechen}$$
$$\text{signifikant gegen } H_0, \text{ bzw. Entscheidung für } H_1.$$

$$P_{H_0}(T(X) \geq T(x)) > \alpha \Rightarrow \text{Die Daten sprechen nicht gegen } H_0,$$
$$\text{eventuell sind es zu wenige Daten.} \tag{21.1}$$

In der Regel wird α wie folgt festgelegt:

$$\alpha = 0.05, \qquad \text{falls ein Test am gleichen Datensatz gemacht wird.}$$

$$\alpha = \frac{0.05}{\text{Anzahl der Tests}}, \qquad \begin{array}{l}\text{falls mehrere Tests am gleichen Datensatz} \\ \text{gemacht werden.}\end{array} \qquad (21.2)$$

Die zweite Festlegung von α, auch α-**Adjustierung** genannt, wird sehr oft verletzt. Dabei muss diese α-Adjustierung auch gemacht werden, wenn mehrere Variablen des Datensatzes unabhängig von einander getestet werden, denn diese Variablen gehören zum gleichen Datensatz. Diese α-Adjustierung muss auch gemacht werden, wenn nur Teile der Einzelbeobachtungen in mehrere Tests eingehen.

Ist $P_{H_0}(T(X) \geq T(x)) > \alpha$, kann nur die schwache Aussage gemacht werden, dass die Daten nicht gegen H_0 sprechen. Damit spricht aber **nichts** für H_0. Es ist ein weit verbreiteter Fehlschluss, dass aus $P_{H_0}(T(X) \geq T(x)) > \alpha$ gefolgert werden kann, dass H_0 gilt. $P_{H_0}(T(X) \geq T(y)) > \alpha$ erhält man nämlich insbesondere, wenn man zu wenige Daten beobachtet hat. Umgekehrt kann man aber von $P_{H_0}(T(X) \geq T(x)) \leq \alpha$ auf H_1 schließen. Das heißt, ist der P-Wert kleiner als α, so wird die Nullhypothese abgelehnt. Das liegt an folgenden möglichen Fehlentscheidungen:

	Entscheidung für H_0	Entscheidung für H_1
H_0 gilt	keine Fehlentscheidung	Fehlentscheidung 1. Art (α-Fehler)
H_1 gilt	Fehlentscheidung 2. Art (β-Fehler)	keine Fehlentscheidung

Entscheidet man sich für H_1, so gilt wegen $P_{H_0}(T(X) \geq T(x)) \leq \alpha$ die Beziehung $T(x) \geq t$, wobei t der kleinste Wert mit $P_{H_0}(T(X) \geq t) \leq \alpha$ ist. Dann kann die Entscheidung richtig sein oder es liegt eine Fehlentscheidung 1. Art vor. Die Wahrscheinlichkeit für die Fehlentscheidung 1. Art ist aber

$$P_{H_0}(\text{Fehlentscheidung 1. Art}) \leq P_{H_0}(T(X) \geq t) \leq \alpha,$$

also sehr klein, wenn α sehr klein ist. Das bedeutet, dass, wenn viele einen Test zum Niveau $\alpha = 0.05$ anwenden, höchstens 5 % der Anwender diese Fehlentscheidung machen. Das heißt, höchstens 5 % der Anwender entscheiden sich fälschlicherweise für H_1, d. h. höchstens 5 % der Anwender entscheiden sich für H_1, obwohl H_0 richtig ist.

Würde man aber umgekehrt bei $P_{H_0}(T(X) \geq T(x)) > \alpha$ eine Entscheidung für H_0 zulassen, dann muss man mit der Fehlentscheidung 2. Art rechnen. Nun kann aber $P_{H_1}(\text{Fehlentscheidung 2. Art})$ oft gar nicht berechnet werden und, wenn es doch berechnet werden kann, gilt in der Regel

$$P_{H_1}(\text{Fehlentscheidung 2. Art}) \leq 1 - \alpha,$$

womit die Wahrscheinlichkeit für diese Fehlentscheidung 2. Art extrem groß sein könnte. Das bedeutet, dass, wenn viele einen Test zum Niveau $\alpha = 0.05$ anwenden, bis zu 95 % der Anwender die Fehlentscheidung 2. Art treffen würden. Das heißt, bis zu 95 % der Anwender würden sich dann für H_0 entscheiden, obwohl H_1 gilt. Das ist natürlich nicht akzeptabel. Daher interpretiert man eine Entscheidung für H_0 nur dahin, dass die Daten nicht gegen H_0 sprechen. Das ist aber kein Beleg für H_0.

Genauso wird im Gericht vorgegangen, wo gilt „Im Zweifelsfall für den Angeklagten": Wenn nicht genug Indizien vorhanden sind, um einen Angeklagten zu verurteilen, muss er freigesprochen werden, auch wenn er vielleicht der Täter war. Nur wenn genug Indizien (Daten) für seine Verurteilung vorhanden sind, kann der Angeklagte verurteilt werden (kann H_0 verworfen werden). Das heißt, die Nullhypothese H_0 entspricht der These der Verteidigung, dass der Angeklagte nicht der Täter ist.

	Entscheidung für H_0 $\triangleq$ Freispruch	Entscheidung für H_1 $\triangleq$ Verurteilung
H_0 gilt $\triangleq$ Angeklagter ist nicht Täter	keine Fehlentscheidung	Fehlentscheidung 1. Art (α-Fehler)
H_1 gilt $\triangleq$ Angeklagter ist Täter	Fehlentscheidung 2. Art (β-Fehler)	keine Fehlentscheidung

Die unterschiedlichen Wahrscheinlichkeiten für die Fehlentscheidungen 1. und 2. Art können auch durch stochastische Simulation ermittelt werden.

Auch wenn Statistik-Pakete P-Werte ausgeben, ist es für die Untersuchung der Wahrscheinlichkeit für die Fehlentscheidung 2.Art sinnvoll die Entscheidungsregel expliziter anzugeben. Dazu führen wir den kritischen Wert c_α eines Tests zum Niveau α ein:

21.0.2 Definition (Kritischer Wert)

Der kritische Wert c_α eines Tests ist der Wert, sodass der P-Wert genau α ist. Das heißt, es gilt $P_{H_0}(T(X) \geq c_\alpha) = \alpha$. Ist die Gleichheit bei diskreten Verteilungen nicht möglich, so ist c_α der kleinste Wert mit $P_{H_0}(T(X) \geq c_\alpha) \leq \alpha$.

21.0.3 Bemerkung

Es gilt $P_{H_0}(T(X) \geq T(x)) \leq \alpha$ genau dann, wenn $T(x) \geq c_\alpha$ ist. Die Testentscheidung (21.1) kann dann auch folgendermaßen formuliert werden:

$$T(x) \geq c_\alpha \Rightarrow H_0 \text{ wird abgelehnt bzw. die Daten sprechen signifikant}$$
$$\text{gegen } H_0, \text{ bzw. Entscheidung für } H_1.$$
$$T(x) < c_\alpha \Rightarrow \text{Die Daten sprechen nicht gegen } H_0,$$
$$\text{eventuell sind es zu wenige Daten.}$$

Die Fehlerwahrscheinlichkeit 2. Art ist dann durch $P_{H_1}(T(X) < c_\alpha)$ gegeben.

21.0.4 Definition

Wird die Verteilung von $T(X)$ eindeutig durch einen Parameter $\vartheta \in \Theta$ charakterisiert, so wird die Funktion $\gamma : \Theta \to [0,1]$ gegeben durch

$$\gamma(\vartheta) = P_\vartheta(T(X) \geq c_\alpha)$$

*die **Gütefunktion** des Tests genannt.*

In der Qualitätssicherung (siehe Abschn. 26.3) wird statt der Gütefunktion die Funktion $1 - \gamma(\vartheta)$ betrachtet und **OC-Funktion** genannt. Während $\gamma(\vartheta)$ die Ablehnwahrscheinlichkeit des Tests bei ϑ beschreibt, gibt die OC-Funktion die Annahmewahrscheinlichkeit an.

21.0.5 Bemerkung

- Wir haben hier immer angenommen, dass H_0 abgelehnt wird, falls $T(x) \geq c_\alpha$ ist. Benutzt man aber $\tilde{T}(x) = -T(x)$ und $\tilde{c}_\alpha = -c_\alpha$, so ist $T(x) \geq c_\alpha$ äquivalent zu $\tilde{T}(x) \leq \tilde{c}_\alpha$. In Kap. 23 werden wir auch Tests von der Form $\tilde{T}(x) \leq \tilde{c}_\alpha$ betrachten.
- Anstelle von $T(x) \geq c_\alpha$ kann auch $T(x) > \overline{c}_\alpha$ benutzt werden. Hat $T(X)$ eine stetige Verteilung, was wir hier vorwiegend betrachten werden, dann gilt aber $c_\alpha = \overline{c}_\alpha$, sodass $T(x) \geq c_\alpha$ und $T(x) > \overline{c}_\alpha$ äquivalent sind. Allerdings ist das nicht der Fall, wenn $T(X)$ eine diskrete Verteilung hat, siehe Abschn. 26.3.

Im Folgenden werden die wichtigsten Tests vorgestellt und von einigen werden die Wahrscheinlichkeiten für die Fehlentscheidungen 1. und 2. Art dargestellt.

Kann man annehmen, dass die Daten $x_1, \ldots, x_N$ von einer Normalverteilung stammen, d. h. dass sie Realisierungen von unabhängigen, normalverteilten Zufallsvariablen $X_1, \ldots, X_N$ sind, vereinfacht sich vieles. Die Verteilung ist dann bis auf die beiden Parameter μ und σ^2 der Normalverteilung bekannt.

Wenn man eine Normalverteilung annimmt, so sind Hypothesen über den Erwartungswert Hypothesen über den Parameter μ. Hier wird das Testproblem $H_0 : \mu = \mu_0$ gegen $H_1 : \mu \neq \mu_0$ ausführlicher betrachtet.

22.1 Herleitung des t-Tests

Wir haben in Abschn. 20.2 gezeigt, dass das arithmetische Mittel eine Punktschätzung für den Erwartungswert ist. Die Daten $x_1, \ldots, x_N$ sprechen also gegen die Nullhypothese $H_0 : \mu = \mu_0$, wenn das arithmetische Mittel $\overline{x}$ zu sehr von μ_0 abweicht. Da aber Daten verschieden stark streuen, ist es sinnvoll die Differenz $\overline{x} - \mu_0$ mit einer Streuungsschätzung zu normieren. Die geeignete Streuungsschätzung ist die Standardabweichung $s(x)$, d. h. die Wurzel aus der empirischen Varianz.

Somit ist eine sinnvolle Teststatistik

$$T(x) = \sqrt{N}\frac{|\overline{x} - \mu_0|}{s(x)}.$$

Die Teststatistik wird noch mit $\sqrt{N}$ multipliziert, weil nämlich gilt:

$$X_1, \ldots, X_N \sim \mathsf{N}(\mu_0, \sigma^2) \implies \sqrt{N}\frac{\overline{X} - \mu_0}{s(X)} \sim \mathsf{t}_{N-1},$$

C. Müller, L. Denecke, *Stochastik in den Ingenieurwissenschaften,*
Statistik und ihre Anwendungen, DOI 10.1007/978-3-642-38960-3_22,
© Springer-Verlag Berlin Heidelberg 2013

d. h. $\sqrt{N}\,\frac{\overline{X}-\mu_0}{s(X)}$ besitzt eine t-Verteilung mit $N-1$ Freiheitsgraden, wenn die Nullhypothese richtig ist. Da die Nullhypothese nur aus dem Wert μ_0 besteht, ist der P-Wert

$$
\begin{aligned}
P_{H_0}\left(T(X) \geq T(x)\right) &= P_{\mu_0}\left(\sqrt{N}\,\frac{|\overline{X}-\mu_0|}{s(X)} \geq T(x)\right) \\
&= P_{\mu_0}\left(\sqrt{N}\,\frac{\overline{X}-\mu_0}{s(X)} \geq T(x)\right) + P_{\mu_0}\left(\sqrt{N}\,\frac{\overline{X}-\mu_0}{s(X)} \leq -T(x)\right) \\
&= 1 - F_{t_{N-1}}(T(x)) + F_{t_{N-1}}(-T(x)) = 2\,F_{t_{N-1}}(-T(x)),
\end{aligned}
$$

wobei $F_{t_{N-1}}$ die Verteilungsfunktion der t-Verteilung mit $N-1$ Freiheitsgraden ist. Da jede t-Verteilung wie die Standardnormalverteilung symmetrisch um 0 ist, gilt die Gleichheit $1-F_{t_{N-1}}(T(x))+F_{t_{N-1}}(-T(x)) = 2\,F_{t_{N-1}}(-T(x))$. Die Verteilungsfunktion der t-Verteilung ist in R durch `pt` gegeben.

Der P-Wert des Tests ist also gegeben durch $2\,F_{t_{N-1}}(-T(x))$. Da so ein Test auf der t-Verteilung basiert, wird dieser Test auch t-**Test** genannt.

22.1.1 Beispiel (Kugeldurchmesser, Fortsetzung von Beispiel 1.0.1)
Bei Beispiel 1.0.1 stellte sich die Frage, ob die Zielgröße von 1 mm bei den Kugeldurchmessern von beiden Produktionslinien eingehalten wird. Nehmen wir eine Normalverteilung für die Durchmesser an, so können wir

$$
H_0 : \mu = 1 \text{ gegen } H_1 : \mu \neq 1
$$

testen. Für die erste Produktionslinie bekommen wir folgende Werte für das arithmetische Mittel, die Standardabweichung, die Teststatistik $T(x)$ und den P-Wert:

```
> k1<-c(1.18,1.42,0.69,0.88,1.62,1.09,1.53,1.02,1.19,1.32)
> mean(k1)
[1] 1.194
> sd(k1)
[1] 0.2896818
> sqrt(10)*abs(mean(k1)-1)/sd(k1)
[1] 2.117778
> tx<-sqrt(10)*abs(mean(k1)-1)/sd(k1)
> 2*pt(-tx,9)
[1] 0.06326551
```

Da der P-Wert größer als 0.05 ist, wird die Nullhypothese $H_0 : \mu = 1$ nicht abgelehnt.

Das Ergebnis können wir auch einfacher mit der R-Funktion `t.test` bekommen:

```
> t.test(k1,alternative="two.sided",mu=1)

        One Sample t-test

data:  k1
t = 2.1178, df = 9, p-value = 0.06327
alternative hypothesis: true mean is not equal to 1
95 percent confidence interval:
 0.9867741 1.4012259
sample estimates:
mean of x
    1.194
```

Für die zweite Produktionslinie gilt $\overline{x} = 1.406$, $s(x) = 0.4283093$ und somit $T(x) = 2.9976$, was zu einem P-Wert von 0.01501556 führt. Den P-Wert bekommt man schnell folgendermaßen:

```
> k2<-c(1.72,1.62,1.69,0.79,1.79,0.77,1.44,1.29,1.96,0.99)
> t.test(k2,alternative="two.sided",mu=1)$p.value
[1] 0.01501556
```

Bei dieser Produktionslinie muss also die Nullhypothese $H_0 : \mu = 1$ abgelehnt werden.

> Bei allen Tests in R erhält man den P-Wert immer mittels `test(...)$p.value`.

22.2 Fehlerwahrscheinlichkeiten 2. Art

Für das Testproblem $H_0 : \mu = \mu_0$ gegen $H_1 : \mu \neq \mu_0$ gilt folgendes:

$$P_{H_0}\left(T(X) \geq T(x)\right) \leq \alpha \iff T(x) \geq t_{N-1;1-\alpha/2},$$

wobei $t_{N-1;1-\alpha/2}$ das $(1 - \alpha/2)$-Quantil der t-Verteilung mit $N - 1$ Freiheitsgraden ist. Das heißt, $t_{N-1;1-\alpha/2}$ ist der kritische Wert im Sinne von Definition 21.0.2. Quantile der t-Verteilung bekommt man in R mittels `qt`.

22.2.1 Beispiel (Kugeldurchmesser, Fortsetzung von Beispiel 22.1.1)
Das $(1-\alpha/2)$-Quantil der t_{N-1}-Verteilung für $\alpha = 0.05$ und $N = 10$ berechnen wir wie folgt:

```
> qt(0.975,df=9)
[1] 2.262157
```

Da in der ersten Produktionslinie $T(x) = 2.1178$ und in der zweiten Produktionslinie $T(x) = 2.9976$ gilt, ist klar, dass in der ersten Produktionslinie die Nullhypothese nicht abgelehnt wird, während in der zweiten Produktionslinie die Ablehnung erfolgt.

Um die Wahrscheinlichkeiten für die Fehlentscheidung 2. Art zu bekommen, muss nun

$$P_{H_1}\left(\text{Entscheidung für } H_0\right) = P_\mu\left(T(X) < t_{N-1;1-\alpha/2}\right)$$
$$= 1 - P_\mu\left(T(X) \geq t_{N-1;1-\alpha/2}\right) = 1 - \gamma(\mu)$$

für alle $\mu \neq \mu_0$ bestimmt werden. Das kann mittels stochastischer Simulation geschehen: Man erzeugt M Stichproben $x^m = (x_1^m, \ldots, x_N^m)$, $m = 1, \ldots, M$, mittels einer Normalverteilung $N(\mu, \sigma^2)$. Dabei setzen wir einfachheitshalber $\sigma^2 = 1$. Für jede Stichprobe x^m wird $T(x^m)$ berechnet. Die relative Häufigkeit der Fälle $T(x^m) < t_{N-1;1-\alpha/2}$ ist dann eine Approximation von $P_\mu\left(T(X) < t_{N-1;1-\alpha/2}\right)$, die nach dem Gesetz der großen Zahlen umso besser ist, desto größer die Anzahl M der Simulationen ist.

Man kann in diesem Fall $P_\mu\left(T(X) < t_{N-1;1-\alpha/2}\right)$ aber auch exakt berechnen. Es gilt nämlich:

$$X_1, \ldots, X_N \sim N(\mu, \sigma^2) \implies \sqrt{N}\frac{\overline{X} - \mu_0}{s(X)} \sim t_{N-1}(\sqrt{N}(\mu - \mu_0)/\sigma),$$

wobei $t_{N-1}(\delta)$ die nichtzentrale t-Verteilung mit $N-1$ Freiheitsgraden und Nichtzentralitätsparameter δ ist. Also gilt für die Wahrscheinlichkeit der Fehlentscheidung 2. Art

$$P_\mu\left(T(X) < t_{N-1;1-\alpha/2}\right) = P_\mu\left(\sqrt{N}\frac{|\overline{X} - \mu_0|}{s(X)} < t_{N-1;1-\alpha/2}\right)$$
$$= P_\mu\left(-t_{N-1;1-\alpha/2} < \sqrt{N}\frac{\overline{X} - \mu_0}{s(X)} < t_{N-1;1-\alpha/2}\right)$$
$$= F_{t_{N-1}(\sqrt{N}(\mu-\mu_0)/\sigma)}\left(t_{N-1;1-\alpha/2}\right) - F_{t_{N-1}(\sqrt{N}(\mu-\mu_0)/\sigma)}\left(-t_{N-1;1-\alpha/2}\right),$$

wobei $F_{t_{N-1}(\sqrt{N}(\mu-\mu_0)/\sigma)}$ die Verteilungsfunktion der nichtzentralen t-Verteilung mit $N-1$-Freiheitsgraden und Nichtzentralitätsparameter $\sqrt{N}(\mu - \mu_0)/\sigma$ ist. In R erhält man die Verteilungsfunktion der nichtzentralen t-Verteilung mittels des Arguments `ncp`. Per Voreinstellung gilt `ncp=0`, was die zentrale t-Verteilung ist.

Statt $P_\mu(T(X) < t_{N-1;1-\alpha/2})$ kann auch $P_\mu(T(X) \geq t_{N-1;1-\alpha/2})$ betrachtet werden, was als Funktion $\gamma(\mu)$ aufgefasst gerade die Gütefunktion ist:

$$\gamma(\mu) = P_\mu\left(T(X) \geq t_{N-1;1-\alpha/2}\right)$$
$$= 1 - F_{t_{N-1}(\sqrt{N}(\mu-\mu_0)/\sigma)}\left(t_{N-1;1-\alpha/2}\right) + F_{t_{N-1}(\sqrt{N}(\mu-\mu_0)/\sigma)}\left(-t_{N-1;1-\alpha/2}\right).$$

Dann gilt

$$\gamma(\mu_0) = \text{Wahrscheinlichkeit für Fehlentscheidung 1. Art}$$

und

$$1 - \gamma(\mu) = \text{Wahrscheinlichkeit für Fehlentscheidung 2. Art, falls } \mu \neq \mu_0.$$

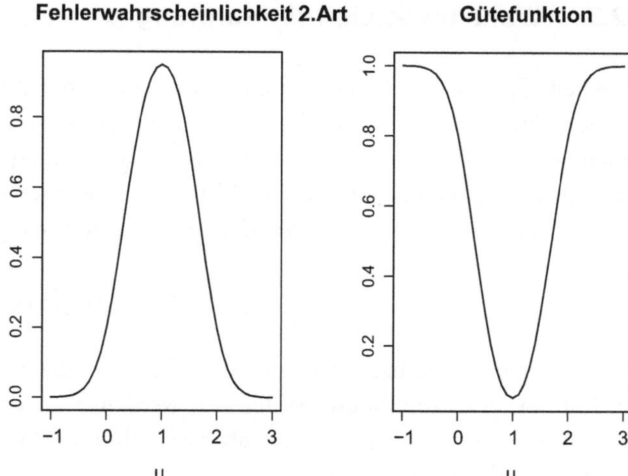

Abb. 22.1 Fehlerwahrscheinlichkeiten 2. Art und Gütefunktion bei $N = 10$ und $\mu_0 = 1$

22.2.2 Beispiel (Kugeldurchmesser, Fortsetzung von Beispiel 22.1.1)

Da σ nicht bekannt ist, nehmen wir hier einfach $\sigma = 1$ an. Mit folgenden R-Befehlen können die Wahrscheinlichkeiten der Fehlentscheidungen 2. Art (die Fehlerwahrscheinlichkeiten 2. Art) und die Gütefunktion grafisch dargestellt werden, siehe Abb. 22.1.

```
> mu<-seq(-4,6,0.1)
> plot(mu,pt(qt(0.975,df=9),df=9,ncp=sqrt(10)*(mu-1))
+ -pt(-qt(0.975,df=9),df=9,ncp=sqrt(10)*(1-mu)),type="l",
+ ylab=" ",xlab=expression(mu))
> title("Fehlerwahrscheinlichkeit 2.Art")
> plot(mu,1-pt(qt(0.975,df=9),df=9,ncp=sqrt(10)*(mu-1))
+ +pt(-qt(0.975,df=9),df=9,ncp=sqrt(10)*(1-mu)),
+ type="l",ylab=" ",xlab=expression(mu))
> title("Gütefunktion")
```

In Abb. 22.1 sieht man deutlich, dass bei Werten μ nahe bei $\mu_0 = 1$ die Wahrscheinlichkeiten der Fehlentscheidungen 2. Art sehr groß sind. Da bei $\mu = 1 = \mu_0$ die Gütefunktion den Wert $\alpha = 0.05$ annimmt, werden die Fehlerwahrscheinlichkeiten 2. Art ganz nahe bei 1 bis zu $0.95 = 1 - \alpha$ groß. Das ist eine allgemeine Eigenschaft von Tests.

22.2.3 Bemerkung

- Durch Erhöhung des Stichprobenumfanges können die Fehlerwahrscheinlichkeiten 2. Art verringert werden und somit die Chancen eines Tests erhöht werden, dass er ein signifikantes Ergebnis liefert, wenn tatsächlich die Nullhypothese nicht erfüllt ist.
- Liegen die Fehlerwahrscheinlichkeiten 2. Art für bestimmte Alternativen ebenfalls unter 0.05, können diese Alternativen auch signifikant abgelehnt werden, sodass ein signifikantes Ergebnis für die Nullhypothese vorliegt.

22.3   *Wahl des Stichprobenumfanges*

Generell gilt also, dass die Fehlerwahrscheinlichkeiten 2. Art nahe bei μ_0 bis zu $1 - \alpha$ groß werden können. Möchte man diese aber in einer gewissen Entfernung von μ_0 kleiner als einen Wert $\beta < 1 - \alpha$ bekommen, kann das mit einer genügend großen Stichprobe erreicht werden. Soll die Fehlerwahrscheinlichkeiten 2. Art bei allen Parametern μ mit $|\mu - \mu_0| > \delta \cdot \sigma$ kleiner als β sein, so bestimmt man den Stichprobenumfang als den Wert N mit

$$F_{t_{N-1}(\sqrt{N}\,\delta)}\big(t_{N-1;1-\alpha/2}\big) - F_{t_{N-1}(\sqrt{N}\,\delta)}\big(-t_{N-1;1-\alpha/2}\big) \leq \beta.$$

Wird unter diesen Umständen bei einem $\beta = 0.05$ die Nullhypothese $\mu = \mu_0$ nicht abgelehnt, so kann zumindest geschlossen werden, dass das unbekannte μ im Intervall $[\mu_0 - \delta \cdot \sigma, \mu_0 + \delta \cdot \sigma]$ liegt. Es kann aber weiterhin nicht geschlossen werden, dass $\mu = \mu_0$ gilt. So ein Schluss ist nie möglich!

22.3.1 Beispiel   (Six Sigma Qualität)

Bei der Six Sigma Qualitätsanforderung (siehe Beispiel 12.2.7) wird verlangt, dass die Abweichung von einer Zielgröße μ_0 nicht mehr als 1.5σ betragen darf. Mit dem obigen Test kann $|\mu - \mu_0| \leq 1.5\sigma$ nur geschlossen werden, wenn die Nullhypothese $H_0 : \mu = \mu_0$ nicht abgelehnt wird und der Stichprobenumfang N so groß gewählt ist, dass die Fehlerwahrscheinlichkeit 2. Art für $|\mu - \mu_0| \geq 1.5\sigma$ kleiner gleich $\beta = 0.05$ ist. Damit ist $\delta = 1.5$. Durch Ausprobieren erhält man, dass der Stichprobenumfang mindestens $N = 8$ betragen muss:

```
> N<-7
> pt(qt(0.975,df=N-1),df=N-1,ncp=sqrt(N)*1.5)-
+ pt(-qt(0.975,df=N-1),df=N-1,ncp=sqrt(N)*1.5)
[1] 0.09233692
> N<-8
> pt(qt(0.975,df=N-1),df=N-1,ncp=sqrt(N)*1.5)-
+ pt(-qt(0.975,df=N-1),df=N-1,ncp=sqrt(N)*1.5)
[1] 0.04904818
```

22.3.2 Beispiel   (Kugeldurchmesser, Fortsetzung von Beispiel 22.1.1)

Mit $N = 10$ wird die erforderliche Stichprobengröße für die Prüfung der Six Sigma Qualität für beide Produktionslinien erreicht. Da in der ersten Produktionslinie die Nullhypothese $H_0 : \mu = 1$ nicht abgelehnt wurde, kann geschlossen werden, dass $|\mu - 1| \leq 1.5\sigma$ gilt. Bei der zweiten Produktionslinie wurde $H_0 : \mu = 1$ abgelehnt. Hier kann geschlossen werden, dass $\mu \neq 1$ ist, aber nicht mehr. Es könnte immer noch der Fall sein, dass $\mu \neq 1$ und $|\mu - 1| \leq 1.5\sigma$ gilt.

Man kann aber auch eine Verschärfung der Six Sigma Qualität betrachten: Soll z. B. mit dem t-Test auf $\mu \in [1 - 0.1\,\sigma, 1 + 0.1\,\sigma]$ geschlossen werden können, so ist $\delta = 0.1$ und die Stichprobengröße kann für $\beta = 0.05$ durch Ausprobieren wie folgt bestimmt werden:

Abb. 22.2 Fehlerwahrscheinlichkeiten 2. Art für $H_0 : \mu_0 = 1$
bei $\sigma = 1$ bei verschiedenen
Stichprobengrößen

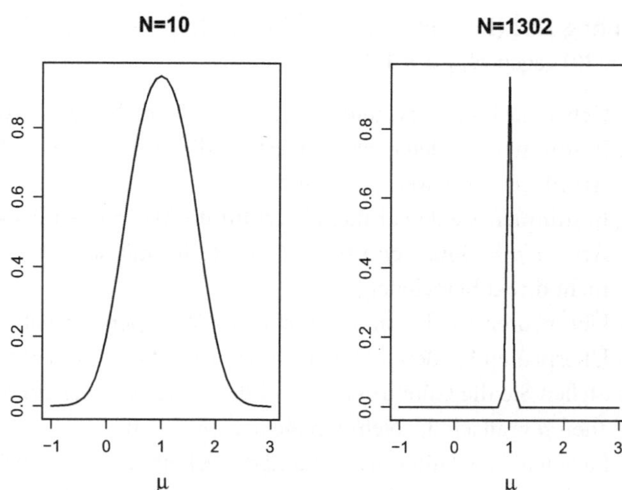


```
> N<-1301
> pt(qt(0.975,df=N-1),df=N-1,ncp=sqrt(N)*0.1)-
+ pt(-qt(0.975,df=N-1),df=N-1,ncp=sqrt(N)*0.1)
[1] 0.0500563
> N<-1302
> pt(qt(0.975,df=N-1),df=N-1,ncp=sqrt(N)*0.1)-
+ pt(-qt(0.975,df=N-1),df=N-1,ncp=sqrt(N)*0.1)
[1] 0.04991328
```

Also muss die Stichprobengröße als $N = 1302$ gewählt werden, was in beiden Produktionslinien nicht erfüllt ist. In Abb. 22.2 sind die Verläufe der Fehlerwahrscheinlichkeiten 2. Art
für die beiden Stichprobengrößen dargestellt. Man erkennt deutlich die Auswirkung der
Vergrößerung der Stichprobe.

22.4 Übungsaufgaben

Übung 22.1 Die Dicke eines Bleches soll 3100 µm betragen. Der Datensatz BLECH.DAT
enthält die folgenden Dicken in 10 µm bei 15 zufällig ausgewählten Blechen:

346, 363, 360, 318, 346, 268, 299, 287, 310, 349, 333, 365, 281, 265, 344.

Betrachten Sie für diesen Datensatz das Testproblem $H_0 : \mu = 310$ gegen $H_1 : \mu \neq 310$.

1. Bestimmen Sie den exakten P-Wert. Welche Entscheidung fällen Sie?
2. Bestimmen Sie den P-Wert per Simulation, in dem Sie 1000mal 15 Zufallszahlen der
   Normalverteilung mit $\mu = 310$ erzeugen. Benutzen Sie dazu einmal $\sigma = 30$ und einmal
   $\sigma = 1$. Wie wirkt sich die Wahl von σ aus?

Übung 22.2 (Fortsetzung von Übung 22.1) Betrachten Sie wieder das Testproblem $H_0 : \mu = 310$ gegen $H_1 : \mu \neq 310$.

1. Geben Sie eine Entscheidungsregel an, die nicht den P-Wert benutzt.
2. Bestimmen Sie den exakten Wert für die Wahrscheinlichkeit einer Fehlentscheidung 2. Art für $\mu = 300$, wenn $\sigma = 1$ gilt.
3. Bestimmen Sie den exakten Wert für die Wahrscheinlichkeit einer Fehlentscheidung 2. Art für $\mu = 300$, wenn $\sigma = 30$ gilt. (Hier müssen Sie etwas überlegen, das haben wir nicht direkt hergeleitet.)
4. Überprüfen Sie den in 2. berechneten Wert per Simulation.
5. Überprüfen Sie den in 3. berechneten Wert per Simulation.
6. Stellen Sie die Gütefunktion und die Fehlerwahrscheinlichkeiten 2. Art für alle möglichen μ grafisch da. Nehmen Sie dazu $\sigma = 1$ an.
7. Stellen Sie die Gütefunktion und die Fehlerwahrscheinlichkeiten 2. Art für einen Stichprobenumfang von $N = 100$ grafisch da. Nehmen Sie dazu wieder $\sigma = 1$ an. Vergleichen Sie das Ergebnis mit dem in 6.

Übung 22.3 (Fortsetzung von Übung 22.1) Betrachten Sie noch einmal das Testproblem $H_0 : \mu = 310$ gegen $H_1 : \mu \neq 310$. Wie groß muss der Stichprobenumfang mindestens sein, wenn die Wahrscheinlichkeit für die Fehlentscheidung 2. Art bei $\mu = 300$ kleiner als 0.05 sein soll? Benutzen Sie dazu $\sigma = 1$ und $\sigma = 30$.

23

In Kap. 22 wurde ausführlich das Testproblem $H_0 : \mu = \mu_0$ gegen $H_1 : \mu \neq \mu_0$ behandelt. Wir werden nun weitere Tests für normalverteilte Daten kennenlernen. Wie beim Testproblem $H_0 : \mu = \mu_0$ gegen $H_1 : \mu \neq \mu_0$ sind bei einigen Tests auch Aussagen über die Fehlerwahrscheinlichkeiten 2. Art möglich.

Kann keine Normalverteilung angenommen werden, müssen alternative Tests benutzt werden. Damit werden wir uns im Kap. 24 beschäftigen.

23.1 Tests von Hypothesen über den Erwartungswert

Wenn man eine Normalverteilung annimmt, so sind Hypothesen über den Erwartungswert Hypothesen über den Parameter μ. Neben der Fragestellung $H_0 : \mu = \mu_0$ gegen $H_1 : \mu \neq \mu_0$ können noch folgende Hypothesen betrachtet werden, wobei μ_0 ein bekannter vorgegebener Wert sei:

1. $H_0 : \mu = \mu_0$ gegen $H_1 : \mu > \mu_0$,
2. $H_0 : \mu = \mu_0$ gegen $H_1 : \mu < \mu_0$,
3. $H_0 : \mu \leq \mu_0$ gegen $H_1 : \mu > \mu_0$,
4. $H_0 : \mu \geq \mu_0$ gegen $H_1 : \mu < \mu_0$.

In Kap. 22 wurde bereits folgender Test hergeleitet:

Zweiseitiger t-Test für $H_0 : \mu = \mu_0$ gegen $H_1 : \mu \neq \mu_0$

$$\text{Lehne } H_0 \text{ ab, falls } \sqrt{N}\,\frac{|\overline{x} - \mu_0|}{s(x)} \geq t_{N-1;1-\alpha/2}.$$

C. Müller, L. Denecke, *Stochastik in den Ingenieurwissenschaften,*
Statistik und ihre Anwendungen, DOI 10.1007/978-3-642-38960-3_23,
© Springer-Verlag Berlin Heidelberg 2013

Ebenfalls gezeigt haben wir, dass die Fehlerwahrscheinlichkeit 2. Art für $|\mu - \mu_0| = \delta\,\sigma > 0$

$$F_{t_{N-1}(\sqrt{N}\delta)}\left(t_{N-1;1-\alpha/2}\right) - F_{t_{N-1}(\sqrt{N}\delta)}\left(-t_{N-1;1-\alpha/2}\right)$$

ist.

Aufruf in R: `t.test(x,alternative="two.sided",mu=...)`.

Analog erhält man nun auch die anderen Tests. Dabei muss bei Hypothesen der Form $H_0 : \mu \le \mu_0$ und $H_0 : \mu \ge \mu_0$ der P-Wert nur für den Wert μ am Rand der Hypothesenmenge bestimmt werden. Somit erhalten wir folgende t-Tests.

Einseitiger t-Test für $H_0 : \mu = \mu_0$ gegen $H_1 : \mu > \mu_0$ oder $H_0 : \mu \le \mu_0$ gegen $H_1 : \mu > \mu_0$

$$\text{Lehne } H_0 \text{ ab, falls } \sqrt{N}\,\frac{\overline{x} - \mu_0}{s(x)} \ge t_{N-1;1-\alpha} \text{ bzw. } \sqrt{N}\,\frac{\mu_0 - \overline{x}}{s(x)} \le t_{N-1;\alpha}.$$

Die Fehlerwahrscheinlichkeit 2. Art für $\mu - \mu_0 = \delta\,\sigma > 0$ ist

$$F_{t_{N-1}(\sqrt{N}\delta)}\left(t_{N-1;1-\alpha}\right) \text{ bzw. } F_{t_{N-1}(-\sqrt{N}\delta)}\left(t_{N-1;\alpha}\right).$$

Aufruf in R: `t.test(x,alternative="greater",mu=...)`

23.1.1 Beispiel (Bremsweg)

Der Bremsweg eines Autos soll bei einer vorgegebenen Geschwindigkeit (45 km/h) maximal zehn Meter betragen. Folgende Bremswege [in m] wurden vom TÜV an einem zu kontrollierenden Auto gemessen: 9.8, 10.1, 10.5, 9.4, 9.7, 10.2, 9.8, 9.9. Wir testen also $H_0 : \mu \le 10$ gegen $H_1 : \mu > 10$ mithilfe des einseitigen t-Tests:

```
> bremswege<-c(9.8, 10.1, 10.5, 9.4, 9.7, 10.2, 9.8, 9.9)
> t.test(bremswege,alternative="greater",mu=10)

        One Sample t-test

data:  bremswege
t = -0.6295, df = 7, p-value = 0.7255
alternative hypothesis: true mean is greater than 10
95 percent confidence interval:
```

```
 9.699263       Inf
sample estimates:
mean of x
    9.925
```

Also wird H_0 nicht abgelehnt. Eventuell liegen zu wenige Daten vor, doch der TÜV muss das Auto so akzeptieren.

Einseitiger t-Test für $H_0 : \mu = \mu_0$ gegen $H_1 : \mu < \mu_0$ oder $H_0 : \mu \geq \mu_0$ gegen $H_1 : \mu < \mu_0$

$$\text{Lehne } H_0 \text{ ab, falls } \sqrt{N}\,\frac{\mu_0 - \overline{x}}{s(x)} \geq t_{N-1;1-\alpha} \text{ bzw. } \sqrt{N}\,\frac{\overline{x} - \mu_0}{s(x)} \leq t_{N-1;\alpha}.$$

Die Fehlerwahrscheinlichkeit 2. Art für $\mu_0 - \mu = \delta\,\sigma > 0$ ist

$$F_{t_{N-1}(\sqrt{N}\delta)}\left(t_{N-1;1-\alpha}\right) \text{ bzw. } F_{t_{N-1}(-\sqrt{N}\delta)}\left(t_{N-1;\alpha}\right).$$

Aufruf in R: `t.test(x,alternative="less",mu=...)`

23.1.2 Bemerkung

Da die t-Verteilung symmetrisch um Null ist, gilt $t_{N-1;1-\alpha} = -t_{N-1;\alpha}$, weshalb die einseitigen t-Tests in zwei Versionen gegeben werden können.

23.1.3 Beispiel (Reißfestigkeit)

Eine Firma produziert Fasern, die für einen Abnehmer nur akzeptabel sind, wenn deren Reißfestigkeit größer gleich 2 kg ist. Folgende Reißfestigkeiten [in kg] stellt der Abnehmer bei einer Stichprobe fest, die er aus einer Lieferung der Firma gezogen hat:

$$1.1,\ 1.9,\ 1.5,\ 2.1,\ 1.8,\ 1.9,\ 2.0,\ 1.8.$$

Wir testen $H_0 : \mu \geq 2$ gegen $H_1 : \mu < 2$:

```
> festigkeit<-c(1.1, 1.9, 1.5, 2.1, 1.8, 1.9, 2.0, 1.8)
> t.test(festigkeit, alternative="less",mu=2)

        One Sample t-test

data:  festigkeit
t = -2.0964, df = 7, p-value = 0.03713
alternative hypothesis: true mean is less than 2
95 percent confidence interval:
```

```
     -Inf 1.977138
sample estimates:
mean of x
   1.7625
```

Also wird die Hypothese, dass die Reißfestigkeit über 2 kg liegt, abgelehnt. Das ist ein signifikantes Ergebnis gegen die Vorgabe und der Abnehmer kann die Lieferung zurückgehen lassen.

23.2   Tests von Hypothesen über die Varianz

Wir haben bereits gesehen, dass die Standardabweichung $s(x)$ ein Maß für die Streuung der Daten ist und dass die empirische Varianz $s(x)^2$ ein Schätzer für die Varianz ist. Daher ist es nicht abwegig, die Teststatistik eines Tests für die Varianz auf diesen Maßen aufzubauen. Also sollte z. B. die Hypothese $H_0 : \sigma = \sigma_0$ abgelehnt werden, falls $\frac{s(x)}{\sigma_0}$ zu groß oder zu klein wird. Generell gilt:

$$X_1, \ldots, X_N \sim \mathsf{N}(\mu, \sigma_0^2) \implies (N-1)\,\frac{s(X)^2}{\sigma_0^2} \sim \chi_{N-1}^2,$$

wobei χ_{N-1}^2 die χ^2-Verteilung mit $N-1$ Freiheitsgraden ist. Das α-Quantil der χ^2-Verteilung mit $N-1$ Freiheitsgraden wird mit $\chi_{N-1;\alpha}^2$ bezeichnet. Das führt zu folgenden Tests:

Zweiseitiger Varianz-Test für $H_0 : \sigma = \sigma_0$ gegen $H_1 : \sigma \neq \sigma_0$

Lehne H_0 ab, falls $(N-1)\,\dfrac{s(x)^2}{\sigma_0^2} \geq \chi_{N-1;1-\alpha/2}^2$ oder $(N-1)\,\dfrac{s(x)^2}{\sigma_0^2} \leq \chi_{N-1;\alpha/2}^2$.

Einseitiger Varianz-Test für $H_0 : \sigma \leq \sigma_0$ gegen $H_1 : \sigma > \sigma_0$

Lehne H_0 ab, falls $(N-1)\,\dfrac{s(x)^2}{\sigma_0^2} \geq \chi_{N-1;1-\alpha}^2$.

Einseitiger Varianz-Test für $H_0 : \sigma \geq \sigma_0$ gegen $H_1 : \sigma < \sigma_0$

Lehne H_0 ab, falls $(N-1)\,\dfrac{s(x)^2}{\sigma_0^2} \leq \chi_{N-1;\alpha}^2$.

23.2.1 Beispiel (Six Sigma Qualität der Kugeldurchmesser, Fortsetzung von Beispiel 22.1.1)

Die wichtigste Anforderung der Six Sigma Qualität ist

$$\sigma \le \frac{1}{6}\min\{\text{USL} - \mu_0, \mu_0 - \text{LSL}\},\tag{23.1}$$

wobei LSL und USL die unteren und oberen Grenzen sind, innerhalb der eine Größe (z. B. Kugeldurchmesser) variieren darf (siehe Beispiel 12.2.7). Um auf die Aussage (23.1) schließen zu können, muss die Nullhypothese des einseitigen Tests $H_0 : \sigma \ge \sigma_0$ gegen $H_1 : \sigma < \sigma_0$ abgelehnt werden, wobei $\sigma_0 = \frac{1}{6}\min\{\text{USL} - \mu_0, \mu_0 - \text{LSL}\}$ ist.

Wird in Beispiel 22.1.1 $\mu_0 = 1$, LSL $= 0.9$ und USL $= 1.2$ gesetzt, ist also $\sigma_0 = 0.1/6 = 0.01666667$.

```
> 9*sd(k1)^2/((0.1/6)^2)
[1] 2718.864
> 9*sd(k2)^2/((0.1/6)^2)
[1] 5943.744
> qchisq(0.05,df=9)
[1] 3.325113
```

Also gilt für die erste Produktionslinie

$$(N-1)\frac{s(x)^2}{\sigma_0^2} = 2718.864 > 3.325113 = \chi^2_{N-1;\alpha}$$

und für die zweite Produktionslinie

$$(N-1)\frac{s(x)^2}{\sigma_0^2} = 5943.744 > 3.325113 = \chi^2_{N-1;\alpha},$$

weshalb in beiden Fällen $H_0 : \sigma \ge 0.01666667$ nicht abgelehnt wird. Also kann nicht auf Six Sigma Qualität geschlossen werden.

Im Gegenteil kann sogar geschlossen werden, dass dieser Qualitätsstandard nicht eingehalten wird. Dazu wird $H_0 : \sigma \le \sigma_0$ gegen $H_1 : \sigma > \sigma_0$ getestet. In diesem Fall ist der kritische Wert $\chi^2_{N-1;1-\alpha} = 16.91898$, der bei beiden Produktionslinien von der Teststatistik überschritten wird. Also kann $\sigma > 0.01666667$ geschlossen werden, weshalb beide Produktionslinien die Six Sigma Qualität nicht erfüllen.

23.3 Zweistichproben-Tests für gepaarte Stichproben

Hat man zwei sogenannte **gepaarte Stichproben** $x_1, \ldots, x_N$ und $y_1, \ldots, y_N$, die eigentlich in der Form $(x_1, y_1), \ldots, (x_N, y_N)$ vorliegen, so kann man immer zu $x_1 - y_1, \ldots, x_N - y_N$ übergehen und hat dann einen eindimensionalen Datensatz. Sind $x_1, \ldots, x_N$ Realisierungen von iid $X_1, \ldots, X_N \sim \mathsf{N}(\mu_1, \sigma_1^2)$ und $y_1, \ldots, y_N$ Realisierungen von iid $Y_1, \ldots, Y_N \sim$ $\mathsf{N}(\mu_2, \sigma_2^2)$, so gilt $X_n - Y_n \sim \mathsf{N}(\mu_1 - \mu_2, \sigma_1^2 + \sigma_2^2 - 2\,\mathsf{kov}(X_n, Y_n))$.

Damit kann z. B. $H_0 : \mu_1 = \mu_2$ gegen $H_1 : \mu_1 \neq \mu_2$ mit dem zweiseitigen t-Test für $H_0 : \mu_1 - \mu_2 = 0$ gegen $H_1 : \mu_1 - \mu_2 \neq 0$ basierend auf der einen Stichprobe $x_1 - y_1, \ldots,$ $x_N - y_N$ getestet werden. In R kann man aber die beiden Stichproben getrennt in den t-Test `t.test` eingeben, muss aber das Argument `paired=TRUE` dazu eingeben, also `t.test(x,y,alternative="two.sided",paired=TRUE)`.

23.3.1 Beispiel (Fehlerhäufigkeiten einer Sortiermaschine)

Ein Hersteller produzierte Maschinen zum Sortieren von Hausmüll. Diese hatten aber eine hohe Fehlerquote beim Sortieren. Daher wurden sie umgebaut. Es ergaben sich vor und nach dem Umbau folgende Fehlerhäufigkeiten in Prozent:

Maschine	1	2	3	4	5
Fehlerhäufigkeit vor dem Umbau	30	61	59	44	62
Fehlerhäufigkeit nach dem Umbau	25	62	46	45	60

Der Hersteller möchte wissen, ob die Maschinen nach dem Umbau nun mit weniger Fehlern laufen und ob es sinnvoll ist, auch andere Maschinen umzubauen. Stellt μ_x die erwartete Fehlerhäufigkeit vor dem Umbau und μ_y die erwartete Fehlerhäufigkeit nach dem Umbau dar, so sollte $H_0 : \mu_x \leq \mu_y$ gegen $H_0 : \mu_x > \mu_y$ getestet werden.

```
> x<-c(30,61,59,44,62)
> y<-c(25,62,46,45,60)
> t.test(x,y,alternative="greater",paired=TRUE)
        Paired t-test
data:  x and y
t = 1.3846, df = 4, p-value = 0.1192
alternative hypothesis:
true difference in means is greater than 0
95 percent confidence interval:
 -1.942802        Inf
sample estimates:
mean of the differences
                    3.6
```

Da der P-Wert nicht kleiner als 0.05 ist, spricht nichts gegen die Nullhypothese, d. h. es gibt kein Indiz dafür, dass der Umbau zu weniger Fehlern der Maschinen führt. Das kann aber auch daran liegen, dass zu wenige Maschinen untersucht wurden.

23.4 Zweistichproben-Tests für ungepaarte Stichproben

Etwas ganz anderes gilt, wenn zwei **ungepaarte Stichproben** vorliegen. Dann sollten die beiden Stichproben stochastisch unabhängig sein und in der Regel sind auch die Stichprobenumfänge verschieden groß. Das heißt, es liegen $x_1, \ldots, x_{N_1}$ Realisierungen von iid $X_1, \ldots, X_{N_1} \sim \mathrm{N}(\mu_1, \sigma_1^2)$ und $y_1, \ldots, y_{N_2}$ Realisierungen von iid $Y_1, \ldots, Y_{N_2} \sim \mathrm{N}(\mu_2, \sigma_2^2)$ vor. Setze $X = (X_1, \ldots, X_{N_1})$, $x = (x_1, \ldots, x_{N_1})$, $Y = (Y_1, \ldots, Y_{N_2})$ und $y = (y_1, \ldots, y_{N_2})$.

Tests zum Vergleich der beiden Varianzen σ_1^2 und σ_2^2 basieren auf der F-Verteilung, da $\frac{s(X)^2/\sigma_1^2}{s(Y)^2/\sigma_2^2}$ eine $\mathsf{F}_{N_1-1, N_2-1}$-Verteilung besitzt. Das α-Quantil der F-Verteilung mit N und M Freiheitsgraden wird mit $F_{N,M;\alpha}$ bezeichnet.

Zweiseitiger Varianz-Test für zwei Stichproben für $H_0 : \sigma_1 = \sigma_2$ gegen $H_1 : \sigma_1 \neq \sigma_2$

Lehne H_0 ab, falls $\dfrac{s(x)^2}{s(y)^2} \geq F_{N_1-1, N_2-1; 1-\alpha/2}$ oder $\dfrac{s(x)^2}{s(y)^2} \leq F_{N_1-1, N_2-1; \alpha/2}$.

Aufruf in R: `var.test(x,y,alternative="two.sided")`.

Einseitiger Varianz-Test für zwei Stichproben für $H_0 : \sigma_1 \leq \sigma_2$ gegen $H_1 : \sigma_1 > \sigma_2$

Lehne H_0 ab, falls $\dfrac{s(x)^2}{s(y)^2} \geq F_{N_1-1, N_2-1; 1-\alpha}$.

Aufruf in R: `var.test(x,y,alternative="greater")`.

Einseitiger Varianz-Test für zwei Stichproben für $H_0 : \sigma_1 \geq \sigma_2$ gegen $H_1 : \sigma_1 < \sigma_2$

Lehne H_0 ab, falls $\dfrac{s(x)^2}{s(y)^2} \leq F_{N_1-1, N_2-1; \alpha}$.

Aufruf in R: `var.test(x,y,alternative="less")`.

Tests für den Vergleich der Erwartungswerte μ_1 und μ_2 basieren wieder auf der t-Verteilung und werden auch t-Tests genannt. In der einfachen Form wird dabei angenommen, dass $\sigma_1^2 = \sigma_2^2 = \sigma^2$ gilt, d. h. dass die zugrunde liegenden Varianzen in beiden Stichproben gleich sind. Dann kann diese Varianz σ^2 mit

$$s_{12}(x, y)^2 = \frac{1}{N_1 + N_2 - 2} \left((N_1 - 1)s(x) + (N_2 - 1)s(y) \right)$$

$$= \frac{1}{N_1 + N_2 - 2} \left(\sum_{n=1}^{N_1} (x_n - \overline{x})^2 + \sum_{n=1}^{N_2} (y_n - \overline{y})^2 \right)$$

geschätzt werden. Außerdem wird die Abkürzung

$$K = \left(\sqrt{\frac{1}{N_1} + \frac{1}{N_2}} \right)^{-1} = \sqrt{\frac{N_1 N_2}{N_1 + N_2}}$$

benutzt und $t_{N_1+N_2-2;\beta}$ steht wieder für das β-Quantil der t-Verteilung mit $N_1 + N_2 - 2$ Freiheitsgraden. Hier wird ausgenutzt, dass $K \frac{\overline{X} - \overline{Y} - (\mu_1 - \mu_2)}{s_{1,2}(X,Y)}$ eine $t_{N_1+N_2-2}$-Verteilung besitzt.

Zweiseitiger t-Test für zwei Stichproben für $H_0 : \mu_1 = \mu_2$ gegen $H_1 : \mu_1 \neq \mu_2$ bei $\sigma_1 = \sigma_2$

$$\text{Lehne } H_0 \text{ ab, falls } K \frac{|\overline{x} - \overline{y}|}{s_{12}(x, y)} \geq t_{N_1+N_2-2;1-\alpha/2}.$$

Die Fehlerwahrscheinlichkeit 2. Art für $|\mu_1 - \mu_2| = \delta\,\sigma > 0$ ist

$$F_{t_{N_1+N_2-2}(K\delta)}\left(t_{N_1+N_2-2;1-\alpha/2} \right) - F_{t_{N_1+N_2-2}(K\delta)}\left(-t_{N_1+N_2-2;1-\alpha/2} \right).$$

Aufruf in R:

```
t.test(x,y,alternative="two.sided",var.equal=TRUE)
```

Einseitiger t-Test für $H_0 : \mu_1 \leq \mu_2$ gegen $H_1 : \mu_1 > \mu_2$ bei $\sigma_1 = \sigma_2$

$$\text{Lehne } H_0 \text{ ab, falls } K \frac{\overline{x} - \overline{y}}{s_{12}(x, y)} \geq t_{N_1+N_2-2;1-\alpha}.$$

Die Fehlerwahrscheinlichkeit 2. Art für $\mu_1 - \mu_2 = \delta\,\sigma > 0$ ist

$$F_{t_{N_1+N_2-2}(K\delta)}\left(t_{N_1+N_2-2;1-\alpha} \right).$$

Aufruf in R:
```
t.test(x,y,alternative="greater",var.equal=TRUE)
```

Einseitiger t-Test für $H_0 : \mu_1 \geq \mu_2$ gegen $H_1 : \mu_1 < \mu_2$ bei $\sigma_1 = \sigma_2$

$$\text{Lehne } H_0 \text{ ab, falls } K \, \frac{\overline{x} - \overline{y}}{s_{12}(x, y)} \leq t_{N_1+N_2-2;\alpha}.$$

Die Fehlerwahrscheinlichkeit 2. Art für $\mu_1 - \mu_2 = \delta\,\sigma < 0$ ist

$$F_{t_{N_1+N_2-2}(K\delta)}\left(t_{N_1+N_2-2;\alpha}\right).$$

Aufruf in R: `t.test(x,y,alternative="less",var.equal=TRUE)`

Lehnt der Varianz-Test die Gleichheit der Varianzen σ_1^2 und σ_2^2 ab, so kann eine Modifikation des Zweistichproben-t-Tests benutzt werden, der sogenannte **Welch-Zweistichproben-t-Test**. In R erhält man den Welch-Zweistichproben-t-Test mit der Voreinstellung `var.equal=FALSE` in `t.test`.

23.4.1 Beispiel (Kugeldurchmesser, Fortsetzung von Beispiel 22.1.1 bzw. Beispiel 23.2.1) Bei den Kugeldurchmessern kann man sich auch fragen, ob in beiden Produktionslinien die gleiche Streuung auftritt. Dazu wird der Varianz-Test für $H_0 : \sigma_1 = \sigma_2$ gegen $H_1 : \sigma_1 \neq \sigma_2$ durchgeführt:

```
> var.test(k1,k2,alternative="two.sided")

        F test to compare two variances

data:  k1 and k2
F = 0.4574, num df = 9, denom df = 9, p-value = 0.2595
alternative hypothesis:
true ratio of variances is not equal to 1
95 percent confidence interval:
 0.1136199 1.8416221
sample estimates:
ratio of variances
        0.4574329
```

Da der P-Wert mit 0.2595 größer als $\alpha = 0.05$ kann die Nullhypothese $H_0 : \sigma_1 = \sigma_2$ nicht abgelehnt werden. Das heißt, nichts spricht gegen die Gleichheit der Varianzen. Das bedeutet nicht, dass die Varianzen wirklich gleich sein müssen. Es können auch nur zu wenige Daten vorliegen, um die Nullhypothese widerlegen zu können. Da aber die vorliegenden

Daten nicht gegen die Gleichheit der Varianzen sprechen, kann der einfache t-Test zum Vergleich der Erwartungswerte μ_1 und μ_2 benutzt werden:

```
> t.test(k1,k2,alternative="two.sided",var.equal=TRUE)

        Two Sample t-test

data:  k1 and k2
t = -1.2965, df = 18, p-value = 0.2112
alternative hypothesis:
true difference in means is not equal to 0
95 percent confidence interval:
 -0.5555277  0.1315277
sample estimates:
mean of x mean of y
    1.194     1.406
```

Da der P-Wert mit 0.2112 größer als $\alpha = 0.05$ kann die Nullhypothese $H_0 : \mu_1 = \mu_2$ nicht abgelehnt werden. Das heißt, nichts spricht gegen die Gleichheit der Erwartungswerte. Und dieses Ergebnis erhalten wir, obwohl der Einstichproben-t-Test für $H_0 : \mu = 1$ gegen $H_1 : \mu \neq 1$ in der ersten Produktionslinie nicht abgelehnt wurde, aber in der zweiten Produktionslinie abgelehnt wurde. Das zeigt aber nur, dass das **Nichtablehnen der Nullhypothese keine Aussagekraft** hat.

Obwohl nichts gegen die Gleichheit der Varianzen spricht, kann trotzdem auch der Welch-Zweistichproben-t-Test für verschiedene Varianzen durchgeführt werden:

```
> t.test(k1,k2,alternative="two.sided",var.equal=FALSE)

        Welch Two Sample t-test

data:  k1 and k2
t = -1.2965, df = 15.809, p-value = 0.2134
alternative hypothesis:
true difference in means is not equal to 0
95 percent confidence interval:
 -0.5589723  0.1349723
sample estimates:
mean of x mean of y
    1.194     1.406
```

Der P-Wert des Welch-t-Tests ist mit 0.2134 ein wenig größer als beim einfachen t-Test, wo der P-Wert 0.2112 ist. Da das Ziel ein P-Wert kleiner als $\alpha = 0.05$ ist, damit die Nullhypothese signifikant abgelehnt werden kann und man auf die Alternativhypothese schließen kann, sollte der Welch-t-Test nur benutzt werden, wenn die Varianzen wirklich verschieden sind. Ansonsten fällt der P-Wert ein wenig zu hoch aus. Meistens wird das nichts ausmachen, aber manchmal kann es gerade bewirken, dass mit dem Welch-t-Test keine Ablehnung der Nullhypothese möglich wird.

23.5 *Relevanz- und Äquivalenztests*

Wird der Stichprobenumfang sehr groß, wird eine Nullhypothese der Form $H_0 : \mu = \mu_0$ oder $H_0 : \mu_1 = \mu_2$ mit immer höherer Wahrscheinlichkeit abgelehnt, da in der Regel die Gleichheit nicht exakt vorliegt und mit wachsendem Stichprobenumfang auch sehr kleine Abweichungen von der Gleichheit erkannt werden. Aber oft will man gar nicht sehr kleine Abweichungen erkennen, sondern man möchte nur **relevante** Abweichungen aufspüren. Ein relevanter Unterschied wird am besten als Vielfaches der Standardabweichung σ ausgedrückt, d. h. durch $\delta\sigma$ mit $\delta > 0$. Im Einstichproben-Fall lauten dann die Null- und die Alternativhypothese wie folgt:

$$H_0 : |\mu - \mu_0| \le \delta\sigma \text{ gegen } H_1 : |\mu - \mu_0| > \delta\sigma.$$

Der zugehörige Test ist der sogenannte **Relevanz-t-Test für $H_0 : |\mu - \mu_0| \le \delta\sigma$ gegen $H_1 : |\mu - \mu_0| > \delta\sigma$:**

$$\text{Lehne } H_0 \text{ ab, falls } \sqrt{N}\,\frac{|\mu_0 - \bar{x}|}{s(x)} > c_\alpha,$$

wobei c_α der Wert ist mit

$$\alpha = 1 - F_{t_{N-1}(\sqrt{N}\delta)}(c_\alpha) + F_{t_{N-1}(\sqrt{N}\delta)}(-c_\alpha).$$

Der Relevanz-t-Test ist dem zweiseitigen t-Test vorzuziehen, wenn der Stichprobenumfang N sehr groß ist. Bei Ablehnung der Nullhypothese des Relevanz-t-Tests kann man dann schließen, dass eine relevante Abweichung von μ_0 vorliegen muss, nämlich $|\mu - \mu_0| > \delta\sigma$.

Bei der Qualitätssicherung möchte man aber gar nicht einen relevanten Unterschied zeigen, sondern nur „beweisen", dass z. B. die These $\mu = \mu_0$ annähernd gilt. Das kann aber weder mit dem einfachen zweiseitigen t-Test für $H_0 : \mu = \mu_0$ gegen $H_1 : \mu \ne \mu_0$ noch mit dem Relevanz-t-Test gezeigt werden, da die Entscheidung für die Nullhypothese kein signifikantes Ergebnis ist und unter Umständen nur durch zu wenige Daten erreicht wurde. Man kann die Forderung $\mu \approx \mu_0$ nur belegen, wenn diese Forderung als Alternativhypothese formuliert wird. Allerdings kann $H_0 : \mu \ne \mu_0$ gegen $H_1 : \mu = \mu_0$ nicht erfolgreich getestet werden. Denn, wenn die Gütefunktion (s. Kap. 21) für so einen Test für alle $\mu \ne \mu_0$ einen Wert kleiner gleich α ergibt, muss sie wegen der Stetigkeit auch für $\mu = \mu_0$ einen Wert kleiner gleich α ergeben. Dann ist aber die Wahrscheinlichkeit für ein signifikantes Ergebnis sehr klein, auch wenn $\mu = \mu_0$ gilt. Daher kann nur

$$H_0 : |\mu - \mu_0| \ge \delta\sigma \text{ gegen } H_1 : |\mu - \mu_0| < \delta\sigma$$

sinnvoll getestet werden.

Abb. 23.1 Die Funktion $g(c)$ zur Bestimmung von $\tilde{c}_\alpha$ bei $N = 10$ und $\delta = 1.5$

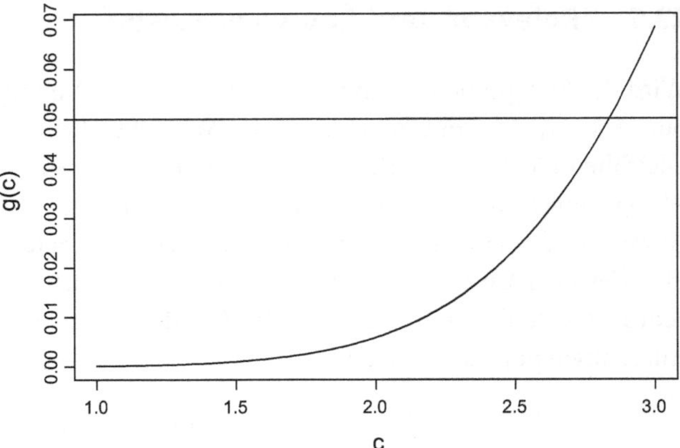

Dies wird mit dem **Äquivalenz-t-Test für $H_0 : |\mu - \mu_0| \geq \delta\sigma$ gegen $H_1 : |\mu - \mu_0| < \delta\sigma$** getestet:

$$\text{Lehne } H_0 \text{ ab, falls } \sqrt{N}\,\frac{|\mu_0 - \overline{x}|}{s(x)} < \tilde{c}_\alpha,$$

wobei $\tilde{c}_\alpha$ der Wert ist mit

$$\alpha = F_{t_{N-1}(\sqrt{N}\delta)}(\tilde{c}_\alpha) - F_{t_{N-1}(\sqrt{N}\delta)}(-\tilde{c}_\alpha).$$

23.5.1 Beispiel (Six Sigma Qualität)

Nach der Six Sigma Qualität (siehe Beispiel 12.2.7) darf der wahre mittlere Wert μ nicht mehr als um 1.5σ von der Vorgabe μ_0 abweichen. Man kann auf $|\mu - \mu_0| \leq 1.5\sigma$ schließen, wenn der Äquivalenz-t-Test für $H_0 : |\mu - \mu_0| \geq 1.5\sigma$ gegen $H_1 : |\mu - \mu_0| < 1.5\sigma$ die Nullhypothese ablehnt. Zur Bestimmung des kritischen Wertes $\tilde{c}_\alpha$ des Äquivalenz-t-Tests für $H_0 : |\mu - 1| \geq 1.5\sigma$ gegen $H_1 : |\mu - 1| < 1.5\sigma$ wird einfach die Funktion

$$g(c) = F_{t_{N-1}(\sqrt{N}1.5)}(c) - F_{t_{N-1}(\sqrt{N}1.5)}(-c)$$

grafisch dargestellt und von der Grafik der Wert c abgelesen mit $g(c) = \alpha$, siehe Abb. 23.1.

```
> N<-10
> c<-seq(1,3,0.01)
> plot(c,pt(c,df=N-1,ncp=sqrt(N)*1.5)-
+ pt(-c,df=N-1,ncp=sqrt(N)*1.5),type="l",xlab="c",ylab="g(c)")
> abline(0.05,0)
```

Von der Grafik wird für $\tilde{c}_\alpha$ ein Wert nahe bei 2.8 abgelesen. Durch Ausprobieren erhält man

```
> pt(2.84,df=N-1,ncp=sqrt(N)*1.5)-
+ pt(-2.84,df=N-1,ncp=sqrt(N)*1.5)
[1] 0.05031328
> pt(2.83,df=N-1,ncp=sqrt(N)*1.5)-
+ pt(-2.83,df=N-1,ncp=sqrt(N)*1.5)
[1] 0.04930968
```

Also ist $\tilde{c}_\alpha = 2.83$ für $\alpha = 0.05$ und $N = 10$.

23.5.2 Beispiel (Kugeldurchmesser, Fortsetzung von Beispielen 22.1.1, 23.2.1 und 23.4.1)
Da in der ersten Produktionslinie $T(x) = 2.1178$ und in der zweiten Produktionslinie $T(x) = 2.9976$ gilt, wird in der ersten Produktionslinie der kritische Wert des Äquivalenz-t-Tests für $H_0 : |\mu - 1| \geq 1.5\sigma$ gegen $H_1 : |\mu - 1| < 1.5\sigma$ unterschritten, also $H_0 : |\mu - 1| \geq 1.5\sigma$ abgelehnt. Also kann für die erste Produktionslinie $|\mu - 1| < 1.5\sigma$ geschlossen werden. Für die zweite Produktionslinie wird $H_0 : |\mu - 1| \geq 1.5\sigma$ nicht abgelehnt, sodass ein weitergehender Schluss als $\mu \neq 1$, der mit dem zweiseitigen t-Test gewonnen wurde, mit diesen Tests nicht möglich ist. Man könnte aber für die zweite Produktionslinie einen Relevanz-t-Test daraufhin durchführen, ob eine relevante Abweichung von der Vorgabe $\mu_0 = 1$ vorliegt.

Da aber in Beispiel 23.2.1 gezeigt wurde, dass $H_0 : \sigma \leq \sigma_0 = \frac{1}{6} \min\{\text{USL}-\mu_0, \mu_0-\text{LSL}\} = 0.1/6$ in beiden Produktionslinien abgelehnt wird, ist die Six Sigma Qualität sowieso in beiden Produktionslinien nicht erfüllt. Man sieht also, dass die Bedingung $|\mu - \mu_0| \leq 1.5\sigma$ hier nicht so schwer zu erfüllen ist, da die Streuung groß ist. Die einschneidende Bedingung ist hier die Bedingung an σ.

Man betrachte nun noch die verschärfte Fragestellung $H_0 : |\mu - 1| \geq 0.1\sigma$ gegen $H_1 : |\mu - 1| < 0.1\sigma$. Zur Bestimmung des kritischen Wertes $\tilde{c}_\alpha$ des Äquivalenz-t-Tests für diese verschärfte Fragestellung wird wieder die Funktion

$$g(c) = F_{t_{N-1}(\sqrt{N}\,0.1)}(c) - F_{t_{N-1}(\sqrt{N}\,0.1)}(-c)$$

grafisch dargestellt und von der Grafik der Wert c abgelesen mit $g(c) = \alpha$, siehe Abb. 23.2.

```
> c<-seq(-0.1,0.2,0.01)
>  plot(c,pt(c,df=N-1,ncp=sqrt(N)*0.1)-
+pt(-c,df=N-1,ncp=sqrt(N)*0.1),type="l",xlab="c",ylab="g(c)")
> abline(0.05,0)
```

Von der Grafik wird für $\tilde{c}_\alpha$ ein Wert nahe bei 0.07 abgelesen. Durch Ausprobieren erhält man

```
>  pt(0.068,df=N-1,ncp=sqrt(N)*0.1)-
+  pt(-0.068,df=N-1,ncp=sqrt(N)*0.1)
[1] 0.05016034
>  pt(0.067,df=N-1,ncp=sqrt(N)*0.1)-
+  pt(-0.067,df=N-1,ncp=sqrt(N)*0.1)
[1] 0.04942379
```

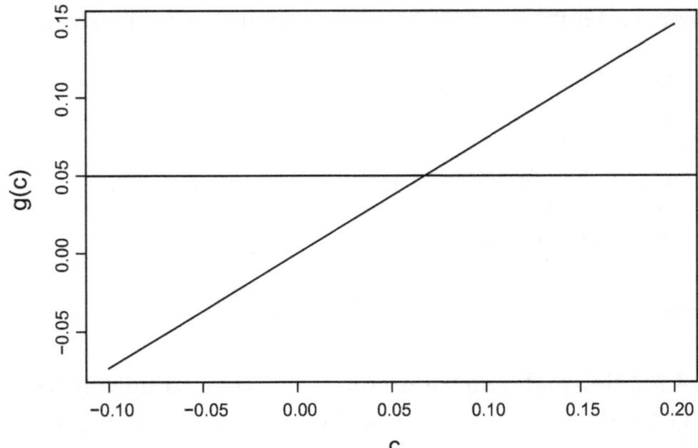

Abb. 23.2 Die Funktion $g(c)$ zur Bestimmung von $\tilde{c}_\alpha$ bei $N = 10$ und $\delta = 0.1$

Also kann $\tilde{c}_\alpha = 0.067$ gesetzt werden. Da in der ersten Produktionslinie $T(x) = 2.1178$ und in der zweiten Produktionslinie $T(x) = 2.9976$ gilt, wird in beiden Fällen die Nullhypothese $H_0 : |\mu - 1| \geq 0.1\sigma$ nicht abgelehnt. Also kann nicht $|\mu - 1| < 0.1\sigma$ geschlossen werden. Das aber kann daran liegen, dass mit $N = 10$ der Stichprobenumfang extrem klein ist, siehe auch Abschn. 22.3.

Wie für eine Stichprobe gibt es auch für **zwei Stichproben** Relevanz- und Äquivalenz-Tests:

Relevanz-t-Test für $H_0 : |\mu_1 - \mu_2| \leq \delta\sigma$ gegen $H_1 : |\mu_1 - \mu_2| > \delta\sigma$

$$\text{Lehne } H_0 \text{ ab, falls } K\,\frac{|\overline{x} - \overline{y}|}{s_{12}(x,y)} > c_\alpha,$$

wobei c_α der Wert ist mit

$$\alpha = 1 - F_{t_{N_1+N_2-2}(K\delta)}(c_\alpha) + F_{t_{N_1+N_2-2}(K\delta)}(-c_\alpha).$$

Äquivalenz-t-Test für $H_0 : |\mu_1 - \mu_2| \geq \delta\sigma$ gegen $H_1 : |\mu_1 - \mu_2| < \delta\sigma$

$$\text{Lehne } H_0 \text{ ab, falls } K\,\frac{|\overline{x} - \overline{y}|}{s_{12}(x,y)} < \tilde{c}_\alpha,$$

wobei $\tilde{c}_\alpha$ der Wert ist mit

$$\alpha = F_{t_{N_1+N_2-2}(K\delta)}(\tilde{c}_\alpha) - F_{t_{N_1+N_2-2}(K\delta)}(-\tilde{c}_\alpha).$$

Dabei werden die gleichen Bezeichnungen wie für den t-Test für zwei Stichproben in Abschn. 23.4 benutzt. Der Äquivalenz-t-Test zeigt, dass zwei Stichproben bezüglich des Erwartungswertes äquivalent sind.

23.6 Test auf linearen Zusammenhang zwischen gepaarten Stichproben

Sind die Daten der Form $(x_1, y_1), \ldots, (x_N, y_N)$ Realisierungen von iid Zufallsvariablen $(X_1, Y_1), \ldots, (X_N, Y_N)$, so drückt die Korrelation $\text{korr}(X_n, Y_n)$ den linearen Zusammenhang zwischen X_n und Y_n aus. Besitzen überdies $(X_1, Y_1), \ldots, (X_N, Y_N)$ eine zweidimensionale Normalverteilung mit Parametern $\mu_1, \mu_2, \sigma_1^2, \sigma_2^2, \rho$, so gilt $\rho = \text{korr}(X_n, Y_n)$ und $\text{korr}(X_n, Y_n) = 0$ bedeutet, dass X_n und Y_n stochastisch unabhängig sind. Tests von Hypothesen über die Korrelation basieren auf dem **Pearsonschen Korrelationskoeffizienten** $r(x, y)$, siehe Abschn. 7.4:

$$r(x, y) = \frac{\sum_{n=1}^{N}(x_n - \overline{x})(y_n - \overline{y})}{\sqrt{\sum_{n=1}^{N}(x_n - \overline{x})^2 \sum_{n=1}^{N}(y_n - \overline{y})^2}} = \frac{s(x, y)}{s(x)\, s(y)}.$$

Zweiseitiger Korrelations-Test für $H_0 : \text{korr}(X_n, Y_n)(= \rho) = 0$ gegen $H_1 : \text{korr}(X_n, Y_n) \neq 0$

$$\text{Lehne } H_0 \text{ ab, falls } \sqrt{N - 2}\, \frac{|r(x, y)|}{\sqrt{1 - r(x, y)^2}} > t_{N-2;1-\alpha/2}.$$

Aufruf in R:

```
cor.test(x,y,alternative="two.sided",method="pearson").
```

Einseitiger Korrelations-Test für $H_0 : \text{korr}(X_n, Y_n)(= \rho) \leq 0$ gegen $H_1 : \text{korr}(X_n, Y_n) > 0$

$$\text{Lehne } H_0 \text{ ab, falls } \sqrt{N - 2}\, \frac{r(x, y)}{\sqrt{1 - r(x, y)^2}} > t_{N-2;1-\alpha}.$$

Aufruf in R:

```
cor.test(x,y,alternative="greater",method="pearson").
```

> **Einseitiger Korrelations-Test für** $H_0 : \mathrm{korr}(X_n, Y_n)(= \rho) \geq 0$
> **gegen** $H_1 : \mathrm{korr}(X_n, Y_n) < 0$
>
> $$\text{Lehne } H_0 \text{ ab, falls } \sqrt{N-2}\ \frac{r(x,y)}{\sqrt{1-r(x,y)^2}} < t_{N-2;\alpha}.$$
>
> Aufruf in R:
> ```
> cor.test(x,y,alternative="less",method="pearson").
> ```

23.6.1 Beispiel (Hitzeentwicklung beim Zementansetzen, Fortsetzung von Beispiel 1.0.5)
Bei der Hitzeentwicklung beim Zementansetzen können wir untersuchen, ob es einen linearen Zusammenhang zwischen der Höhe eines der vier untersuchten Anteile und der Hitzeentwicklung gibt. Die Daten des Datensatzes SETTING.DAT können dabei einfach mit der R-Funktion read.table eingelesen werden.

```
> SETTING<-read.table("SETTING.DAT")
> colnames(SETTING)<-c("a","b","c","d","Hitze")
> cor.test(SETTING$a,SETTING$Hitze,alternative="two.sided",
+         method="pearson")

        Pearson's product-moment correlation

data:  SETTING$a and SETTING$Hitze
t = 3.55, df = 11, p-value = 0.004552
alternative hypothesis: true correlation is not equal to 0
95 percent confidence interval:
 0.3008647 0.9137954
sample estimates:
      cor
0.7307175
```

Analog erhält man als P-Werte: 0.0006648 für b, 0.05976 für c und 0.0005762 für d.

Da vier Tests durchgeführt werden, kann nach (21.2) zur Festlegung des Niveaus α die Nullhypothese $H_0 : \mathrm{korr}(X_n, Y_n) = 0$ nur abgelehnt werden, wenn der P-Wert kleiner als $\alpha = 0.05/4 = 0.0125$ ist. Dies ist bei den Zementanteilen a, b und d der Fall, d. h. bei diesen drei Zementanteilen kann man davon ausgehen, dass die Höhe des Anteiles und die Hitzeentwicklung nicht stochastisch unabhängig sind. Das bedeutet, dass ein Zusammenhang zwischen den Anteilen und der Hitzeentwicklung besteht. Bei dem Zementanteil c ist keine Aussage möglich, da die Nullhypothese nicht zum Niveau $\alpha = 0.0125$ abgelehnt wird.

23.7 Tests auf Normalverteilung

Außer bei sehr kleinen Stichprobenumfängen wie $N \leq 10$ muss in der Regel überprüft werden, ob die Daten gemäß der Normalverteilung verteilt sind, bevor Tests angewendet werden können, die die Normalverteilung voraussetzen. Diese Überprüfung kann nur wegfallen, wenn in vorangegangenen Studien die Normalverteilung belegt wurde oder inhaltliche Gründe für eine Normalverteilung sprechen. Da aber eine Normalverteilung nie richtig belegt werden kann, wird in den meisten Fällen ein Test auf Normalverteilung nötig sein.

Dazu gibt es mehrere Möglichkeiten wie den **Shapiro-Wilk-Test** gegeben in R durch `shapiro.test`. Um einen grafischen Eindruck zu bekommen, ob eine Normalverteilung vorliegen kann, kann man auch die **Quantil-Quantil-Darstellung** gegeben durch `qqnorm` benutzen. Liegen die Daten bei der Quantil-Quantil-Darstellung mehr oder weniger auf einer Geraden, kann man von einer Normalverteilung ausgehen. Spricht nichts gegen die Normalverteilung, so können die Tests, die eine Normalverteilung voraussetzen, benutzt werden.

23.7.1 Beispiel (Kugeldurchmesser, Fortsetzung von Beispiel 22.1.1 bzw. 23.4.1)
Obwohl die Stichprobenumfänge der Kugeldurchmesser nicht größer als 10 sind, wird für beide Produktionslinien der Shapiro-Wilk-Test durchgeführt:

```
> shapiro.test(k1)
        Shapiro-Wilk normality test
data:  k1
W = 0.9833, p-value = 0.9804

> shapiro.test(k2)
        Shapiro-Wilk normality test
data:  k2
W = 0.9082, p-value = 0.2685
```

In beiden Fällen kann, wie erwartet bei so kleinen Stichprobenumfängen, die Normalverteilung nicht abgelehnt werden. Allerdings ist der P-Wert bei der zweiten Produktionslinie deutlich kleiner. Dass dort eventuell die Normalverteilung doch nicht vorliegen könnte, zeigt auch die Quantil-Quantil-Darstellung in Abb. 23.3, die man wie folgt erhält:

```
> qqnorm(k1,pch=16)
> qqline(k1)
> qqnorm(k2,pch=16)
> qqline(k2)
```

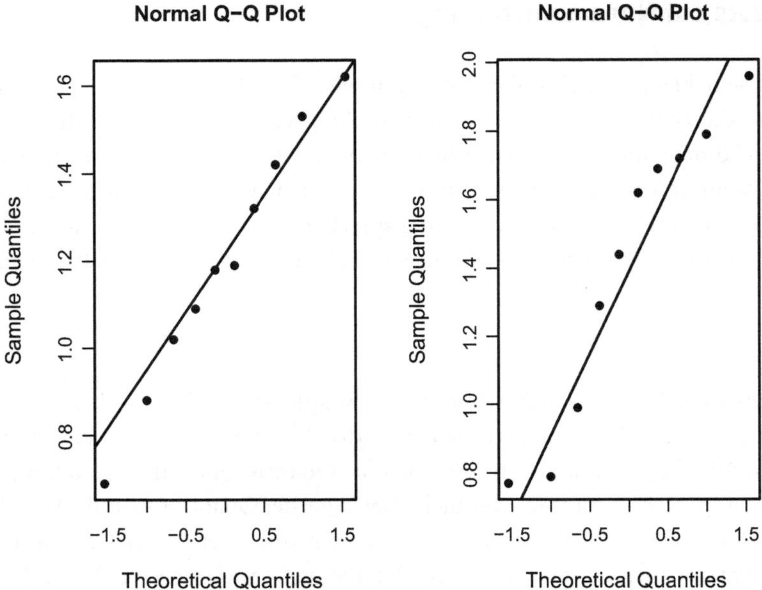

Abb. 23.3 Quantil-Quantil-Darstellung: *Links* für die erste Produktionslinie, *rechts* für die zweite Produktionslinie

23.7.2 Bemerkung (Vortests bei mehreren Tests am gleichen Datensatz)

Vortests wie Tests auf Normalverteilung werden bei der α-Adjustierung (21.2) nicht mitgezählt, da diese Tests nur dazu dienen bestimmte Voraussetzungen für die eigentlichen Tests zu überprüfen. Also wird beim Vorhandensein von Vortests

$$\alpha = \frac{0.05}{\text{Anzahl der Tests am Datensatz} \ - \ \text{Anzahl der Vortests}}$$

gesetzt.

23.8 Übungsaufgaben

Übung 23.1 (Fortsetzung von Übung 22.1) Betrachten Sie diesmal für den Datensatz BLECH.DAT das Testproblem: $H_0 : \mu \geq 310$ gegen $H_1 : \mu < 310$.

1. Bestimmen Sie den P-Wert.
2. Geben Sie die Entscheidungsregel ohne den P-Wert an.
3. Welche Entscheidung fällen Sie?

4. Stellen Sie die Gütefunktion

$$\gamma(\mu) = P_\mu(\text{Entscheidung für } H_1).$$

grafisch dar. Nehmen Sie dazu $\sigma = 1$ an.

Übung 23.2 (Fortsetzung von Übung 22.1) Betrachten Sie nun auch folgende Testprobleme:

1. $H_0 : \sigma = 30$ gegen $H_1 : \sigma \neq 30$,
2. $H_0 : \sigma \geq 30$ gegen $H_1 : \sigma < 30$.

Welche Entscheidungen fällen Sie bei den zwei Testproblemen?

Übung 23.3 (Fortsetzung von Übung 22.1) Sei $\mu_0 = 310$ die Zielgröße für die Dicke des Bleches und LSL = 150 und USL = 500. Werden die Anforderungen der Six Sigma Qualität erfüllt?

Übung 23.4 (Fortsetzung von Übung 22.1) Im Datensatz BLECH2.DAT sind die Dicken von 15 zufällig ausgewählten Blechen einer weiteren Produktionslinie gegeben:

$$364, \ 339, \ 289, \ 304, \ 362, \ 324, \ 314, \ 330, \ 301, \ 274, \ 319, \ 314, \ 326, \ 328, \ 310.$$

Testen Sie, ob sich diese Blechdicken signifikant im Erwartungswert bzw. der Varianz von denen im Datensatz BLECH.DAT unterscheiden. Überprüfen Sie auch die Voraussetzungen der Tests. Benutzen Sie alle möglichen Tests.

Übung 23.5 (Fortsetzung von Übung 23.4) Betrachten Sie für beide Produktionslinien die folgende Testprobleme:

1. $H_0 : |\mu - 310| \geq 1.5 \cdot 30$ gegen $H_1 : |\mu - 310| < 1.5 \cdot 30$,
2. $H_0 : |\mu - 310| \leq 1.5 \cdot 30$ gegen $H_1 : |\mu - 310| > 1.5 \cdot 30$,

Welche Entscheidungen fällen Sie?

In diesem Kapitel lernen wir einige Tests kennen, die benutzt werden können, wenn keine Normalverteilung vorliegt.

24.1 Einstichproben- und Zweistichproben-Tests

Mit dem **Wilcoxon-Rangsummen-Test** kann getestet werden, ob eine Stichprobe im Mittel den Wert μ_0 annimmt. Außerdem kann damit getestet werden, ob zwei Stichproben im Mittel übereinstimmen. Dabei gehen nur die Ränge der Beobachtungen ein, so dass dieser Test auch bei ordinalen Daten angewendet werden kann. Die Funktion `wilcox.test` liefert den Wilcoxon-Rangsummen-Test.

24.1.1 Beispiel (Kugeldurchmesser, Fortsetzung von Beispiel 22.1.1 und Beispiel 23.4.1)
Testet man in beiden Produktionslinien $H_0 : \mu_0 = 1$ gegen $H_1 : \mu_0 \neq 1$ mit dem Wilcoxon-Rangsummen-Test, so erhält man:

```
> wilcox.test(k1,alternative="two.sided",mu=1)

        Wilcoxon signed rank test

data:  k1
V = 46, p-value = 0.06445
alternative hypothesis: true mu is not equal to 1

> wilcox.test(k2,alternative="two.sided",mu=1)

        Wilcoxon signed rank test
```

C. Müller, L. Denecke, *Stochastik in den Ingenieurwissenschaften*,
Statistik und ihre Anwendungen, DOI 10.1007/978-3-642-38960-3_24,
© Springer-Verlag Berlin Heidelberg 2013

```
data:  k2
V = 49, p-value = 0.02734
alternative hypothesis: true mu is not equal to 1
```

Man erhält das gleiche Ergebnis wie mit dem t-Test in Beispiel 22.1.1. Allerdings ist bei der ersten Produktionslinie der P-Wert mit 0.06445 etwas größer als beim t-Test, wo er 0.06327 beträgt. Noch größer ist der Unterschied bei der zweiten Produktionslinie: Dort ist der P-Wert des Wilcoxon-Rangsummen-Tests 0.02734 und des t-Tests 0.01502. Das zeigt, dass man den t-Test benutzen sollte, wenn nichts gegen die Normalverteilung spricht.

Das gleiche gilt eigentlich auch für die Zweistichproben-Tests für den Vergleich von zwei Erwartungswerten, d. h. für das Testen von $H_0 : \mu_1 = \mu_2$ gegen $H_1 : \mu_1 \neq \mu_2$. Allerdings tritt das Phänomen in diesem Beispiel nicht auf. Bei dem einfachen Zweistichproben-t-Test bei gleichen Varianzen wurde ein P-Wert von 0.2112 und beim Zweistichproben-Welch-t-Test ein P-Wert von 0.2134 erzielt, siehe Beispiel 23.4.1. Der Wilcoxon-Rangsummen-Test liefert dagegen einen P-Wert von 0.1986:

```
> wilcox.test(k1,k2,alternative="two.sided")

        Wilcoxon rank sum test with continuity correction

data:  k1 and k2
W = 32.5, p-value = 0.1986
alternative hypothesis: true mu is not equal to 0

Warning message:
cannot compute exact p-value with ties in:
wilcox.test.default(k1, k2,alternative = "two.sided")
```

24.2 Tests auf Zusammenhang

Es gibt auch einen Test auf einen Zusammenhang zwischen zwei nichtnormalverteilten Zufallsvariablen X_n und Y_n. Dabei werden im Pearsonschen Korrelationskoeffizienten $r(x, y)$ die Beobachtungen durch deren Ränge ersetzt. Damit erhält man den Spearmanschen Rangkorrelationskoeffizienten, siehe Abschn. 7.3.

> Ein Test für $H_0 : \mathrm{korr}(X_n, Y_n) = 0$ gegen $H_1 : \mathrm{korr}(X_n, Y_n) \neq 0$ basierend auf dem Spearmanschen Rangkorrelationskoeffizienten ist durch die Funktion `cor.test` mit dem Argument `method=spearman` gegeben.

Man beachte, dass $\mathrm{korr}(X_n, Y_n) = 0$ für nichtnormalverteilte Zufallsvariablen X_n und Y_n nicht stochastische Unabhängigkeit bedeuten muss. Man spricht daher nur von Unkorreliertheit, siehe Bemerkung 16.2.2.

24.2.1 Beispiel (Hitzeentwicklung beim Zementansetzen, Fortsetzung von Beispiel 23.6.1)

```
> cor.test(SETTING$a,SETTING$Hitze,alternative="two.sided",
+          method="spearman")

        Spearman's rank correlation rho

data:  SETTING$a and SETTING$Hitze
S = 76.0036, p-value = 0.001275
alternative hypothesis: true rho is not equal to 0
sample estimates:
      rho
0.791199


Warning message:
Cannot compute exact p-values with ties in:
cor.test.default(SETTING$a, SETTING$Hitze,
alternative = "two.sided",  method="spearman")
```

Analog erhält man als P-Werte: 0.00403 für b, 0.124 für c und 0.003023 für d. Bis auf den Test für Anteil a sind die P-Werte wieder alle größer als bei den Tests, die Normalverteilung voraussetzen.

Nehmen die zweidimensionalen Beobachtungen $(x_1, y_1), \dots, (x_N, y_N)$ nur wenige verschiedene Werte an (z. B. bei nominalen Merkmalen), dann werden sie auch oft durch eine Tabelle mit deren Häufigkeiten gegeben, siehe Abschn. 7.1. Aus diesen Häufigkeiten wurde in Definition 7.2.1 die χ^2-Größe berechnet, die Null ergibt, falls $\frac{N_{jk}}{N} = \frac{N_{j\bullet}}{N} \cdot \frac{N_{\bullet k}}{N}$ für $j = 1, \dots, J$ und $k = 1, \dots, K$ gilt. Diese Eigenschaft wird empirische Unabhängigkeit genannt und ist das empirische Analogon zur stochastischen Unabhängigkeit von zwei Zufallsvariablen X_n und Y_n (siehe Bemerkung 7.2.2 und Abschn. 14.3). Somit betrifft die Nullhypothese hier nicht nur Unkorreliertheit, ausgedrückt durch $\mathrm{korr}(X_n, Y_n) = 0$, sondern die richtige stochastische Unabhängigkeit.

Ein Test für

$$H_0 : X_n \text{ und } Y_n \text{ sind stochastisch unabhängig}$$

gegen

$$H_1 : X_n \text{ und } Y_n \text{ sind nicht stochastisch unabhängig}$$

basierend auf der χ^2-Größe ist durch den χ^2-Test auf Unabhängigkeit gegeben (in R `chisq.test`).

Beim χ^2-Test werden also aus den Randhäufigkeiten die unter Unabhängigkeit erwarteten einzelnen Häufigkeiten bestimmt und mit den tatsächlich beobachteten verglichen. Darum darf es keine leere Zeile oder leere Spalte in der Häufigkeitstabelle geben. Die Teststatistik ist dann unter der Nullhypothese approximativ χ^2-verteilt. Es gibt verschiedene Faustregeln, die besagen, wann die Approximation „gut genug" ist, also wann der Test angewendet werden kann. Eine dieser Faustregeln lautet, dass für alle Spalten und Zeilen das Produkt der Randhäufigkeiten geteilt durch die Gesamtanzahl größer gleich fünf sein soll ($\frac{N_{j\bullet}N_{\bullet k}}{N} \geq 5$). Ist diese Faustregel verletzt, so wird in R eine Warnung ausgegeben.

24.2.2 Beispiel (Druckfestigkeit von Beton, Fortsetzung von Beispiel 7.2.7)
Beispiel 7.2.7 lieferte die Kontingenzkoeffizienten von $C_H = 0.6593069$, $C_S = 0.5668461$ und $C_P = 0.3679612$ für den Zusammenhang zwischen Druckfestigkeitsklasse und Herstellungsort, Schleifort bzw. Prüfort. Es stellt sich die Frage, in welchen der drei Fälle wirklich eine signifikante Abweichung von der stochastischen Unabhängigkeit vorliegt, d. h. wo

$$H_0 : \text{Druckfestigkeitsklasse und Ort sind stochastisch unabhängig}$$

abgelehnt werden kann. Wir erhalten folgende P-Werte:

```
> chisq.test(table(Druckklasse,beton$H))$p.value
[1] 1.74318e-07
> chisq.test(table(Druckklasse,beton$S))$p.value
[1] 0.0001793364
> chisq.test(table(Druckklasse,beton$P))$p.value
[1] 0.2590248
```

Da drei Tests am gleichen Datensatz durchgeführt werden, müssen die P-Werte mit $\frac{0.05}{3} =$ 0.01666667 verglichen werden. Somit können wir schließen, dass die Daten signifikant gegen eine Unabhängigkeit von Druckfestigkeitsklasse und Herstellungsort und gegen eine Unabhängigkeit von Druckfestigkeitsklasse und Schleifort sprechen. Dagegen sprechen sie nicht gegen eine Unabhängigkeit von Druckfestigkeit und Prüfort, eventuell sind es aber zu wenige Daten.

24.3 Übungsaufgaben

Übung 24.1 (Fortsetzung von Übung 22.1) Betrachten Sie das Testproblem $H_0 : \mu =$ 310 gegen $H_1 : \mu \neq 310$ für den Datensatz BLECH.DAT. Benutzen Sie dazu diesmal den Wilcoxon-Rangsummen-Test. Welche Entscheidung fällen Sie? Vergleichen Sie den P-Wert des Wilcoxon-Rangsummen-Tests mit dem P-Wert des t-Tests.

Übung 24.2 Testen Sie, ob es im Datensatz Druckfestigkeit.csv einen Zusammenhang zwischen Druckfestigkeit und Festbetonrohdichte gibt. Benutzen Sie alle Tests, die in Frage kommen. Überprüfen Sie auch die Voraussetzungen der Tests.

Übung 24.3 (Fortsetzung von Übung 7.2) Testen Sie bei Beispiel 1.0.3, ob es einen Zusammenhang zwischen Rostschutzmittel und Wirksamkeit gibt. Lesen Sie die Daten wie in Übung 7.2 ein.

25.1 Allgemeine Eigenschaften

Während eine Punktschätzung einen einzigen Wert für einen (unbekannten) Parameter ϑ liefert, wird durch eine Intervallschätzung oder einen Konfidenzbereich (auch Vertrauensbereich) eine Menge von Werten angegeben. Diese Vorgehensweise beruht auf der Idee, dass das Ergebnis einer Punktschätzung ohnehin nicht den wahren Wert des Parameters liefert, sondern aufgrund des vorliegenden Zufalls immer vom tatsächlichen Wert abweicht. Eine Intervallschätzung liefert einen Bereich, in dem der unbekannte Parameter mit einer vorgebenen Wahrscheinlichkeit liegt. Dazu sei wieder $X_1, \ldots, X_N$ eine unabhängige und identisch verteilte Stichprobe von X_0 und $X = (X_1, \ldots, X_N)$ der Stichprobenvektor mit Realisierung $x = (x_1, \ldots, x_N)$.

25.1.1 Definition (Intervallschätzung, Konfidenzintervall)

Seien $\alpha \in (0,1)$ eine feste, vorgegebene Wahrscheinlichkeit und ϑ ein unbekannter Parameter.

*Eine (zufällige) Menge $\left[\widehat{\vartheta}_{\mathrm{u}}(X), \widehat{\vartheta}_{\mathrm{o}}(X)\right]$ heißt **Intervallschätzung** oder **Konfidenzintervall** zum Niveau $1-\alpha$ (($1-\alpha$)-Konfidenzintervall) für den Parameter ϑ, falls gilt:*

$$P_\vartheta\left(\vartheta \in \left[\widehat{\vartheta}_{\mathrm{u}}(X), \widehat{\vartheta}_{\mathrm{o}}(X)\right]\right) \geq 1-\alpha \ \text{für jeden zulässigen Parameter } \vartheta.$$

Hierbei sind $\widehat{\vartheta}_{\mathrm{u}}(X) = \widehat{\vartheta}_{\mathrm{u}}(X_1, \ldots, X_N)$ und $\widehat{\vartheta}_{\mathrm{o}}(X) = \widehat{\vartheta}_{\mathrm{o}}(X_1, \ldots, X_N)$ Statistiken, die von der Stichprobe $X_1, \ldots, X_N$ abhängen und für jede Realisation $x_1, \ldots, x_N$ die Ungleichung $\widehat{\vartheta}_{\mathrm{u}}(x_1, \ldots, x_N) \leq \widehat{\vartheta}_{\mathrm{o}}(x_1, \ldots, x_N)$ erfüllen. Der Parameter ϑ an der Wahrscheinlichkeit P deutet an, dass die Wahrscheinlichkeitsverteilung mit diesem Parameter benutzt wird. Wenn klar ist, welche Wahrscheinlichkeitsverteilung gemeint ist, wird dieser Parameter oft auch weggelassen.

C. Müller, L. Denecke, *Stochastik in den Ingenieurwissenschaften,*
Statistik und ihre Anwendungen, DOI 10.1007/978-3-642-38960-3_25,
© Springer-Verlag Berlin Heidelberg 2013

Es ist zu beachten, dass die Wahrscheinlichkeit für das Konfidenzintervall größer gleich $1 - \alpha$ sein soll. Umgekehrt bedeutet dies, dass die Wahrscheinlichkeit für das Ereignis, dass der Parameter ϑ außerhalb des Konfidenzbereiches liegt, kleiner als α ist. Der typische Wert für α ist wieder $\alpha = 0.05$. Oft wird statt $[\widehat{\vartheta}_{\mathrm{u}}(x), \widehat{\vartheta}_{\mathrm{o}}(x)]$ auch kurz $[\widehat{\vartheta}_{\mathrm{u}}, \widehat{\vartheta}_{\mathrm{o}}]$ geschrieben.

Wie bei der Anwendung der statistischen Tests hängt die Wahl eines Konfidenzbereiches von den vorausgesetzten Verteilungsannahmen ab. Es werden daher für verschiedene Modelle Konfidenzbereiche angegeben, wobei die vorgestellten Konfidenzintervalle die gebräuchlichsten sind. Diese Wahl ist jedoch keineswegs eindeutig, und es lassen sich auch andere Bereiche angeben. Grundlegend zur Bestimmung von Konfidenzbereichen ist die Kenntnis der Wahrscheinlichkeitsverteilung der verwendeten Statistiken.

Dabei kann folgender Zusammenhang zu statistischen Tests ausgenutzt werden:
1. Haben wir für alle möglichen Parameter ϑ Tests zum Niveau α für $H_0 : \vartheta = \vartheta_0$ gegen $H_0 : \vartheta \neq \vartheta_0$ der Form:
   Lehne H_0 ab, falls $T_{\vartheta_0}(x) > c(\vartheta_0)$, so ist

$$\{\vartheta_0;\ T_{\vartheta_0}(x) \leq c(\vartheta_0)\}$$

   ein Konfidenzbereich zum Niveau $1 - \alpha$.
2. Haben wir umgekehrt Konfidenzintervalle $[\widehat{\vartheta}_{\mathrm{u}}, \widehat{\vartheta}_{\mathrm{o}}]$ für ϑ zum Niveau $1 - \alpha$, so ist ein Test für $H_0 : \vartheta = \vartheta_0$ gegen $H_0 : \vartheta \neq \vartheta_0$ zum Niveau α gegeben durch:

$$\text{Lehne } H_0 \text{ ab, falls } \vartheta_0 \notin [\widehat{\vartheta}_{\mathrm{u}}, \widehat{\vartheta}_{\mathrm{o}}].$$

Im Folgenden werden basierend auf einer iid Stichprobe $X_1, \ldots, X_N$ eines $\mathsf{N}(\mu, \sigma^2)$-verteilten Merkmals $(1 - \alpha)$-Konfidenzintervalle für die Parameter μ und σ^2 angegeben. Als Punktschätzer werden wir hierbei wieder das arithmetisches Mittel $\overline{x} = \frac{1}{N} \sum_{n=1}^{N} x_n$ und die empirische Varianz $s(x)^2 = \frac{1}{N-1} \sum_{n=1}^{N} (x_n - \overline{x})^2$ verwenden.

25.2 Konfidenzintervalle für den Erwartungswert einer Normalverteilung

Mithilfe des t-Tests aus Kap. 22 können wir Konfidenzintervalle für den Erwartungswert berechnen. Die Aussagen beruhen wieder auf der Tatsache, dass die Statistik

$$T = \sqrt{N}\, \frac{\overline{X} - \mu}{s(X)}$$

eine t-Verteilung mit $N - 1$ Freiheitsgraden besitzt.

- **Zweiseitiges** Konfidenzintervall:

$$[\widehat{\mu}_{\mathrm{u}}, \widehat{\mu}_{\mathrm{o}}] = \left[\overline{x} - \mathrm{t}_{N-1;1-\alpha/2}\, \frac{s(x)}{\sqrt{N}}, \overline{x} + \mathrm{t}_{N-1;1-\alpha/2}\, \frac{s(x)}{\sqrt{N}}\right].$$

- **Einseitiges**, unteres Konfidenzintervall:

$$(-\infty, \widehat{\mu}_{\mathrm{o}}] = \left(-\infty, \overline{x} + \mathrm{t}_{N-1;1-\alpha}\, \frac{s(x)}{\sqrt{N}}\right].$$

- **Einseitiges**, oberes Konfidenzintervall:

$$[\widehat{\mu}_{\mathrm{u}}, \infty) = \left[\overline{x} - \mathrm{t}_{N-1;1-\alpha}\, \frac{s(x)}{\sqrt{N}}, \infty\right).$$

25.3   Konfidenzintervalle für die Varianz einer Normalverteilung

Für den Parameter σ^2 lassen sich ebenfalls ein- bzw. zweiseitige Konfidenzintervalle bestimmen. Hier benutzen wir den Varianz-Test aus Abschn. 23.2. Als Quantil werden also die Quantile der χ^2-Verteilung mit $N-1$ Freiheitsgraden verwendet.

- **Zweiseitiges** Konfidenzintervall:

$$[\widehat{\sigma}_{\mathrm{u}}^2, \widehat{\sigma}_{\mathrm{o}}^2] = \left[\frac{N-1}{\chi^2_{N-1;1-\alpha/2}}\, s(x)^2, \frac{N-1}{\chi^2_{N-1;\alpha/2}}\, s(x)^2\right].$$

- **Einseitiges**, unteres Konfidenzintervall:

$$[0, \widehat{\sigma}_{\mathrm{o}}^2] = \left[0, \frac{N-1}{\chi^2_{N-1;\alpha}}\, s(x)^2\right].$$

- **Einseitiges**, oberes Konfidenzintervall:

$$[\widehat{\sigma}_{\mathrm{u}}^2, \infty) = \left[\frac{N-1}{\chi^2_{N-1;1-\alpha}}\, s(x)^2, \infty\right).$$

Zum Beispiel erhält man das zweiseitige Konfidenzintervall wie folgt:
Wegen $\frac{(N-1)s(X)^2}{\sigma^2} \sim \chi^2_{N-1}$ haben wir

$$1 - \alpha = \mathsf{P}_{\sigma^2}\left(\chi^2_{N-1;\alpha/2} \le \frac{(N-1)s(X)^2}{\sigma^2} \le \chi^2_{N-1;1-\alpha/2}\right)$$

$$= \mathsf{P}_{\sigma^2}\left(\frac{1}{\chi^2_{N-1;1-\alpha/2}} \le \frac{\sigma^2}{(N-1)s(X)^2} \le \frac{1}{\chi^2_{N-1;\alpha/2}}\right)$$

$$= \mathsf{P}_{\sigma^2}\left(\sigma^2 \in \left[\frac{N-1}{\chi^2_{N-1;1-\alpha/2}}s(X)^2, \frac{N-1}{\chi^2_{N-1;\alpha/2}}s(X)^2\right]\right).$$

25.4 Konfidenzintervalle für die Standardabweichung bei Normalverteilung

Für σ gewinnt man geeignete Konfidenzintervalle durch Ziehen der Quadratwurzel aus den entsprechenden Intervallgrenzen $\widehat{\sigma}^2_{\mathrm{u}}$ bzw. $\widehat{\sigma}^2_{\mathrm{o}}$ in Abschn. 25.3.

25.5 Konfidenzintervall für die Differenz $d = \mu_1 - \mu_2$ bei unbekannter (gleicher) Varianz

Seien $X_1, \ldots, X_{N_1}$ eine iid Stichprobe eines $\mathsf{N}(\mu_1, \sigma^2)$-verteilten Merkmals und $Y_1, \ldots, Y_{N_2}$ eine iid Stichprobe eines $\mathsf{N}(\mu_2, \sigma^2)$-verteilten Merkmals, wobei σ^2 unbekannt und $N_1, N_2 \ge 2$ sind. Ferner seien alle $N_1 + N_2$ Zufallsvariablen stochastisch unabhängig. Wir benutzen hier den Zweistichproben-t-Test aus Abschn. 23.4 und setzen wieder

$$K = \left(\sqrt{\frac{1}{N_1} + \frac{1}{N_2}}\right)^{-1} = \sqrt{\frac{N_1 N_2}{N_1 + N_2}},$$

$$s_{12}(x, y)^2 = \frac{1}{N_1 + N_2 - 2}\left(\sum_{n=1}^{N_1}(x_n - \overline{x})^2 + \sum_{n=1}^{N_2}(y_n - \overline{y})^2\right)$$

$$= \frac{N_1 - 1}{N_1 + N_2 - 2}s(x)^2 + \frac{N_2 - 1}{N_1 + N_2 - 2}s(y)^2$$

sowie $t_{N_1+N_2-2;\beta}$ für das β-Quantil der $t_{N_1+N_2-2}$-Verteilung.

Ein **zweiseitiges** Konfidenzintervall $[\widehat{d}_{\mathrm{u}}, \widehat{d}_{\mathrm{o}}]$ für die Differenz der Erwartungswerte $d = \mu_1 - \mu_2$ ist gegeben durch:

$$\left[\widehat{d} - t_{N_1+N_2-2;1-\alpha/2}\, s_{12}(x,y)\cdot\frac{1}{K},\, \widehat{d} + t_{N_1+N_2-2;1-\alpha/2}\, s_{12}(x,y)\cdot\frac{1}{K}\right],$$

wobei $\widehat{d} = \overline{x} - \overline{y}$ eine Punktschätzung für die Differenz d der Erwartungswerte ist.

Die Aussage beruht wieder auf der Eigenschaft:

$$\sqrt{\frac{N_1 N_2}{N_1 + N_2}}\, \frac{(\overline{X} - \overline{Y}) - (\mu_1 - \mu_2)}{s_{12}(X,Y)} \sim t_{N_1+N_2-2}.$$

Einseitige Konfidenzintervalle lassen sich analog konstruieren. Zu beachten ist, dass das vorgestellte Konfidenzintervall auf der Annahme beruht, dass die Varianzen der Zufallsvariablen X_n und Y_n gleich sind.

25.5.1 Beispiel (Kugeldurchmesser, Fortsetzung von Beispiel 22.1.1 und Beispiel 23.4.1) Die R-Funktion `t.test` liefert auch die Konfidenzintervalle. Für die erste Produktionslinie erhalten wir:

```
> t.test(k1,alternative="two.sided",var.equal=TRUE)$conf.int
[1] 0.9867741 1.4012259
attr(,"conf.level")
[1] 0.95
```

Damit ist das Konfidenzintervall zum Niveau 0.95 für den Erwartungswert μ der ersten Produktionslinie $[0.986774, 1.401226]$. Analog erhält man $[1.09961, 1.71239]$ für die zweite Produktionslinie. Da $\mu_0 = 1$ im Konfidenzintervall für die erste Produktionslinie enthalten ist, wurde $H_0 : \mu = 1$ nicht abgelehnt. Dagegen ist $\mu_0 = 1$ nicht im Konfidenzintervall für die zweite Produktionslinie enthalten, weshalb $H_0 : \mu = 1$ abgelehnt wurde.

Für die Differenz der beiden Erwartungswerte $\mu_1 - \mu_2$ berechnen wir $[-0.5555277,\ 0.1315277]$ als Konfidenzintervall zum Niveau 0.95. Da dieses Intervall die 0 enthält, wurde die Nullhypothese $H_0 : \mu_1 = \mu_2$ nicht abgelehnt.

```
> t.test(k1,k2,alternative="two.sided",var.equal=TRUE)$conf.int
[1] -0.5555277  0.1315277
attr(,"conf.level")
[1] 0.95
```

25.6   Übungsaufgaben

Übung 25.1 (Fortsetzung von Übung 22.1) Bestimmen Sie jeweils die Konfidenzintervalle zum Niveau 95 % für die Mittelwerte der Blechdicken und die Standardabweichungen der Dicken der Datensätze BLECH.DAT und BLECH2.DAT.

Wir wollen nun die Erkenntnisse des letzten Teils zur schließenden Statistik nutzen um einen kleinen Einblick in die Methoden der statistischen Qualitätssicherung zu bekommen. Wir betrachten dazu zuerst Qualitätssicherungsmaßnahmen, die vorrangig vom Produzenten bei der Herstellung von Produkten durchgeführt werden. Das betrifft unter anderem die Haltbarkeit der Produkte. Dazu werden wir zunächst noch einmal in Abschn. 26.1 die Lebensdauerverteilungen aus dem Kap. 17 über Zuverlässigkeitstheorie betrachten. Neben der Haltbarkeit müssen die Produkte aber noch viele andere Anforderungen bezüglich Größe, Gewicht, Form, chemischer Zusammensetzung, Aussehen, Funktionalität etc. erfüllen. Wenn ein Produktionsprozess so eingestellt ist, dass alle Anforderungen erfüllt sind, so stellt sich dennoch in der laufenden Fertigung immer wieder die Frage, ob die Anforderungen noch gegeben sind. Durch Verschleiß der Maschinen, durch Personalwechsel, durch Änderungen der Raumtemperatur etc. können sich die Rahmenbedingungen für die Fertigung so ändern, dass die produzierten Produkte die Anforderungen nicht mehr erfüllen. Die Aufgabe der statistischen Fertigungsüberwachung, die in Abschn. 26.2 vorgestellt wird, ist, frühzeitige Abweichungen von den Anforderungen zu erkennen. Dagegen betrifft die Annahmeprüfung, die in Abschn. 26.3 behandelt wird, sowohl den Produzenten als auch die Abnehmer. Damit soll sicher gestellt werden, dass der Konsument nur Produkte annehmen muss, die seine Anforderungen erfüllen. Umgekehrt sichert sie den Hersteller ab, dass bei ausreichender Qualitätslage der Konsument auch die Produkte abnehmen muss.

26.1 Lebensdaueranalyse

Bei der Betrachtung von Lebensdauern spielt die Schätzung der Zuverlässigkeitsfunktion, also der Funktion, die die Wahrscheinlichkeit wiedergibt, dass das Bauteil mindestens bis zu einem gewissen Zeitpunkt nicht kaputt geht, eine große Rolle (siehe Abschn. 17.1). Ist die Verteilung der Lebensdauer unbekannt, so kann einfach die empirische Verteilungsfunktion (siehe Abschn. 4.3) zur **Schätzung der Zuverlässigkeitsfunktion** genutzt werden:

C. Müller, L. Denecke, *Stochastik in den Ingenieurwissenschaften*,
Statistik und ihre Anwendungen, DOI 10.1007/978-3-642-38960-3_26,
© Springer-Verlag Berlin Heidelberg 2013

Es seien $T_1, \ldots, T_N$ iid Lebensdauern, $t_1, \ldots, t_N$ ihre Realisierungen. Dann ist

$$\hat{R}_N(t) = 1 - F_N(t) = 1 - \frac{1}{N}\#\{t_n; t_n \leq t\}$$

die Schätzung der Zuverlässigkeitsfunktion $R(t) = 1 - F(t)$, wobei $\frac{1}{N}\#\{t_n; t_n \leq t\}$ gerade der Anteil der beobachteten Lebensdauern sind, die kleiner oder gleich t sind.

Es seien $\tilde{t}_1 < \tilde{t}_2 < \ldots < \tilde{t}_J$ die geordneten, beobachteten, verschiedenen Lebensdauern, wobei $J \leq N$ gilt. $J = N$ gilt, wenn alle beobachteten Lebensdauern paarweise verschieden sind. Auch die in Abschn. 17.2 definierte kumulierte Ausfallrate kann relativ einfach geschätzt werden:

Es sei $n_j = \#\{t_n; t_n \geq \tilde{t}_j\}$, die Anzahl der unmittelbar vor $\tilde{t}_j$ noch nicht ausgefallenen Elemente, $j = 1, \ldots, J$. Außerdem sei $d_j = \#\{t_n; t_n = \tilde{t}_j\}$, die Anzahl der Elemente, die zum Zeitpunkt $\tilde{t}_j$ ausfallen, $j = 1, \ldots, J$. Dann ist

$$\hat{\Lambda}(t) = \begin{cases} 0 & \text{für } t < \tilde{t}_1 \\ \sum_{j:\tilde{t}_j \leq t} \frac{d_j}{n_j} & \text{für } t \geq \tilde{t}_1 \end{cases}$$

ein Schätzer für die kumulierte Ausfallrate und heißt **Nelson-Aalen-Schätzer** (siehe z. B. Klein und Moeschberger 2005, S. 94).

26.1.1 Beispiel (Ausfallzeiten von Glühbirnen, Fortsetzung von Beispiel 1.0.2)
In dem Datensatz LAMPS.DAT sind die Lebensdauern von 300 Glühbirnen in Stunden enthalten. Für diese Glühbirnen wollen wir nun die kumulierten Ausfallraten bestimmen. Da die Ausfallzeiten schon in Intervallen vorliegen, müssen wir die Aufteilung nicht mehr vornehmen. Wir gehen dabei davon aus, dass die Intervalle von der Gestalt $[950, 1000)$, $[1000, 1050), \ldots, [2050, 2100]$ sind.

```
> lamps<-read.table("LAMPS.DAT")
#Die Anzahlen der Ausfälle d_j
> d<-lamps$V2
> N<-sum(lamps$V2)
#Die Anzahlen n_j
> n<-N-cumsum(d)
#Verschiebung von n_j, da immer Anzahl vor t_j interessiert
> n<-c(300,n)
```

Abb. 26.1 Nelson-Aalen-
Schätzer für die kumulierte
Ausfallrate der Glühbirnen

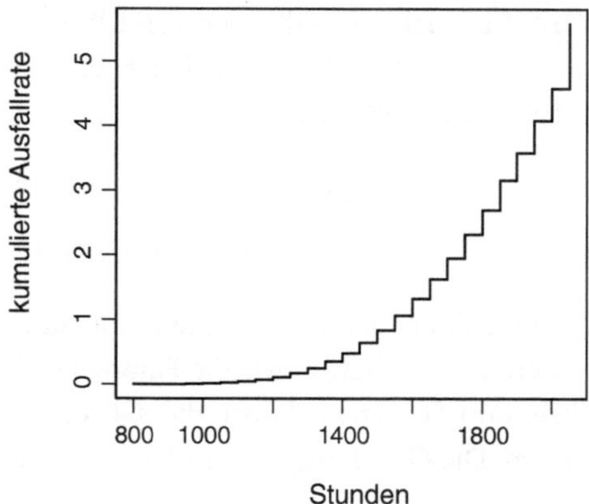

```
> n<-n[-length(n)]
> d/n
 [1] 0.006666667 0.006711409 0.010135135 0.020477816
 [5] 0.024390244 0.042857143 0.059701493 0.079365079
 [9] 0.103448276 0.129807692 0.160220994 0.190789474
[13] 0.227642276 0.263157895 0.300000000 0.326530612
[17] 0.363636364 0.380952381 0.461538462 0.428571429
[21] 0.500000000 0.500000000 1.000000000
> L<-c(0,cumsum(d/n))
> plot(c(800,seq(950,2050,50)),L,type="s")
```

Die Grafik in Abb. 26.1 zeigt die geschätzte kumulierte Ausfallrate mit fortschreitender
Zeit.

Da die Schätzung der kumulierten Ausfallrate keine Gerade annähert, kann keine
Exponential-Verteilung vorliegen, siehe Beispiel 17.2.1.

Ist hingegen die Verteilung der Lebensdauern bis auf die Parameter bekannt, können
mithilfe der beobachteten Daten die Parameter dieser Verteilung geschätzt werden und so
Zuverlässigkeitsfunktion und Ausfallraten bestimmt werden. Damit beschäftigen wir uns
nun.

Schätzer und Tests für die Parameter bei Lebensdauerverteilungen Im Kap. 17 haben
wir zwei Verteilungen kennengelernt, die häufig zur Beschreibung von Lebensdauern benutzt werden, die Exponential- und die Weibull-Verteilung. Wir wollen nun die Ergebnisse
aus den vorherigen Kapiteln nutzen um die Parameter dieser Verteilungen zu schätzen.

Bereits vorgestellt wurden die Maximum-Likelihood-Schätzfunktionen für beide Verteilungen, siehe Abschn. 20.4.

26.1.2 Beispiel (Ausfallzeiten von Klimaanlagen)
Die folgenden Daten sind Ausfallzeiten von Klimaanlagen in Flugzeugen (siehe Linhardt und Zucchini 1986, S. 69):

$$23, 261, 87, 7, 120, 14, 62, 47, 225, 71, 246, 21, 42, 20, 5, 12,$$
$$120, 11, 3, 14, 71, 11, 14, 11, 16, 90, 116, 52, 95.$$

Die Verteilung der Ausfallzeiten soll nun mithilfe der Weibull-Verteilung beschrieben werden. Dazu schätzen wir die Parameter der Weibull-Verteilung mithilfe des Maximum-Likelihood-Schätzers, wozu die Gleichungen (20.1) aus Abschn. 20.4 gelöst werden müssen. Die Gleichung für den Parameter α hat dabei die folgende Form

$$\left(\frac{1}{\alpha} + \frac{1}{N}s_3\right)s_1 = s_2 \Leftrightarrow 0 = \frac{s_2}{s_1} - \frac{1}{\alpha} - \frac{1}{N}s_3,$$

wobei

$$s_1 = \sum_{n=1}^{N} T_n^{\alpha}, \quad s_2 = \sum_{n=1}^{N} T_n^{\alpha}\ln(T_n), \quad s_3 = \sum_{n=1}^{N} \ln(T_n)$$

ist. Zur numerischen Lösung dieser Gleichung benutzen wir die Funktion `uniroot`:

```
> t<- c(23,261,87,7,120,14,62,47,
+ 225,71,246,21,42,20,5,12,120,
+ 11,3,14,71,11,14,11,16,90,116,52,95)
> N<-length(t)
>   f<-function(a)
+ {
+   s1<-sum(t^a)
+   s2<-sum(t^a*log(t))
+   s3<-sum(log(t))
+   erg<-s2/s1-1/a-s3/N
+   erg}
> alpha<-uniroot(f,c(0,20))$root
> th<-sum(t^alpha)/N
> beta<-th^(1/alpha)
> alpha
[1] 0.9230702
> beta
[1] 62.51505
```

Wir erhalten also als Schätzer für die Parameter der Weibull-Verteilung $\hat{\alpha} = 0.9231$ und $\hat{\beta} = 62.515$. Das zugehörige Histogramm mit der geschätzten Dichte scheint für eine gute Anpassung zu sprechen, siehe Abb. 26.2.

In der Einleitung zu Abschn. 20.3 wurde neben der Maximum-Likelihood-Methode auch die Methode der kleinsten Quadrate zur Schätzung der Parameter erwähnt. Hier soll

Abb. 26.2 Histogramm und geschätzte Dichte für die Ausfallzeiten der Klimaanlagen

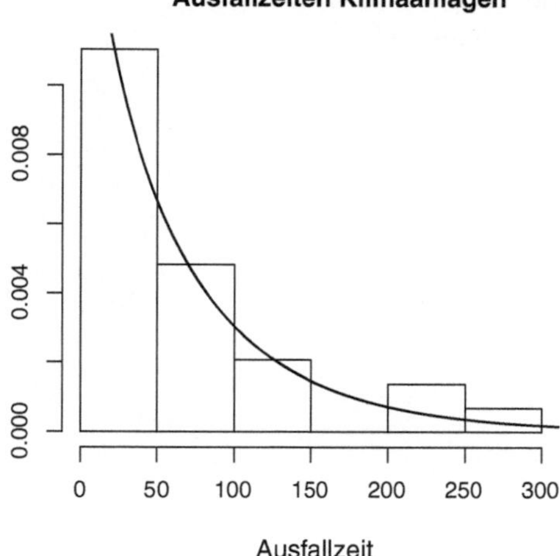

diese Methode für die Exponential- und die Weibull-Verteilung vorgestellt werden. Die Methode stammt aus der Zeit, bevor Computer zur Berechnung der Schätzer benutzt werden konnten. Sie wird aber auch heute noch häufig angewendet, insbesondere in den Ingenieurwissenschaften. Das Verfahren beruht auf der linearen Regression.

Wir erläutern das Verfahren für die Weibull-Verteilung. Da die Exponentialverteilung ein Spezialfall der Weibull-Verteilung ist, kann das Verfahren auch hier genutzt werden. Für die Verteilungsfunktion gilt

$$F(t) = 1 - \exp\left(-\left(\frac{t}{\beta}\right)^{\alpha}\right) \tag{26.1}$$

$$\Leftrightarrow \ln(1 - F(t)) = -\left(\frac{t}{\beta}\right)^{\alpha} \tag{26.2}$$

$$\Leftrightarrow \ln(-\ln(1 - F(t))) = \alpha \ln t - \alpha \ln \beta = A + \alpha \tilde{t}, \tag{26.3}$$

mit $A = -\alpha \ln \beta$ und $\tilde{t} = \ln t$. Damit haben wir eine lineare Gleichung für die logarithmierten Lebensdauern. Wir schätzen nun die Verteilungsfunktion $F(t)$ mithilfe der empirischen Verteilungsfunktion. Für den geordneten Datensatz $t_{(1)} < \ldots < t_{(N)}$ mit paarweise verschiedenen Beobachtungen gilt dann: $F_N(t_{(n)}) = \frac{n}{N}$. Da die empirische Verteilungsfunktion nicht stetig ist, sondern an den Stellen $t_1, \ldots, t_N$ springt, führen wir eine Stetigkeitskorrektur durch und betrachten $F_N^*(t_{(n)}) = \frac{n-0.5}{N}$. Nun erstellen wir den **Weibull-Plot**. Dazu tragen wir die logarithmierten, sortierten Lebensdauern $\ln t_{(n)}$ auf der x-Achse auf und auf der y-Achse $\ln(-\ln(1 - F_N^*(t_{(n)})))$. Nach der Herleitung von oben sollten die Punkte nun näherungsweise auf einer Geraden liegen. Durch lineare Regression (siehe Abschn. 7.5) erhalten wir die Schätzer für A und α, $\hat{A}, \hat{\alpha}$, und damit die Schätzer für die Parameter der Weibull-Verteilung: $\hat{\alpha} = \hat{\alpha}$ und $\hat{\beta} = \exp\left(-\frac{\hat{A}}{\hat{\alpha}}\right)$.

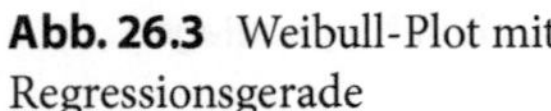

Abb. 26.3 Weibull-Plot mit
Regressionsgerade

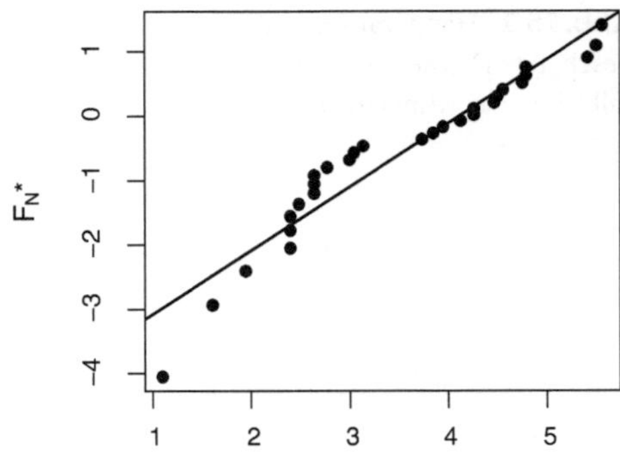

26.1.3 Beispiel (Ausfallzeiten von Klimaanlagen, Fortsetzung von Beispiel 26.1.2)
Die Schätzungen der Parameter sollen nun noch einmal mithilfe des Weibull-Plots (siehe
Abb. 26.3) bestimmt werden:

```
> lnt<-log(sort(t))
> Ft<-(1:length(t)-rep(0.5,length(t)))/length(t)
> Ft<-log(-log(1-Ft))
> plot(lnt,Ft,pch=16,xlab="logarithmierte Lebensdauern",
+        ylab=expression(paste(F[N],"*")))
> est<-lm(Ft~lnt)$coeff
> est
(Intercept)           lnt
  -4.067081     0.987992
>abline(est)
> alpha<-est[2]
> beta<-exp(-est[1]/est[2])
> alpha
     lnt
0.987992
> beta
(Intercept)
   61.34492
```

Wir erhalten mit $\hat{\alpha} = 0.988$ und $\hat{\beta} = 61.345$ sehr ähnliche Ergebnisse wie mit der Maximum-
Likelihood-Methode.

Die Schätzungen für die Parameter der Exponential- und Weibull-Verteilung können
ebenfalls zur Schätzung der Ausfallraten benutzt werden, indem ausgenutzt wird, wie die
Ausfallraten bei diesen Verteilungen aussehen (siehe Beispiel 17.2.1 und Übung 17.2).

26.2 Fertigungsüberwachung

Ein weiteres wichtiges Gebiet der Qualitätssicherung ist die Prozesskontrolle. Im ersten Teil dieses Abschnitts geht es um Methoden zur Überprüfung, ob ein Produktionsprozess überhaupt eine bestimmte Qualitätslage erfüllen kann. Dazu werden wir Prozessfähigkeitsindizes kennenlernen. Der zweite Teil beschäftigt sich dann mit der kontinuierlichen Prozessüberwachung mithilfe von sogenannten Kontrollkarten.

Dazu gehen wir nun von einem normalverteilten Prüfmerkmal X_0 aus, $X_0 \sim \mathsf{N}(\mu, \sigma)$ mit Sollwert μ. Ein Beispiel sind die Kugeldurchmesser aus Beispiel 1.0.1. Vom Abnehmer vorgegeben sei eine untere Sollgrenze LSL (Mindestgröße, lower specification limit) und/oder eine obere Sollgrenze USL (Maximalgröße, upper specification limit) für das Prüfmerkmal. Werden die betrachteten Produkte (Einheiten) einer Stichprobe (eines Loses) mit $e_1, \ldots, e_N$ bezeichnet, so werden die beobachteten Prüfmerkmale an diesen Produkten mit $x_1 = X(e_1), \ldots, x_N = X(e_N)$ bezeichnet. Diese sind wieder Realisierungen von unabhängigen Zufallsvariablen $X_1, \ldots, X_N$, alle mit Verteilung X_0. Wir unterscheiden nun drei Fälle:

(a) Produkt e_n ist brauchbar, wenn $x_n = X(e_n) \in [\mathrm{LSL}, \infty)$.
(b) Produkt e_n ist brauchbar, wenn $x_n = X(e_n) \in (-\infty, \mathrm{USL}]$.
(c) Produkt e_n ist brauchbar, wenn $x_n = X(e_n) \in [\mathrm{LSL}, \mathrm{USL}]$.

Da das Prüfmerkmal als normalverteilt angenommen wird, gilt für die Wahrscheinlichkeit, dass es nicht im akzeptablen Bereich liegt

(a) $P_\mu(X_0 \notin [\mathrm{LSL}, \infty)) = P_\mu(X_0 < \mathrm{LSL}) = \Phi_{\mu,\sigma}(\mathrm{LSL}) = \Phi\left(\frac{\mathrm{LSL}-\mu}{\sigma}\right)$, bzw.
(b) $P_\mu(X_0 \notin (-\infty, \mathrm{USL}]) = P_\mu(X_0 > \mathrm{USL}) = 1 - P_\mu(X_0 \le \mathrm{USL}) = 1 - \Phi\left(\frac{\mathrm{USL}-\mu}{\sigma}\right)$, bzw.
(c) $P_\mu(X_0 \notin [\mathrm{LSL}, \mathrm{USL}]) = 1 - P_\mu(\mathrm{LSL} \le X_0 \le \mathrm{USL}) = 1 - \Phi\left(\frac{\mathrm{USL}-\mu}{\sigma}\right) + \Phi\left(\frac{\mathrm{LSL}-\mu}{\sigma}\right)$.

Meist wird sowohl eine Mindestgröße, als auch eine Maximalgröße vorgegeben sein. Das heißt, wir befinden uns im Fall (c). Liegt der Sollwert μ in der Mitte der Grenzen, also $\mu = \mu^* = \frac{\mathrm{LSL}+\mathrm{USL}}{2}$, so definieren wir den Prozessfähigkeitsindex C_p:

26.2.1 Definition
$C_p = \frac{\mathrm{USL}-\mathrm{LSL}}{6\sigma}$ heißt **Prozessfähigkeitsindex**, falls $\mu = \mu^* = \frac{\mathrm{LSL}+\mathrm{USL}}{2}$.

Generell gilt im Fall $\mu = \mu^* = \frac{LSL+USL}{2}$:

$$P_\mu \left(X_0 \notin [LSL, USL] \right) = 1 - \Phi \left(\frac{USL - \mu^*}{\sigma} \right) + \Phi \left(\frac{LSL - \mu^*}{\sigma} \right)$$

$$= 1 - \Phi \left(\frac{USL - LSL}{2\sigma} \right) + \Phi \left(\frac{LSL - USL}{2\sigma} \right)$$

$$= 1 - \Phi(3C_p) + \Phi(-3C_p).$$

Insbesondere für $C_p = 1$ gilt

$$P_\mu \left(X_0 \notin [LSL, USL] \right) = 1 - \Phi(3) + \Phi(-3) = 0.0027,$$

d. h. es wird ein Ausschussanteil von $0.0027 = 0.27\,\%$ produziert, wenn der Prozess den Index $C_p = 1$ hat. Vergleiche auch Beispiel 12.2.7.

Die DIN-Vorschrift 55350 definiert anhand des Index C_p die Prozessfähigkeit:

- $C_p < 1$: Prozessfähigkeit ist nicht vorhanden.
- $1 \le C_p \le 1.33$: Bedingte bzw. eingeschränkte Prozessfähigkeit ist vorhanden.
- $C_p > 1.33$: Prozessfähigkeit ist gegeben.
- $C_p \ge 2$: Six Sigma Qualität ist gegeben (siehe Beispiel 12.2.7).

Liegt der Mittelwert μ des Fertigungsprozess nicht in der Mitte des Intervalls $[LSL, USL]$, so können alternative Prozessindizies benutzt werden:

- $C_{pk} := \min \left\{ \frac{USL-\mu}{3\sigma}, \frac{\mu-LSL}{3\sigma} \right\}$ oder
- $C_{pm} := \frac{USL-LSL}{6\overline{\sigma}}$ mit $\overline{\sigma} := \sqrt{\sigma^2 + (\mu - \mu^*)^2}$ oder
- $C_{pkm} := \min \left\{ \frac{USL-\mu}{3\overline{\sigma}}, \frac{\mu-LSL}{3\overline{\sigma}} \right\}.$

In der Six Sigma Qualität wird gefordert, dass zum einen die Streuung des Prozess nicht zu groß wird, d. h. es sollte

$$C_{pk} = \min \left\{ \frac{USL - \mu_0}{3\sigma}, \frac{\mu_0 - LSL}{3\sigma} \right\} \ge 2 \; \left(\Leftrightarrow \sigma \le \frac{1}{6} \min \left\{ USL - \mu_0, \mu_0 - LSL \right\} \right)$$

für den vorgegebenen Sollwert μ_0 gelten und zum anderen, dass der tatsächliche erwartete Wert in der Fertigung μ nicht zu sehr vom Sollwert abweicht, d. h. $|\mu - \mu_0| < 1.5\sigma$ (vergleiche Beispiel 12.2.7).

26.2.2 Beispiel (Kugeldurchmesser, Fortsetzung von Beispiel 23.2.1)
Für die Durchmesser der Kugeln ist ein Sollwert $\mu_0 = 1\,\mathrm{mm}$ vorgegeben. Es sei weiterhin
die maximal tolerierte obere Größe USL = $1.2\,\mathrm{mm}$ und die untere Grenze LSL = $0.9\,\mathrm{mm}$.
Wir nehmen an, dass die Streuung bei 0.2 liegt. Dann können wir die Prozessfähigkeitsin-
dizes berechnen. Wir erhalten $C_p = 0.25$, $C_{pk} = 0.1666667$, $C_{pm} = 0.2425356$ und $C_{pkm} = 0.1616904$. Damit ist für eine Streuung von 0.2 die Prozessfähigkeit sehr gering. Läge die
Streuung bei $\sigma = 0.02$, so gilt für die Indizes $C_p = 2.5$, $C_{pk} = 1.666667$, $C_{pm} = 0.9284767$
und $C_{pkm} = 0.6189845$, d. h. in diesem Fall wäre die Prozessfähigkeit zumindest bei Betrachtung der ersten beiden Prozessindizes gegeben.

Im Allgemeinen sind die Parameter μ und σ in der Praxis unbekannt. Dann wer-
den die Prozessindizes wie folgt geschätzt, wobei $\hat{\mu} = \overline{x} = \frac{1}{N}\sum_{n=1}^{N} x_n$ das Losmittel,
$\hat{\sigma} = \sqrt{\frac{1}{N-1}\sum_{n=1}^{N}(x_n - \overline{x})^2}$ die Standardabweichung des Loses und $\mu^* = \frac{\text{LSL}+\text{USL}}{2}$ ist:

$$\hat{C}_p = \frac{\text{USL} - \text{LSL}}{6\hat{\sigma}},$$

$$\hat{C}_{pk} = \min\left\{ \frac{\text{USL} - \hat{\mu}}{3\hat{\sigma}}, \frac{\hat{\mu} - \text{LSL}}{3\hat{\sigma}} \right\},$$

$$\hat{C}_{pm} = \frac{\text{USL} - \text{LSL}}{6\tilde{\sigma}} \text{ mit } \tilde{\sigma} := \sqrt{\frac{1}{N}\sum_{n=1}^{N}(x_n - \mu^*)^2},$$

$$\hat{C}_{pkm} = \min\left\{ \frac{\text{USL} - \hat{\mu}}{3\tilde{\sigma}}, \frac{\mu - \text{LSL}}{3\tilde{\sigma}} \right\}.$$

26.2.3 Beispiel (Kugeldurchmesser, Fortsetzung von Beispiel 26.2.2)
Bestimmen wir nun für die erste Linie die geschätzten Prozessfähigkeitsindizes für die gleichen Sollwerte μ_0, LSL und USL wie oben, dann erhalten wir die folgenden Schätzungen:
$\hat{C}_p = 0.1726032$, $\hat{C}_{pk} = 0.006904127$, $\hat{C}_{pm} = 0.1611562$, $\hat{C}_{pkm} = 0.006446249$. Damit ist
für die angegebenen Sollwerte nicht von Prozessfähigkeit auszugehen. Das liegt vor allem
an der großen geschätzten Streuung von $\hat{\sigma} = 0.29$ und dass der Mittelwert der Reihe mit
$1.194\,\mathrm{mm}$ nur knapp unter der oberen Schranke liegt.

Kontinuierliche Prozessüberwachung Zur kontinuierlichen Überwachung eines Ferti-
gungsprozesses werden sogenannte Kontrollkarten benutzt. Sie sollen helfen Veränderun-
gen im Produktionsablauf möglichst frühzeitig zu erkennen. Dazu werden in regelmäßigen
Abständen (jede Stunde, jeden Tag, jede Woche, ...) kleine Stichproben gezogen und das
oder die Prüfmerkmale aufgenommen. Man spricht bei den einzelnen Ziehungen von **Blö-
cken**. Anhand von Statistiken werden dann die Prüfmerkmale mit den Sollwerten verglichen. Anhand der Kontrollkarten soll entschieden werden, ob der Prozess unter Kontrolle

ist oder ob in die Fertigung eingegriffen werden muss und Verbesserungsmaßnahmen ergriffen werden müssen. Die Kontrollkarten basieren auf statistischen Tests beziehungsweise auf den daraus resultierenden Konfidenzintervallen.

Wir werden hier nur die Mittelwertkarte näher betrachten. Am Ende des Abschnitts werden aber weitere Kontrollkarten genannt und auf weiterführende Literatur verwiesen. Das Prüfmerkmal sei weiterhin normalverteilt, $X_0 \sim N(\mu_0, \sigma)$. Wir unterscheiden drei Fälle: Im ersten Fall seien μ_0 und σ bekannt (Erfahrungswerte, vorgegebene Sollwerte). Im zweiten Fall sind die Parameter unbekannt, aber es gibt eine Vorlaufphase, für die bekannt ist, dass der Prozess unter Kontrolle ist (Phase I). Die Schätzungen der Parameter aus der ersten Phase werden genutzt, um die Kontrollkarten für Phase II zu bestimmen. Im dritten Fall sind weder die Parameter bekannt, noch gibt es eine Vorlaufphase. Die Parameter werden „online" aus den vorher gezogenen Stichproben geschätzt. Für alle drei Fälle werden im Folgenden die Kontrollkarten für den Mittelwert vorgestellt. Dazu seien $x_1^j, \ldots, x_{N_j}^j$ die gemessenen Werte des Prüfmerkmals X im j-ten Block, $j = 1, 2, \ldots$ bzw. in Phase I für $j = 0$ und $\overline{x}_j = \frac{1}{N_j} \sum_{n=1}^{N_j} x_n^j$, $s_j^2 = \frac{1}{N_j-1} \sum_{n=1}^{N_j} (x_n^j - \overline{x}_j)^2$, für $j = 0, 1, 2, \ldots$

26.2.4 Definition (Mittelwert-Karte)

*Der **Prozess ist unter Kontrolle**, wenn der Blockmittelwert $\overline{x}_j$ innerhalb der folgenden Warngrenzen liegt. Liegt der Blockmittelwert **außerhalb der Warngrenzen, aber innerhalb der folgenden Kontrollgrenzen muss der Prozess verstärkt beobachtet werden**, liegt der **Blockmittelwert außerhalb der Kontrollgrenzen**, so wird Alarm ausgelöst und der **Prozess** als **nicht unter Kontrolle** bezeichnet.*

__Warn- und Kontrollgrenzen bei bekanntem μ_0, σ:__

Vorgabewerte: μ_0, σ, w, K

Grenzen für den j-ten Block:

$$W_u = \mu_0 - \frac{w\sigma}{\sqrt{N_j}}, \quad W_o = \mu_0 + \frac{w\sigma}{\sqrt{N_j}} \quad \text{Warngrenzen}$$

$$K_u = \mu_0 - \frac{K\sigma}{\sqrt{N_j}}, \quad K_o = \mu_0 + \frac{K\sigma}{\sqrt{N_j}} \quad \text{Kontrollgrenzen}$$

__Warn- und Kontrollgrenzen bei unbekanntem μ_0, σ mit Phase-I-Vorlauf:__

Vorgabewerte: w, K

Grenzen für den j-ten Block:

$$W_u = \overline{x}_0 - \frac{ws_0}{\sqrt{N_j}}, \quad W_o = \overline{x}_0 + \frac{ws_0}{\sqrt{N_j}} \quad \text{Warngrenzen}$$

$$K_u = \overline{x}_0 - \frac{Ks_0}{\sqrt{N_j}}, \quad K_o = \overline{x}_0 + \frac{Ks_0}{\sqrt{N_j}} \quad \text{Kontrollgrenzen}$$

Tab. 26.1 Daten und Mittelwerte

Block j	x_1^j	x_2^j	x_3^j	$\overline{x}_j$
1	31.8	31.4	32.0	31.73
2	30.7	31.3	29.6	30.53
3	28.1	33.6	27.3	29.67
4	29.1	28.5	31.0	29.53
5	34.7	32.3	31.3	32.77
6	34.2	34.1	35.1	34.47

> **Warn- und Kontrollgrenzen bei unbekanntem μ_0, σ:**
>
> *Vorgabewerte: w, K*
>
> *Schätze die Sollwerte aus den vorherigen Blöcken:*
>
> $$\overline{\overline{x}}_j = \frac{1}{j-1} \sum_{i=1}^{j-1} \overline{x}_i, \; \overline{s}_j = \frac{1}{j-1} \sum_{i=1}^{j-1} s_i, \; j = 2, 3, \dots$$
>
> *Für den ersten Block benutze $\overline{\overline{x}}_1 = \overline{x}_1$ und $\overline{s}_1 = s_1$.*
>
> *Es sei $\gamma_n = \sqrt{\frac{2}{n-1}} \frac{\Gamma(n/2)}{\Gamma((n-1)/2)}$, wobei Γ die Gamma-Funktion bezeichnet.*
>
> *Grenzen für den j-ten Block:*
>
> $$W_{\mathrm{u}} = \overline{\overline{x}}_j - \frac{\gamma_{N_j}^{-1} w \overline{s}_j}{\sqrt{N_j}}, \quad W_{\mathrm{o}} = \overline{\overline{x}}_j + \frac{\gamma_{N_j}^{-1} w \overline{s}_j}{\sqrt{N_j}} \; \textit{Warngrenzen}$$
>
> $$K_{\mathrm{u}} = \overline{\overline{x}}_j - \frac{\gamma_{N_j}^{-1} K \overline{s}_j}{\sqrt{N_j}}, \quad K_{\mathrm{o}} = \overline{\overline{x}}_j + \frac{\gamma_{N_j}^{-1} K \overline{s}_j}{\sqrt{N_j}} \; \textit{Kontrollgrenzen}$$
>
> *Typische Werte für w und K sind $w = 1.96$, $K = 3$ bzw. $K = 2.576$. Gilt $H_0 : \mu = \mu_0$, so liegt der Blockmittelwert mit 95 % Wahrscheinlichkeit innerhalb der Warngrenzen und mit Wahrscheinlichkeit 99.73 % bzw. 99 % innerhalb der Kontrollgrenzen.*

26.2.5 Beispiel (Mittelwertkarte)

Für ein Qualitätsmerkmal wird das Sollmaß $\mu_0 = 30$ mit einer Standardabweichung von $\sigma = 2$ festgelegt. Pro Block werden $N_j = 3$ Datenwerte erfasst. In Tab. 26.1 sind die Daten von sechs Ziehungen dargestellt. Zur Bestimmung der Kontrollkarte berechnen wir Kontroll- und Warngrenzen für $w = 1.96$ und $K = 3$:

$$W_{\mathrm{u}} = \mu_0 - \frac{w\sigma}{\sqrt{N_j}} = 27.73679, \qquad W_{\mathrm{o}} = \mu_0 + \frac{w\sigma}{\sqrt{N_j}} = 32.26321,$$

$$K_{\mathrm{u}} = \mu_0 - \frac{K\sigma}{\sqrt{N_j}} = 26.5359, \qquad K_{\mathrm{o}} = \mu_0 + \frac{K\sigma}{\sqrt{N_j}} = 33.4641.$$

Abb. 26.4 Mittelwertkarte
mit Warn- und Kontrollgrenzen

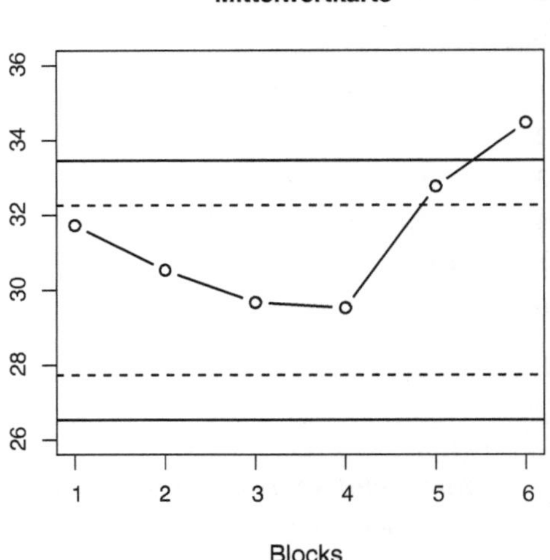

Damit können wir die Mittelwerte nun grafisch darstellen. Dazu werden die Blockmittel-
werte als Zeitreihe aufgetragen und die Warn- bzw. Kontrollgrenzen eingezeichnet, siehe
Abb. 26.4.

Im fünften Block liegt der Mittelwert schon über der oberen Warngrenze, jedoch noch
unter der Kontrollgrenze. Im sechsten Block liegt der Mittelwert dann außerhalb der Kontrollgrenzen. Hier sollte in den Prozess eingegriffen werden und die Ursache für die Verschiebung der Mittelwerte gesucht werden.

Zur Überwachung des Mittelwerts gibt es noch verschiedene andere Regelkarten, wie
zum Beispiel die CUSUM-Karte oder die EWMA-Karte. Die Karten zur Überwachung des
Mittelwerts reagieren auch auf Änderungen in der Varianz, dennoch kann es manchmal
sinnvoll sein, diese ebenfalls direkt zu überprüfen. Dazu dient zum Beispiel die S-Karte.
Für nicht quantitative Merkmale sind ebenfalls Kontrollkarten entwickelt worden: Wie die
sogenannten c- und u-Karten zur Überwachung von Defekten und die p-Karte zu Überprüfung von Anteilen defekter Teile. All diese Karten hängen zusammen mit statistischen
Tests. Mehr Literatur finden Sie unter anderem in Weihs und Jessenberger (1997) oder Rinne und Mittag (1995).

26.3   Annahmeprüfung

Ist die Prozessüberwachung eine Aufgabe, die meist vom Hersteller selbst übernommen
wird, um zu gewährleisten, dass die Produkte gewisse Qualitätsmerkmale erfüllen, so ist die
Annahmeprüfung eine Prüfung, die vom Abnehmer durchgeführt wird und daher nicht direkte Auswirkungen auf den Herstellungsprozess hat. In der Annahmeprüfung geht es darum, die Qualitätsansprüche des Konsumenten zu gewährleisten und gleichzeitig das Risiko
für den Hersteller zu minimieren, dass Lieferungen, die den Qualitätsansprüchen genügen,

nicht angenommen werden. Wir befinden uns in der folgenden Situation: Der Abnehmer erhält eine Lieferung (ein Los) vom Umfang M von Einheiten $e_1, \dots, e_M$. Er fragt sich nun, ob diese Lieferung den vereinbarten Qualitätsansprüchen genügt, d. h. ob er die Lieferung annehmen soll oder nicht. Dazu zieht er eine zufällige Stichprobe $e_{m_1}, \dots, e_{m_N}$, vom Umfang N. Die gezogenen Einheiten werden nun überprüft. Dabei kann für die $m$te Einheit, $m = 1, \dots, M$, zum Beispiel ein dichotomes Prüfmerkmal („Gut-Schlecht-Prüfung") angenommen werden:

$$x_m = X(e_m) = \begin{cases} 1, & m\text{te Einheit ist defekt (nicht in Ordnung)}, \\ 0, & m\text{te Einheit ist in Ordnung}, \end{cases}$$

oder auch ein diskretes (zählendes) Prüfmerkmal (Anzahl k der Fehler/Defekte pro Einheit):

$$x_m = X(e_m) = k.$$

Dass eine Einheit defekt ist, kann auch bedeuten, dass bei einem quantitativen Prüfmerkmal die oberen und/oder unteren Sollgrenzen nicht eingehalten werden (siehe Abschn. 26.2). Die interessierende Größe ist die Summe aller defekten Einheiten/aller Defekte im Los

$$L = \sum_{m=1}^{M} x_m.$$

Konsument und Produzent vereinbaren vorher eine Mindestqualität L_0, d. h. es sollte $L \leq L_0$ gelten. Um nun zu entscheiden, ob eine Lieferung diesen Qualitätsanforderungen entspricht, können statistische Tests genutzt werden. Die Hypothesen lauten dann

$$H_0 : L \leq L_0, \text{ die Qualitätsanforderungen sind erfüllt,}$$

gegen

$$H_1 : L > L_0, \text{ die Qualitätsanforderungen sind nicht erfüllt.}$$

Als Teststatistik dient dabei die Summe der defekten Einheiten/Defekte in der Stichprobe:

$$L_N = \sum_{n=1}^{N} x_{m_n}.$$

Abnehmer und Lieferant vereinbaren einen Prüfplan (M, N, c), d. h. eine Stichprobengröße N und eine Annahmezahl c so dass im Fall von $L_N \leq c$ das Los angenommen wird (Entscheidung für H_0) und im Fall $L_N > c$ die Lieferung zurückgewiesen wird (Entscheidung für H_1).

Abb. 26.5 Schematische Darstellung der OC-Funktion

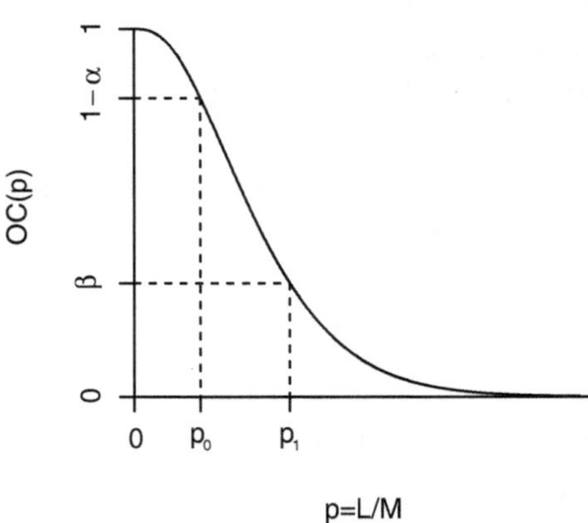

Das Ziel ist es nun, die Annahmezahl c und den Stichprobenumfang N so zu wählen, dass sowohl das Risiko für den Produzenten nicht zu hoch wird, dass eine Lieferung
mit einer Qualitätslage (Anteil schlechter/defekter Teile $p = L/M$) mit $p \leq p_0 = \frac{L_0}{M}$ zurückgewiesen wird (Fehler 1. Art) und ebenso für den Konsumenten das Risiko gering
ist, eine Lieferung mit einer Qualitätslage mit $p > p_1 > p_0$ anzunehmen (Fehler 2. Art).
Im Fall von dichotomen Merkmalen gilt $p \in [0,1]$, für zählende Merkmale gilt $p = \lambda \in$
$[0, \infty)$. Statt der Ablehnwahrscheinlichkeiten, die durch die Gütefunktion gegeben sind
(siehe Definition 21.0.4), wird in der Qualitätssicherung die OC-Funktion betrachtet, die
die Annahmewahrscheinlichkeiten liefert.

$$OC : [0, \infty) \ni p \rightarrow OC(p) = P_p(L_N \leq c) \in [0,1] \text{ heißt } \textbf{Operationscharakteristik}$$
oder **OC-Funktion**.

Ist der Prüfplan (M, N, c) nicht aus dem Kontext klar, schreibt man auch $OC(p; M, N, c)$
anstelle von $OC(p)$. Aus der OC-Funktion lassen sich **Produzenten- und Konsumen-**
tenrisiko wie folgt bestimmen: Der Produzent versichere eine Qualitätslage p_0 und der
Konsument fordere mindestens eine Qualitätslage von $p_1 > p_0$. Das Produzentenrisiko ist
die Wahrscheinlichkeit, dass eine Lieferung mit Qualitätslage p_0 oder besser bei einem
Prüfplan (M, N, c) abgelehnt wird und ist geben durch $P_{p_0}(L_N > c) = 1 - OC(p_0)$. Das
Konsumentenrisiko ist das Risiko, dass der Konsument bei diesem Prüfplan eine Lieferung
akzeptiert, deren Ausschussanteil größer p_1 ist und das ist maximal $P_{p_1}(L_N \leq c) = OC(p_1)$.
Das heißt, die OC-Funktion sollte bei p_0 groß sein (z. B. $1 - \alpha$, $\alpha = 0.05$) und bei p_1 klein
(z. B. β mit $\beta = 0.1$). Eine schematische Darstellung der OC-Funktion ist in Abb. 26.5
gegeben.

Die Steilheit der OC-Kurve ist verknüpft mit der Trennschärfe des zugehörigen Tests. Eine große Trennschärfe bedeutet, dass gleichzeitig Produzenten- und Konsumentenrisiko klein sind.

Zum Vergleich von Prüfplänen, bzw. um Anforderungen an Prüfpläne zu formulieren, dienen auch die folgenden zwei Kenngrößen:

26.3.1 Definition (RQL- und AQL-Wert)

*Es sei $\omega \in [0,1]$. Ein Wert $\tilde{p}_\omega \in [0,\infty)$ heißt **OC-Perzentil der Ordnung** ω, wenn $\mathrm{OC}(\tilde{p}_\omega) = \omega$ gilt.*

- *Ein OC-Perzentil $\tilde{p}_\omega$ mit kleinem ω (häufig $\omega = \beta = 0.1$) heißt **rückweisende Qualitätslage** oder **RQL-Wert** (rejectable quality level).*
- *Ein OC-Perzentil $\tilde{p}_\omega$ mit großem ω (häufig $\omega = 1 - \alpha = 0.95$) heißt **annehmbare Qualitätslage** oder **AQL-Wert** (acceptable quality level).*

Es sei p_0 der AQL-Wert zu $\omega = 1 - \alpha$, dann ist ist für alle $p \le p_0$ der Fehler 1. Art des Tests für H_0 : die Qualitätsanforderungen sind erfüllt, kleiner gleich α. Für alle $p \ge p_1$ mit p_1 dem RQL-Wert zu $\omega = \beta$ ist der Fehler 2. Art des Tests kleiner oder gleich β.

Gut-Schlecht-Prüfung Wir betrachten ab jetzt nur noch den Fall der Gut-Schlecht-Prüfung, also $p \in [0,1]$. Wir testen bei der Gut-Schlecht-Prüfung $H_0 : p \le p_0$ gegen $H_1 : p > p_0$ mithilfe der Teststatistik L_N, der Summe der defekten Teile in der Stichprobe. Um die OC-Funktion zu bestimmen, müssen wir also die Verteilung der Teststatistik L_N kennen. Es liegt hier das Modell des Ziehens ohne Zurücklegen und ohne Berücksichtigung der Reihenfolge vor. Damit ist $X_{m_1}, \ldots, X_{m_N}$ keine iid Stichprobe, da die Ziehungen $X_{m_1}, \ldots, X_{m_N}$ nicht stochastisch unabhängig sind. Trotzdem ist die Verteilung von L_N bekannt. L_N ist nämlich hypergeometrisch verteilt mit Parametern $L, M - L, N$ ($L_N \sim \mathsf{Hyp}(L, M - L, N)$), wobei der Anteil der defekten Teile gerade $p = \frac{L}{M}$ ist. Es gilt

$$P(L_N = l) = \frac{\binom{L}{l}\binom{M-L}{N-l}}{\binom{M}{N}}.$$

Also ist die OC-Funktion gegeben durch $\mathrm{OC}(p) = \mathrm{OC}(\frac{L}{M}) = \sum_{l=0}^{c} \frac{\binom{L}{l}\binom{M-L}{N-l}}{\binom{M}{N}}$. Damit können dann sowohl das Produzenten- als auch das Konsumentenrisiko für verschiedene Prüfpläne bestimmt werden.

26.3.2 Beispiel (OC-Funktionen bei verschiedenen Stichprobenumfängen)

Ein Konsument erhält laufend Lieferungen vom Umfang $M = 3000$. Er möchte untersuchen, wie sich die Wahl des Stichprobenumfangs der zu überprüfenden Teile auswirkt.

Abb. 26.6 OC-Funktion für
verschiedene Stichproben-
größen

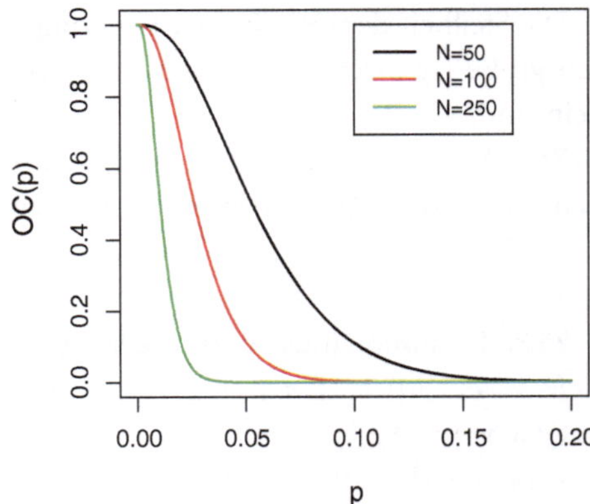

Dazu betrachten wir zunächst die OC-Funktionen für $c = 2$ und $N = 50, 100, 250$ in
Abb. 26.6, die mit folgenden Befehlen erzeugt wurde:

```
> M<-3000
> c<-2
> L<-seq(0,600,1)
> N<-50
> plot(L/M,phyper(c,L,M-L,N),type="l",ylim=c(0,1),
+ lwd=2,xlab="p",ylab="OC(p)")
> N<-100
> lines(L/M,phyper(c,L,M-L,N),col="red",lwd=2)
> N<-250
> lines(L/M,phyper(c,L,M-L,N),col="green",lwd=2)
> legend(0.1,1,lwd=2,col=c("black","red","green"),
+ c("N=50","N=100","N=250"))
```

Je größer der Stichprobenumfang N wird, desto schneller fällt die OC-Funktion ab. Der
Fehler 2. Art sinkt somit mit wachsendem Stichprobenumfang. Der Konsument fragt sich
weiter, wie groß nun jeweils das maximale Risiko ist, dass eine Lieferung mit einem Ausschussanteil von mehr als 3 % angenommen wird. Dazu betrachten wir die OC-Funktionen
an der Stelle $p = 0.03$:

```
> L<-0.03*M
> phyper(2,L,M-L,50)
[1] 0.8119361
> phyper(2,L,M-L,100)
[1] 0.4160309
> phyper(2,L,M-L,250)
[1] 0.01566867
```

Für eine Stichprobe der Größe $N = 250$ läge das Risiko damit bei nur noch ca. 1.6 %, während es bei $N = 100$ noch bei knapp 42 % liegt. Das Risiko des Produzenten, dass eine

Lieferung mit einer Qualitätslage von $p = 0.01$, also maximal einem Prozent Ausschuss, abgelehnt wird, berechnet sich für die drei Fälle wie folgt:

```
> L<-0.01*M
> 1-phyper(2,L,M-L,50)
[1] 0.01289055
> 1-phyper(2,L,M-L,100)
[1] 0.07619847
> 1-phyper(2,L,M-L,250)
[1] 0.4623038
```

Damit läge die Wahrscheinlichkeit, dass eine gute Lieferung abgelehnt wird, für den Produzenten bei über 46 % für eine Stichprobengröße von $N = 250$ und Annahmezahl $c = 2$. Um das Risiko des Produzenten zu mindern, müsste nun die Annahmezahl vergrößert werden.

Algorithmus von Guenther (1969)

Sei $AQL = p_0$ die annehmbare Qualitätslage und $RQL = p_1 > p_0$ die rückweisende Qualitätslage. Um einen Prüfplan mit $OC(p_0) = 1 - \alpha$ (d. h. das OC-Perzentil der Ordnung $1 - \alpha$ ist p_0) und $OC(p_1) = \beta$ (d. h. das OC-Perzentil der Ordnung β ist p_1) zu bekommen, kann der Algorithmus von Guenther benutzt werden (siehe Rinne und Mittag 1995, S. 197). Dieser arbeitet wie folgt:

1. Start: $N = 1, c = 0$.
2. Berechne $OC(p_1)$.
3. Gilt $OC(p_1) > \beta$, erhöhe N um 1 und gehe zu 2.
4. Gilt $OC(p_1) \leq \beta$, gehe zu 5.
5. Gilt $OC(p_0) < 1 - \alpha$, erhöhe c um 1 und gehe zu 2.
6. Gilt $OC(p_0) \geq 1 - \alpha$, stoppe.

26.3.3 Beispiel (Konstruktion des Prüfplans, Fortsetzung von Beispiel 26.3.2)
Um einen Prüfplan mit $OC(0.01) = 0.95$ und $OC(0.03) = 0.1$ (d. h. die OC-Perzentile erfüllen $\tilde{p}_{0.95} = 0.01 = p_0 = AQL$ und $\tilde{p}_{0.1} = 0.03 = p_1 = RQL$) bei $M = 3000$ mit minimalem Stichprobenumfang zu bekommen, wird der Algorithmus von Guenther implementiert:

```
> suche<- function(AQL,RQL,alpha,beta,M) {
+    c <- 0
+    N <- 1
+    while(phyper(c,RQL*M,M-RQL*M,N)>beta) {
+      N <- N+1
+    }
+    while(phyper(c,AQL*M,M-AQL*M,N)<(1-alpha)) {
+      c <- c+1
+      while(phyper(c,RQL*M,M-RQL*M,N)>beta) {
```

```
+         N <- N+1
+       }
+     }
+   return(list(N=N,c=c))
+ }
> M <- 3000
> aql <- 0.01
> alpha <- 0.05
> rql <- 0.03
> beta <- 0.1
> suche(aql,rql,alpha,beta,M)
$N
[1] 341

$c
[1] 6
```

Damit erhalten wir den Prüfplan $(M, N, c) = (3000, 341, 6)$.

26.4   Übungsaufgaben

Übung 26.1 Passen Sie für die Verteilung der Ausfallzeiten der Klimaanlagen aus Beispiel 26.1.2 mithilfe des Maximum-Likelihood-Schätzers eine Exponential-Verteilung an. Vergleichen Sie mit den Ergebnissen aus Beispiel 26.1.2.

Übung 26.2 Von Maschinen eines Typs seien die folgenden Ausfallzeiten in Jahren gegeben:

$$13.02, \ 1.71, \ 11.60, \ 4.05, \ 5.60, \ 7.66, \ 11.42, \ 16.13, \ 2.75.$$

Bestimmen Sie die Schätzungen der Paramter der Weibull-Verteilung mithilfe des Weibull-Plots und der Maximum-Likelihood-Methode.

Übung 26.3 Eine Firma produziere Schrauben deren Länge normalverteilt ist mit Parametern $\mu = 5\,\text{mm}$ und $\sigma = 0.7\,\text{mm}$. Die untere Spezifikationsgrenze ist gegeben durch LSL $= 4\,\text{mm}$ und die obere liegt bei USL $= 6.5\,\text{mm}$.

(a) Berechnen Sie die Prozessfähigkeitsindizes C_p, C_{pk}, C_{pm} und C_{pkm} für die wahren Parameter.
(b) Simulieren Sie 1000 Stichproben vom Umfang $N = 10$ aus dieser Verteilung und schätzen Sie jeweils die Indizes. Vergleichen Sie die Ergebnisse mit den Ergebnissen aus (a).

Übung 26.4 Bestimmen Sie für die Daten aus Beispiel 26.2.5 die Mittelwertkarte bei unbekanntem μ_0 und σ ohne Vorlaufphase.

Übung 26.5 Eine Autofirma bezieht eine Lieferung von 2000 Scheinwerfern. Vom Zulieferer wird garantiert, dass der Ausschuss unter 2 % liegt. Die Autofirma möchte vermeiden, dass sie eine Lieferung mit einem Ausschussanteil größer gleich 4 % annimmt.

(a) Die Auswahlquote wird auf 0.08 festgelegt. Ab wievielen defekten Teilen sollte die Lieferung zurückgewiesen werden, um ein Produzentenrisiko von höchstens 10 % einhalten zu können? Wie groß ist dann das Konsumentenrisiko?
(b) Plotten Sie die OC-Kurve.

Literatur

Guenther, W.C. (1969). Use of binomial, hypergeometric and Poisson tables to obtain sampling plans. Journal of Quality Technology 1, 105–109.

Klein, J.P. und Moeschberger, M.L. (2005). Survival analysis. Techniques for censored and truncated data. Springer, New York.

Linhardt, H. und Zucchini, W. (1986). Model selection. Wiley, New York.

Rinne, H. und Mittag, H.-J. (1995). Statistische Methoden der Qualitätssicherung. Hanser, München.

Weihs, C. und Jessenberger, J. (1997). Statistische Methoden zur Qualitätssicherung und -optimierung. Wiley, Weinheim.

Literatur

Literatur aus Vorwort zu Teil I „Beschreibende Statistik"

Bamberg, G., Baur, F. und Krapp, M. (2011). Statistik. Oldenbourg, München.

Bortz, J. (1999). Statistik für Sozialwissenschaftler. Springer, Berlin.

Burkschat, M., Cramer, E. und Kamps, U. (2012). Beschreibende Statistik. Grundlegende Methoden der Datenanalyse. Springer, Heidelberg.

Cramer, E. und Kamps, U. (2007). Grundlagen der Wahrscheinlichkeitsrechnung und Statistik. Ein Skript für Studierende der Informatik, der Ingenieur- und Wirtschaftswissenschaften. Springer, Berlin Heidelberg.

DIALEKT-Projekt (2002). Statistik interaktiv. Deskriptive Statistik. Springer, Berlin.

Fahrmeir, L., Kneib, T. und Lang, S. (2009). Regression: Modelle, Methoden und Anwendungen. Springer, Berlin.

Fahrmeir, L., Künstler, R., Pigeot, I., und Tutz, G. (2007). Statistik. Springer, Berlin.

Hartung, J., Elpelt, B., und Klösener, H.P. (1998). Statistik. Oldenbourg, München.

Heiler, S. und Michels, P. (1994). Deskriptive und Explorative Datenanalyse. Oldenbourg, München.

Mosler, K. und Schmid, F. (2006). Beschreibende Statistik und Wirtschaftsstatistik. Springer, Berlin Heidelberg.

Ritz, C. und Streibig, J.C. (2008). Nonlinear regression with R. Springer, New York.

Sachs, L. und Hedderich, J. (2012). Angewandte Statistik. Methodensammlung mit R. Springer, Berlin.

Schlittgen, R. (2003). Einführung in die Statistik: Analyse und Modellierung von Daten. Oldenbourg, München.

Stoyan, D. (1993). Stochastik für Ingenieure und Naturwissenschaftler. Eine Einführung in die Wahrscheinlichkeitstheorie und die Mathematische Statistik. Akademie Verlag, Berlin.

Toutenburg, H. und Heumann, C. (2008). Deskriptive Statistik. Eine Einführung in Methoden und Anwendungen mit R und SPSS. Springer, Berlin Heidelberg.

Literatur aus Vorwort zu Teil II „Wahrscheinlichkeitstheorie"

Beichelt, F. (1995). Stochastik für Ingenieure. Eine Einführung in die Wahrscheinlichkeitstheorie und mathematische Statistik; mit zahlreichen Beispielen und Übungsaufgaben. Teubner, Stuttgart.

Beucher, O. (2007). Wahrscheinlichkeitsrechnung und Statistik mit MATLAB. Anwendungsorientierte Einführung für Ingenieure und Naturwissenschaftler. Springer, Berlin.

C. Müller, L. Denecke, *Stochastik in den Ingenieurwissenschaften,*
Statistik und ihre Anwendungen, DOI 10.1007/978-3-642-38960-3,
© Springer-Verlag Berlin Heidelberg 2013

Beyer, O. und Erfurth, H. (1999). Wahrscheinlichkeitsrechnung und mathematische Statistik. Mathematik für Ingenieure und Naturwissenschaftler. Teubner, Stuttgart.

Cramer, E. und Kamps, U. (2007). Grundlagen der Wahrscheinlichkeitsrechnung und Statistik. Ein Skript für Studierende der Informatik, der Ingenieur- und Wirtschaftswissenschaften. Springer, Berlin Heidelberg.

Hübner, G. (2003). Stochastik. Eine anwendungsorientierte Einführung für Informatiker, Ingenieure und Mathematiker. Vieweg, Wiesbaden.

Kahle, W. und Liebscher, E. (2013). Zuverlässigkeitsanalyse und Qualitätssicherung. Mathematische Methoden und Anwendungen. Oldenbourg, München.

Kersting, G. und Walkobinger, A. (2008). Elementare Stochastik. Birkhäuser, Basel Boston Berlin.

Krengel, U. (1998). Einführung in die Wahrscheinlichkeitsrechnung und Statistik. Vieweg, Braunschweig.

Papula, L. (2008). Mathematik für Ingenieure und Naturwissenschaftler. Band 3 Vektoranalysis, Wahrscheinlichkeitsrechnung, Mathematische Statistik, Fehler- und Ausgleichsrechnung. Vieweg + Teubner, Wiesbaden.

Storm, R. (2007). Wahrscheinlichkeitsrechnung, mathematische Statistik und statistische Qualitätskontrolle. Fachbuchverlag Leipzig im Carl-Hanser-Verlag, München.

Stoyan, D. (1993). Stochastik für Ingenieure und Naturwissenschaftler. Eine Einführung in die Wahrscheinlichkeitstheorie und die Mathematische Statistik. Akademie Verlag, Berlin.

Viertl, R. (1997). Einführung in die Stochastik. Mit Elementen der Bayes-Statistik und Ansätzen für die Analyse unscharfer Daten. Springer, Wien, New York.

Literatur aus Vorwort zu Teil III „Schließende Statistik"

Allen, T.T. (2006). Introduction to engineering statistics and Six Sigma. Statistical quality control and design of experiments and systems. Springer, London.

Beichelt, F. (1995). Stochastik für Ingenieure. Eine Einführung in die Wahrscheinlichkeitstheorie und mathematische Statistik; mit zahlreichen Beispielen und Übungsaufgaben. Teubner, Stuttgart.

Beucher, O. (2007). Wahrscheinlichkeitsrechnung und Statistik mit MATLAB. Anwendungsorientierte Einführung für Ingenieure und Naturwissenschaftler. Springer, Berlin.

Beyer, O. und Erfurth, H. (1999). Wahrscheinlichkeitsrechnung und mathematische Statistik. Mathematik für Ingenieure und Naturwissenschaftler. Teubner, Stuttgart.

Cano, E.L., Moguerza, J.M. und Redchuk, A. (2012). Six Sigma with R. Statistical engineering for process improvement. Use R!, vol. 36. Springer, New York.

Cramer, E. und Kamps, U. (2007). Grundlagen der Wahrscheinlichkeitsrechnung und Statistik. Ein Skript für Studierende der Informatik, der Ingenieur- und Wirtschaftswissenschaften. Springer, Berlin Heidelberg.

Genschel, U. und Becker, C. (2005). Schließende Statistik. Grundlegende Methoden. Springer, Berlin Heidelberg.

Hartung, J., Elpelt, B., Klösener, K.-H. (2009). Statistik. Lehr- und Handbuch der angewandten Statistik. Oldenbourg, München.

Kahle, W. und Liebscher, E. (2013). Zuverlässigkeitsanalyse und Qualitätssicherung. Mathematische Methoden und Anwendungen. Oldenbourg, München.

Krengel, U. (1998). Einführung in die Wahrscheinlichkeitsrechnung und Statistik. Vieweg, Braunschweig.

Linder, A. (1964). Statistische Methoden für Naturwissenschaftler, Mediziner und Ingenieure. Birkhäuser, Basel.

Mosler, K. und Schmid, F. (2011). Wahrscheinlichkeitsrechnung und schließende Statistik. Springer, Heidelberg.

Papula, L. (2008). Mathematik für Ingenieure und Naturwissenschaftler. Band 3 Vektoranalysis, Wahrscheinlichkeitsrechnung, Mathematische Statistik, Fehler- und Ausgleichsrechnung. Vieweg + Teubner, Wiesbaden.

Rinne, H. und Mittag, H.-J. (1995). Statistische Methoden der Qualitätssicherung. Hanser, München.

Sachs, L. und Hedderich, J. (2012). Angewandte Statistik. Methodensammlung mit R. Springer, Berlin.

Schlittgen, R. (1996). Statistische Inferenz. Oldenbourg, München.

Storm, R. (2007). Wahrscheinlichkeitsrechnung, mathematische Statistik und statistische Qualitätskontrolle. Fachbuchverlag Leipzig im Carl-Hanser-Verlag, München.

Stoyan, D. (1993). Stochastik für Ingenieure und Naturwissenschaftler. Eine Einführung in die Wahrscheinlichkeitstheorie und die Mathematische Statistik. Akademie Verlag, Berlin.

Weihs, C. und Jessenberger, J. (1997). Statistische Methoden zur Qualitätssicherung und -optimierung. Wiley, Weinheim.